|读国学·诵经典|

菜根谭全解

墨 非 ◎ 编著

中国华侨出版社

图书在版编目（CIP）数据

菜根谭全解/墨非编著. — 北京：中国华侨出版社，2015.11（2021.2重印）
ISBN 978-7-5113-5752-6

Ⅰ. ①菜… Ⅱ. ①墨… Ⅲ. ①个人－修养－中国－明代②《菜根谭》－研究 Ⅳ. ①B825

中国版本图书馆CIP数据核字（2015）第258325号

● **菜根谭全解**

编　　著／墨　非
责任编辑／叶　子
责任校对／王京燕
装帧设计／环球互动
经　　销／新华书店
开　　本／730毫米×1030毫米 1/16　印张／20.5　字数／346千字
印　　刷／三河市嵩川印刷有限公司
版　　次／2016年3月第1版　2021年2月第2次印刷
书　　号／ISBN 978-7-5113-5752-6
定　　价／58.00元

中国华侨出版社　北京市朝阳区静安里26号通成达大厦3层　邮编：100028
法律顾问／陈鹰律师事务所　　编辑部：（010）64443056　64443979
发行部：（010）64443051　　传　真：（010）64439708
网　　址：www.oveaschin.com　E - mail：oveaschin@sina.com

前　言

《菜根谭》是一部融合了儒、道、释三家思想精髓的清言小品集，其中记载了数百条有关修养、人生、处世、出世的语录，既深刻地体现了中华民族传统道德、人生智慧，又颇具生活趣味。成书之初，它并未受到国人的重视，只是作为众多劝世书的一种在世间流传。20世纪末期，很多学者开始对这部书进行仔细研读，一时间掀起了一股遍及海内外的"《菜根谭》热"。如今，人们越来越认识到此书的巨大价值，很多机构将其列为个人修身、企业管理、实践工作指导的必读书籍。

一般认为，《菜根谭》成书于晚明时期，是道家隐士洪应明所著。洪应明，字自诚，号还初道人，生活在嘉靖、万历年间。早年作为一个儒生，他热衷于仕途功名，目睹宦海沉浮之后，逐渐熄灭了仕禄之心，于是隐退山林，修道研佛。先入世，后出世；求功名，厌功名，洪应明经历了中国古代文人经典的生活历程，所以读其文字时，犹如阅读千千万万中国传统文人的心路历程。未经历沧桑者，读之而知戒；饱经世故者，读后无不感慨、与之产生共鸣。

《菜根谭》文辞秀美，语句对仗工整，读之朗朗上口，细细品味余韵无穷，掩卷深思开人心智、解人迷惑，随便抽出一条皆可作为座右铭，以儆戒、激励自身，是一部极好的启蒙、晨读作品。

《菜根谭》作为一介隐退官僚的人生处世哲学的表白，杂糅了存在于中国古代社会中的各种思想、智慧。《重刻〈菜根谭〉原序》中指出，此书"有持身语，有涉世语，有隐逸语，有显达语，有迁善语，有介节语，有仁语，有义语，有禅语，有趣语，有学道语，有见道语"，涉及面广泛，能够调整、重构社会文化心态,使人心趋于平静淡泊、社会趋于和谐有序,全书"词约意明,文简理诣",学者若能"熟习沉玩而励行之,其于语默动静之间,穷通得失之际,可以补过,可以进德,且近于律,亦近于道矣"。

在当今社会中,《菜根谭》蕴含的思想精华闪现出了更加灿烂的光芒,能给人以巨大的启迪。弄权之人读它能起放下之心;贪心之人读它能起廉洁之心;好名之人读它能看破虚名虚誉;好色之人读它能看破欲望迷障;势利之人读它能起羞恶之心;好争之人能起谦让之心;冷寂之人读它能看到生活机趣;罪恶之人读它能生出省悟之念……

《菜根谭》版本繁多,大致分为两个系统:一种不分卷,只分为前后两集,有360多条;一种分为修身、应酬、评议、闲适、概论五个部分,共400多条。本书属于后一个系统,从中选取377条,按照常见的版本对《菜根谭》原文进行了仔细推敲,又加上注释词条、翻译原文、对原文思想进行解读等内容。在解读原文思想之时,本书尽量联系儒、道、释的主流思想和社会现实,消除其中的消极陈腐观点,褒扬积极向上、有益人身心发展的思想,既显示了古人的人生智慧,又使读者能够得到启发,从中受益。

由于水平有限,书中定多谬误,切望读者批评指正。

目 录

修身篇

1. 烈火修身 履冰行事 …… 1
2. 防一念之错 保万全之德 …… 2
3. 平时多反省 过错自然稀 …… 3
4. 涤除渣滓 保守本心 …… 4
5. 杂念不净 石去草生 …… 5
6. 栖心元默 适志恬愉 …… 6
7. 非不可留 是不可执 …… 8
8. 时时知检点 清心即为学 …… 9
9. 立业尚实 修德从虚 …… 10
10. 艰难困苦 乃知操守 …… 11
11. 身忙于闲时 心放于收后 …… 12
12. 好名招祸 多欲受羁 …… 13
13. 一念常惺 纤尘不染 …… 14
14. 不忍不为 心怀万物 …… 15
15. 心中清净 风月自来 …… 17
16. 穷理尽妙 进道忘劳 …… 18
17. 操存涵养 处一化齐 …… 19
18. 事障易除 理障难解 …… 20
19. 虚心存理 实心制欲 …… 22
20. 真诚动人 虚伪可憎 …… 23
21. 沧桑阅尽 空方可言 …… 24
22. 陶熔顽钝 容纳横污 …… 25
23. 诚心自守 坚固志操 …… 26
24. 念虑差毫末 人品若星渊 …… 27
25. 慈祥立百福 损心得万善 …… 28
26. 塞物欲之路 驰尘俗之肩 …… 29
27. 冶性即为学 齐家便是经 …… 30
28. 自悟了了 自得休休 …… 30
29. 平情寡欲 明理见性 …… 32
30. 念念守定 事事看轻 …… 33
31. 谨一念之差 慎一事之忽 …… 34
32. 五更参心 三时练味 …… 35
33. 柔弱胜刚强 偏执输圆融 …… 36

应酬篇

1. 操存守常 行事知变 …… 37
2. 不轻喜怒 莫重爱憎 …… 38
3. 才高莫玩世 饰貌必现形 …… 39
4. 心清气平 丽日光风 …… 40

1

5. 是非不迁就 利害不分明 …… 41	28. 宁以刚方见惮 毋以媚悦取荣 …… 65
6. 君子自强 岂甘居下 …………… 42	29. 意气相期 肝胆相照 …………… 66
7. 好丑齐同 贤愚混视 …………… 44	30. 居奢思俭 欲念自轻 …………… 67
8. 以恬养志 以重持轻 …………… 45	31. 随性自然 当机而行 …………… 68
9. 为善居实 虚言致毁 …………… 46	32. 热中清冷 寒中赤热 …………… 69
10. 临小如大 不欺暗室 …………… 47	33. 随缘顺事 万事皆然 …………… 70
11. 誉察于背后 欢验于长久 …… 48	34. 操守先验 临坛不改 …………… 71
12. 启迪移风 循序渐进 …………… 49	35. 善心不可无 善名不可有 …… 72
13. 彩笔描空 利刀割水 …………… 50	36. 防患于先 镇定应变 …………… 73
14. 己之情当忍 人之欲当恕 …… 51	37. 利人除害 不求感恩 …………… 74
15. 好察非明 必胜非勇 …………… 52	38. 身定则尤少 心悠则趣多 …… 75
16. 随时内救时 混俗中脱俗 …… 53	39. 君子难亲 小人易合 …………… 76
17. 入世先清心 出世先知味 …… 55	40. 镇定处事 赤诚待人 …………… 77
18. 与人始慎 御事先抽 …………… 56	41. 心如春风 气似秋水 …………… 77
19. 祸起于玩忽 功败于细微 …… 57	42. 有得必有失 吃亏即是福 …… 78
20. 成观究竟 败究由来 …………… 58	43. 富者交贵 仁者济穷 …………… 80
21. 勇于担当 善于摆脱 …………… 59	44. 因势利导 救时应变 …………… 80
22. 待人有余恩 御事有余智 …… 60	45. 报德忍耻 逃名直节 …………… 82
23. 了事了心 逃世逃名 …………… 60	46. 救败如勒马 图成似挽舟 …… 83
24. 仇弩易避 恩戈难防 …………… 61	47. 休轻曳裾 莫暗投珠 …………… 84
25. 不作垢业 不立芳名 …………… 62	48. 匿才技之长 出财货之美 …… 84
26. 静里观动 忙里偷闲 …………… 63	49. 少时戒躁 老时戒惰 …………… 86
27. 与其邀欢求荣 不如释怨免丑 …… 64	50. 恩由下始 交由亲始 …………… 87

评议篇

1. 上下千古事 如沤又如影 …… 89	12. 小不知大 下难论高 …………… 101
2. 君子好名害德 小人好名利事 …… 90	13. 留分侠气 保全真心 …………… 102
3. 顶天立地 持身如一 …………… 92	14. 莫贪钩饵 莫为笼鸟 …………… 102
4. 爱当割舍 识应扫除 …………… 93	15. 物无定品 随识高下 …………… 103
5. 脱俗不矫俗 随时不趋时 …… 94	16. 不尚铅华 不落空寂 …………… 104
6. 宁受灾毁 不邀誉福 …………… 95	17. 廉而不刿 察而不激 …………… 105
7. 释回增美 转祸为福 …………… 96	18. 人心之生 天真率直 …………… 106
8. 梦里功名 闲中大道 …………… 97	19. 竹傲严霜 莲媚秋水 …………… 107
9. 福不必喜 祸不必忧 …………… 98	20. 贫而用情 富而好礼 …………… 107
10. 荣辱共蒂 生死同根 …………… 99	21. 浓艳损志 淡泊全真 …………… 108
11. 真必能显 伪必受诟 …………… 100	22. 宠不扬扬 穷何戚戚 …………… 109

23. 耽空逐妄 虚度人生 …… 110	36. 悲喜之心 庸人自扰 …… 119
24. 志士奋翼 达人回首 …… 110	37. 多开福路 少筑祸基 …… 120
25. 少戒轻浮 老戒多意 …… 111	38. 迷真逐妄 自设坎坷 …… 121
26. 五分安稳 十分取败 …… 112	39. 大智若愚 小智若察 …… 121
27. 贪利害人 终将自毙 …… 113	40. 不必忙忙 何须琐琐 …… 122
28. 贪杯失命 偷安丧志 …… 113	41. 贫能济人 闹能学道 …… 123
29. 若无若虚 不矜不伐 …… 114	42. 一念清明 淡然无欲 …… 124
30. 贪心失察 疑心多事 …… 115	43. 知足心安 处下神逸 …… 125
31. 祸生有本 福至有因 …… 116	44. 忧乐以理 保身不殆 …… 125
32. 争先有悔 富贵皆空 …… 116	45. 人不知悔 徒如死灰 …… 126
33. 鲜花易凋 坚竹难摧 …… 117	46. 完浑噩之真 享和平之福 …… 127
34. 富贵无情 贫贱可交 …… 118	47. 天人相通 福祸非幽 …… 128
35. 苦由心生 劳因欲起 …… 119	

闲适篇

1. 鸟语悠扬 云光舒卷 …… 129	22. 疏狂足贵 淡泊为真 …… 143
2. 世事如棋 人生似瓦 …… 129	23. 鹏程天窄 鹤梦林宽 …… 144
3. 淡然无欲 飘然远引 …… 130	24. 还当放手 也要息肩 …… 145
4. 富贵不足争 光阴莫虚度 …… 131	25. 生活即诗 细处皆禅 …… 145
5. 鱼鸟亲人 莺花避俗 …… 132	26. 好事易虚 闲人多福 …… 146
6. 万念厌冷 身似浮云 …… 132	27. 无须扼腕 且自舒眉 …… 147
7. 好书良友 碗茗炉烟 …… 133	28. 忙里偷闲 缺处知足 …… 147
8. 贫不是病 醉岂非禅 …… 134	29. 乾坤清纯 宇宙活泼 …… 148
9. 君子守节 如鹤如松 …… 135	30. 烹茶识阴阳 观棋悟生杀 …… 149
10. 喧哗出幻境 清静得真道 …… 136	31. 看蜂觑世态 观燕起幽思 …… 149
11. 静处观人事 闲中玩物情 …… 136	32. 会心不在远 得趣不在多 …… 150
12. 花开春不管 水寒鱼自知 …… 137	33. 心与竹空 貌偕松瘦 …… 151
13. 痴人自设碍 杰士空逞强 …… 138	34. 养志清修 栖心淡泊 …… 151
14. 勘有尽身躯 悟无怀境界 …… 138	35. 席拥飞花 炉烹白雪 …… 152
15. 宿俭梦魂爽 餐淡齿留香 …… 139	36. 不修边幅 不尚打扮 …… 153
16. 扫除偏见 灭却俗情 …… 139	37. 半幻半真 最足动人 …… 153
17. 认清自我 摆脱虚幻 …… 140	38. 无彼无此 彻上彻下 …… 154
18. 回贪恋之首 舒愁苦之眉 …… 141	39. 暖景怡情 寒景砺节 …… 155
19. 人生如幻 悲欣交集 …… 141	40. 黄鸟情多 白云意懒 …… 155
20. 消除猛气 抛却心机 …… 142	41. 栖迟蓬户 结纳山翁 …… 156
21. 迷如苦海 悟涣寒冰 …… 143	42. 坐里参禅 行时悟道 …… 156

43. 精糙何异 金瓦无殊 ……… 157
44. 消除心障 空明境界 ……… 157
45. 造化为小儿 天地一大块 ……… 158
46. 白骨冷肝肠 清溪闲胸次 ……… 159
47. 莫多计较 常思清闲 ……… 159

概论篇

1. 心事不可隐 才华不可彰 ……… 161
2. 忠言逆耳 悦言害生 ……… 162
3. 天地祥和 人心喜乐 ……… 163
4. 真味清淡 至人平常 ……… 163
5. 夜里观心 真妄俱见 ……… 164
6. 恩里生害 败后成功 ……… 165
7. 淡泊明志 安逸丧节 ……… 166
8. 利益放宽 惠泽流长 ……… 167
9. 路留一步 味减三分 ……… 167
10. 摆脱俗情 减除物累 ……… 168
11. 利毋居前 德毋落后 ……… 169
12. 让以处世 宽以待人 ……… 169
13. 功不可矜 罪应当悔 ……… 170
14. 清高害身 守辱养德 ……… 171
15. 事事有余 鬼神不损 ……… 172
16. 诚心和气 愉色婉言 ……… 172
17. 攻恶勿过 教善勿高 ……… 173
18. 洁从污出 明自暗生 ……… 174
19. 消杀妄心 降伏客气 ……… 175
20. 以后思前 勘破痴迷 ……… 176
21. 意寄林泉 胸怀廊庙 ……… 176
22. 无过为功 无怨是德 ……… 177
23. 忧勤勿苦 淡泊勿枯 ……… 178
24. 原其初心 观其末路 ……… 178
25. 富贵当宽 聪明宜藏 ……… 179
26. 难行知退 可行知让 ……… 180
27. 不弃小人 礼于君子 ……… 181
28. 淡泊守拙 名清气正 ……… 181
29. 心伏魔退 气平横消 ……… 182
30. 养育弟子 谨其交游 ……… 183
31. 欲不可进 理不可废 ……… 184
32. 不可浓艳 不宜枯寂 ……… 185
33. 居仁行义 自强不息 ……… 185
34. 立身当高 处世知退 ……… 186
35. 修德忘誉 读书入心 ……… 187
36. 慈悲天生 真趣本存 ……… 188
37. 修德寡欲 济世清心 ……… 189
38. 昭昭之祸 始于冥冥 ……… 190
39. 少事为福 多心是祸 ……… 191
40. 方圆并用 宽严互存 ……… 192
41. 忘己之功 记人之恩 ……… 192
42. 心地干净 可以学古 ……… 193
43. 以俭养德 以拙全真 ……… 194
44. 思贤爱民 躬行种德 ……… 195
45. 扫除外物 直觅本来 ……… 195
46. 苦中有乐 得意生悲 ……… 196
47. 富贵殊途 其果各异 ……… 197
48. 宁寂寞一时 勿悲凉万古 ……… 197
49. 建功立言 垂名后世 ……… 198
50. 春生秋杀 合育万物 ……… 199
51. 真廉无名 大巧无术 ……… 200
52. 心体光明 处处青天 ……… 200
53. 贫贱乐为真 富贵忧为甚 ……… 201
54. 知畏是善路 好名是恶根 ……… 202
55. 逆来顺受 居安思危 ……… 202
56. 福不可邀 祸不可避 ……… 204
57. 宁默毋躁 宁拙毋巧 ……… 205
58. 禀气和暖 福泽绵长 ……… 205
59. 弘扬天理 抑制人欲 ……… 206
60. 苦乐相磨 疑信共参 ……… 206
61. 存含污之量 戒洁独之操 ……… 207
62. 多病不足羞 无忧最可忧 ……… 208

63. 一念贪私 人品尽坏 …………… 209
64. 惺惺不昧 贼化为仆 …………… 210
65. 图功不如守业 悔过不如防失 … 211
66. 戒偏戒激 过犹不及 …………… 212
67. 事来心现 事去心空 …………… 212
68. 能而不过 是谓懿德 …………… 213
69. 贫而不废 端庄守正 …………… 213
70. 闲里思忙 有备无患 …………… 214
71. 防患于微 除欲于始 …………… 215
72. 行事尽吾心 上天何足畏 ……… 216
73. 天机奥妙 智巧无益 …………… 217
74. 善始为轻 慎终至要 …………… 217
75. 善施为卿相 贪宠即乞人 ……… 218
76. 念积累难 思倾覆易 …………… 219
77. 守节不诈 改过自新 …………… 219
78. 家丑莫扬 亲过莫弃 …………… 220
79. 心中宽满 天下和平 …………… 221
80. 操守不改 锋芒不露 …………… 222
81. 逆境砺行 顺境销骨 …………… 223
82. 嗜欲如火 焚人焚己 …………… 224
83. 真心贯石 伪妄可憎 …………… 225
84. 文章恰好 人品本然 …………… 226
85. 看得破 认得真 ………………… 227
86. 五分无悔 十分有害 …………… 228
87. 宽以待人 养德远害 …………… 228
88. 有生可乐 虚生堪忧 …………… 229
89. 持盈履满 君子兢兢 …………… 230
90. 扶公敦旧 种德谨行 …………… 230
91. 莫犯公论 莫入私窦 …………… 231
92. 恪守直节 无求虚誉 …………… 232
93. 骨肉贵相亲 朋友重道义 ……… 233
94. 谨小慎终 不欺暗处 …………… 233
95. 好奇无远见 守节须恒久 ……… 234
96. 既然知得 又何犯着 …………… 235
97. 毋偏毋放 毋夸毋妒 …………… 236
98. 不扬人之短 不怂人之顽 ……… 236
99. 心不轻输 口须慎防 …………… 237
100. 昏而知醒 紧而知放 …………… 238
101. 气息不凝滞 太虚无障蔽 ……… 239
102. 明珠慧剑 缺一不可 …………… 240
103. 横逆穷困 陶冶身心 …………… 240
104. 不可不防 不可逆诈 …………… 241
105. 辨别是非 勿伤大体 …………… 242
106. 亲善防谗 去恶防诬 …………… 243
107. 节义出于贫 经纶修自谨 ……… 244
108. 人伦亲爱 无求回报 …………… 245
109. 冷肠对炎凉 和气应嫉妒 ……… 245
110. 功过戒混 恩仇戒明 …………… 246
111. 恶忌阴 善忌阳 ………………… 247
112. 德为才主 才为德奴 …………… 247
113. 锄奸杜倖 留条出路 …………… 248
114. 解迷急难 功德无量 …………… 249
115. 反己辟善 尤人浚恶 …………… 250
116. 功名易逝 气节千古 …………… 251
117. 机里藏机 变外生变 …………… 251
118. 真实做人 圆融涉世 …………… 252
119. 宽以解急 纵以化顽 …………… 253
120. 节义文章 以德陶熔 …………… 254
121. 当盛知退 居下慎微 …………… 254
122. 德是基础 心为根本 …………… 255
123. 道虽人异 学随事殊 …………… 256
124. 宽厚如春风 忌克似朔雪 ……… 257
125. 君子持身 小人营私 …………… 257
126. 律己宜严 待人且宽 …………… 258
127. 先淡后浓 先严后宽 …………… 258
128. 守节全德 圆融避祸 …………… 259
129. 处世以诚 无不陶冶 …………… 260
130. 一念慈祥 寸心洁白 …………… 261
131. 庸德庸行 全性致和 …………… 262
132. 登山耐险路 踏雪耐危桥 ……… 262
133. 心体莹然 不失本来 …………… 264
134. 不昧己心 不竭物力 …………… 264
135. 为官公廉 居家恕俭 …………… 265
136. 处富知贫 当壮思老 …………… 265

137. 茹纳污垢 包容愚恶 …… 266
138. 不与小人仇 不向君子媚 …… 267
139. 修身如炼金 举事似拉弩 …… 267
140. 虚圆建功 执拗偾事 …… 268
141. 俭让行美 过犹不及 …… 269
142. 顺境勿喜 逆境勿忧 …… 270
143. 声乐名位 不可贪求 …… 270
144. 宽舒福厚 迫促禄薄 …… 271
145. 用人不刻 交友勿滥 …… 271
146. 上畏大人 下畏小民 …… 272
147. 比下无尤 比上不怠 …… 273
148. 喜里慎诺 醉里勿嗔 …… 274
149. 少事为适 无能全真 …… 275
150. 静夜听钟 澄潭观月 …… 275
151. 虫鸟传心 花草见道 …… 276
152. 读无字书 弹无弦琴 …… 277
153. 非上上智 无了了心 …… 278
154. 人生苦短 争而何益 …… 278
155. 浮云富贵 情寄泉石 …… 279
156. 恬淡适己 身心自在 …… 280
157. 意宽斗室广 机闲寸心宽 …… 281
158. 知足即仙境 善用有生机 …… 282
159. 趋炎为祸 守逸长安 …… 283
160. 忧死虑病 消幻长道 …… 284
161. 争窄退宽 浓短淡长 …… 284
162. 隐林无荣辱 道路泯炎凉 …… 285
163. 进处思退 居安思危 …… 286
164. 贪心多怨 知足常乐 …… 287
165. 达者逃名 智者省事 …… 287
166. 去留无系 静躁无干 …… 288
167. 心无染著 即为仙境 …… 288
168. 静躁稍分 昏明顿异 …… 289
169. 卧雪眠云 吟风弄月 …… 290
170. 出世涉世 了心尽心 …… 291
171. 闲处放身 静中安心 …… 291
172. 无欲远祸 心平无危 …… 292
173. 多藏厚亡 高步疾颠 …… 292
174. 不复有我 烦恼何来 …… 293
175. 人情世态 不宜太真 …… 294
176. 乐中生忧 不如平淡 …… 295
177. 成败自然 不必强求 …… 296
178. 猛兽易伏 人心难降 …… 296
179. 心性平和 处处生趣 …… 297
180. 盛衰何常 强弱安在 …… 298
181. 宠辱不惊 去留无意 …… 299
182. 莫做飞蛾 莫为鸥鸯 …… 300
183. 冷对权势 冷看是非 …… 300
184. 真空不空 在世出世 …… 301
185. 好名亦贪 焦思亦苦 …… 302
186. 澄性济身心 迷心乱精魄 …… 303
187. 心境恬淡 清芬自出 …… 304
188. 万事为常 何须取舍 …… 305
189. 了心出真境 未了是俗家 …… 306
190. 以我役物 处处逍遥 …… 306
191. 思于无时 欲念自冷 …… 307
192. 妍丑何存 雌雄何在 …… 308
193. 绝尘澄静体 混迹养圆机 …… 308
194. 人我一空 动静两忘 …… 309
195. 苦乐祸福 一念之间 …… 310
196. 学道须努索 得道任天机 …… 310
197. 就身了身 还世于世 …… 311
198. 卷舒自由 行止在我 …… 312
199. 一点慈悲 生生之机 …… 313
200. 不落世情 便是出世 …… 313

修身篇

1. 烈火修身 履冰行事

原　文

> 欲做精金美玉①的人品，定从烈火中锻来；思立掀天揭地②的事功，须向薄冰上履过。

注　释

①精金美玉：精纯的金子，完美的玉石。比喻纯洁完美的人或事物。
②掀天揭地：震天撼地。比喻声势浩大，功绩高伟。

译　文

要想修得精金美玉般的人品，一定要如烈火锤炼般地磨砺自己；要想建立轰轰烈烈的功绩，必须时刻如履薄冰般地要求自己。

经典解读

要建立崇高伟业，必须具有精纯完美的道德品行；要具有完美的道德品行，必须时刻锤炼砥砺自己。这就是《大学》中所说的："'如切如磋'者，道学也；'如琢如磨'者，自修也。"

人生之初，天性纯洁，但在成长之中要经历外界的种种干扰、诱惑。只有如同烈火炼精金一样，经历炙热的考验，坚持善良的本性的人才能保持住最初的"良心"，才能成为一个人格高尚的人。只有如同临渊履冰一样，时刻小心翼翼地坚守道德原则的人，才不会走向堕落、邪路，才能最终创建丰功伟业。

孔子在论语中说过："君子无终食之间违仁，造次必于是，颠沛必于是。"经历过生活中颠沛流离的考验而不违背仁道，一行一止、一举一动之中都慎重地固守仁道，才能成为一个有德有功的君子。

慎重地琢磨自己的道德，就要敬心。子路曾经问孔子如何做一个君子。孔子只讲了四个字：修己以敬。子路有些怀疑，问："仅仅这样就够了吗？"孔子说："修养自己的品行，就能使周围的人安乐。"子路问："这就够了吗？"孔子说："修养自己的品行，能够使所有的百姓都安乐。修养自己的品行而安乐天下百姓，尧舜还怕难以做到呢！"

本节作为《菜根谭》开篇之联，上联讲修身，下联讲立业，归根到底就是一个"敬"字。无论在什么时候、做什么事，都要保持"敬心"，慎始慎终，慎微慎独，不因一丝困难而放弃自己的追求，不以一丝利欲而违背自己的原则。把"敬"字牢记在心中，也就能经过烈火锻炼，履过深渊薄冰，修得精纯人品，建立崇高功业了。

2. 防一念之错 保万全之德

原　文

一念错，便觉百行皆非，防之当如渡海浮囊，勿容一针之罅漏①；万善全，始得一生无愧，修之当如凌云宝树②，须假③众木以撑持。

注　释

①罅（xià）漏：裂缝和漏洞。
②凌云宝树：凌云形容高耸入云；宝树为佛教用语，即七宝之树。凌云宝树在这里泛指珍奇的树木。
③假：借助。

译　文

一念之差做了错事，便会觉得所有行为都是错的，防止它应当如渡海乘坐的浮囊一样，不容有一个针眼的漏洞。万般善德俱全，才可使人一生无愧，修炼它当如高耸入云的七宝之树一样，凭借众多树木加以撑护。

经典解读

《易·系辞》中说："善不积，不足以成名；恶不积，不足以灭身。"完备的人品，都是一点点积德行善而得来的；蒙羞的恶名，也是一点点积恶造孽而引致的。一丝错误的念头常常导致所有行善成果前功尽弃；保护自己的德行，就应该像保护珍贵的凌云宝树一样，不容许有丝毫的差错、漏洞。"一失足成千古恨，再回首已百年身"，一步错，步步错，一招不慎，满盘皆输，人生从来就没有后悔药，必须时刻深思慎行，莫到错后方知悔。

中国古典文化中最著名的十六字真传："人心惟危，道心惟微；惟精惟一，允执厥中。"就是说的这个道理。荀子曾解释道："人心道心微妙玄通，只有圣明君子能够明白其中道理。心就像盘中盛水一样，摆放端正而不扰乱，渣滓就沉淀下去，水就清明澄净了，照在其中的人形物象也就明了了。一旦有一丝扰动，就如微风吹过，下面的淤泥动荡，盘中之水就不复清澈了，就不能照见人形物象了。"一个人怀有修身为道之心，必须精诚专一，慎重恒久，不可为外界风浪所扰动，将品行、思想中的渣滓好好沉淀下去，让自己干净、清澈。

在具体的事物上，就是要时时刻刻坚守自己的行事原则，不可有丝毫歪斜之处，不可有一件违心之行。行善无疑，除恶务尽；勿以善小而不为，勿以恶小而为之。须知人生如乘浮囊渡海，每行一恶，就如在浮囊之上扎下一孔，留下沉没的隐患；建功如造凌云宝树，每为一善，就如在宝树旁支撑一木，打下牢固的基础。

3. 平时多反省 过错自然稀

原　文

忙处事为，常向闲中先检点，过举①自稀；动时念想，预从静里密操持，非心②自息。

注　释

①过举：错误的举止行为。
②非心：邪心，错误的想法。

译　文

忙碌时的所作所为，常在闲暇之时先行检查审视，过错就自然稀少了；行动时的念头想法，早些在安静时筹划思量，错误的想法就自然停息了。

经典解读

这段话告诉人们要养成自省的好习惯。自省是修身的要诀，曾子说过："吾日三省吾身——为人谋而不忠乎？与朋友交而不信乎？传不习乎？"朱熹也在《近思录》中说："君子之遇险阻，必自省于身，有失而致之乎？有所未善则改之，无歉于心则加勉，乃自修其德也。"正是因为能够时刻反省自己，所以君子才能及时发现自己的不足,及时弥补;及时发现自己的错误,及时改正,他们的道德修养才能与日俱增。

值得注意的是,文中还强调了"先"和"预",就是说在平时要先为困难做好准备,不要临忙慌乱,遇事措手不及。人生中难免遇到各种突发状况,人在这种状态下最容易犯错,最容易滋生杂念、被邪欲蛊惑。要想避免这样,就应该在安静、闲暇之时,好好修身养性,使自己本心坚定。《中庸》中说:"凡事豫则立,不豫则废。"任何事情,事前有准备就可以成功,没有准备就要失败,就要犯错误。所以说,修身是一件终生大事,不能因为生活安逸,就姑息懈怠,不能因为闲适无事,就放纵自己。做事也是同样的道理,一个人树立远大理想,要时时刻刻想着自己遇到了事情该如何做,所谓"君子藏器于身,待时而动",不可贪图清闲,以致临时抱佛脚。

4. 涤除渣滓 保守本心

原　文

为善而欲自高胜人,施恩而欲要名①结好,修业而欲惊世骇俗,植节②而欲标异见奇,此皆是善念中戈矛、理路上荆棘,最易夹带、最难拔除者也。须是涤尽渣滓,斩绝萌芽,才见本来真体③。

注　释

①要名:"要"通"邀",博取名声。
②植节:树立气节,培养操守。
③真体:真心、本性。

译　文

做善事却想借此抬高自己、胜过别人,施恩惠却想借此博取名声、结交他人,建立事业却想以此惊世骇俗,树立节操却想以此标新立异,这些都是善念中隐藏的戈矛、明理之路上的荆棘,最容易夹杂在人心之中、是最难以拔除的东西。必须清除所有(修德为善中的)渣滓杂念,斩断(邪心邪念的)萌芽,才能显现出人的真心本性。

经典解读

修身为善最忌讳的就是怀有功利之心,如果行善事时,怀有让人感激自己的动机,那就不是单纯的为善,而是收买人心了;如果修身养性时,怀有博取名声的动机，那就不是真的追求道德高尚，而是沽名钓誉了；如果树立节操时，怀有"标异见奇"的动机，那就不是真的有个性，而是哗众取宠了。

儒家修德讲求诚意，就是"德行"要真正发于内心，是内在的，而不是外在的，做样子给他人看的。追求外在，而不重视内心的，即使有善行，也是不诚的。故《大学》中说："诚于中，形于外。"孟子说："以善服人者，未有能服人者也；以善养人，然后能服天下。"

要想成为真正行高德厚、受人尊重的人，就应该淡泊名利，轻视外人的评价、回报，重视自己内心的修养。不要让分毫的名利之心、夸誉之念，将自己的善行变得虚伪做作。

5. 杂念不净 石去草生

原　文

能轻富贵，不能轻一轻富贵之心；能重名义，又复重一重名义之念。是事境①之尘氛②未扫，而心境③之芥蒂④未忘。此处拔除不净，恐石去而草复生矣。

注　释

①事境：对外物的境界。
②尘氛：尘俗之气。
③心境：佛教用语，指意识和外物。
④芥蒂：心中的杂质，对外物的欲望。

译　文

能够轻视富贵，却不能清一清对富贵的艳羡之心；能够重视名义，却又过于重视名义的念头。这是对待外物的尘俗之气还未能扫除，内心深处还存在杂念。如果这些尘俗杂念不能清除干净，就像用石头压住野草一样，石头一旦没了，野草就会又生长起来。

经典解读

有些人表面上轻视富贵，藐视权贵，但他们的这种行为并非出于真正的淡泊名利，视富贵如浮云，而是一种"羡慕、嫉妒、恨"，其实在他们心中，巴不得成为那种自己所鄙视、所厌恶的人呢！这种人不是真正有修养的人，而是表里不一之辈。

南朝文学家孔稚珪曾写过一篇著名的文章《北山移文》来讽刺那些沽名钓誉的隐士。文中有一个称为周子的人，他假装厌恶荣华，爱好淡泊而隐居山林。当他初来的时候，似乎把巢父、许由都不放在眼里；百家的学说，王侯的尊荣，他都瞧不起。风度之高胜于太阳，志气之凛一如秋霜。一会儿慨叹当今没有幽居的隐士，一会儿又怪王孙远游不归。他能谈佛家的"四大皆空"，也能谈道家的"玄之又玄"，自以为上古的务光、涓子之辈，都不如他。等到皇帝派了使者鸣锣开道、前呼后拥，捧了征召的诏书，来到山中时，他立刻手舞足蹈，改变志向，暗暗心动。在宴请使者的筵席上，他扬眉挥袖，得意洋洋。他将隐居时所穿的用芰荷做成的衣服撕破烧掉，立即露出了一副庸俗的面孔。这种人连山林都为他感到羞愧，连树木都为之悲伤。

有些人满口仁义道德，也有善行善举，但他们却过于重视自己的"仁善"名声，所有的行为都是为了维护这些声誉，一旦和他们名声没有关系，他们连管都不会管一下！这种人不是真正的有仁德的人，而是沽名钓誉之徒。

孟子说："好名之人，能让千乘之国；苟非其人，箪食豆羹见于色。"就是讽刺这种沽名钓誉之徒，他们为了名声，能让出整个国家，可是一旦和名声不相干，在箪食豆羹的小事上，也常常给别人脸色看。

生活中表里不一、醉心于名利之人很多。在摄像机前，慷慨大义，俨然一副慈善家嘴脸，私底下则为富不仁，少恩寡义；平时指责他人如何如何做，若是自己做的时候，比谁都积极。这种行为都是修身为善，却流于表面的缘故，心中有尘埃、渣滓未净，在他人面前能够装出一副有德君子形象，可一旦脱离了监控，就无所不为了。殊不知，"人之视己，如见其肺肝然"，任何虚伪做作只能像《皇帝的新装》里的皇帝一样欺骗自己，不能带来任何道德上的增益，所以君子要有诚意，要慎独。

6. 栖心元默 适志怡愉

原 文

纷扰固溺志之场，而枯寂①亦槁心②之地。故学者当栖心元默③，以宁吾真体；亦当适志怡愉④，以养吾圆机⑤。

注 释

①枯寂：枯燥寂寞，不闻世事。
②槁心：使内心冷漠，丧失志趣。

③元默：淡泊自守，沉静无为。
④适志恬愉：恬静舒适，让自己活得舒心惬意。
⑤圆机：超脱是非，不为外物所拘牵。

译　文

纷扰骚乱固然是埋没志向的场所，然而过于追求枯燥寂寞同样会让人内心冷漠，丧失志趣。故而学者应当托心志于沉静无为之中，以得到内心的安宁；也要恬静愉快，追求生活的适意，来让自己超脱是非，不为外物所拘牵。

经典解读

世事纷扰，使人迷乱，沉浸其中，扼杀志向，人要懂得在乱世红尘中寻得一份内心的安宁，找到自己精神栖息的"瓦尔登湖"。但也不可过于追求静，枯寂冷漠、苦行自虐式的修行，同样不是最好的处世之法，这只会让人内心单调枯寂。学者应该保持自己内心的安适、恬和，淡泊修身，宁静致远，达到"宠辱不惊，看庭前花开花落；去留无意，望天空云卷云舒"的自然境界。

现代的城市之中，到处都是人声喧嚣，到处都是酒绿灯红、急管繁弦。整日沉浸在这种喧哗之中，最易令人迷失，因为对奢华生活的向往而汲汲于富贵；因为对华宅豪车的追求而丧失最初的单纯；因为对权力地位的渴望而变得圆滑世故……这就是失其本心。有那么多人不惜辞去奋斗多年而来的位置，做一场无拘无束的旅游；有那么多人宁愿花费重金，前往西藏、新疆等远离喧嚣的地方去放松一下；有那么多人，暂时抛弃城市中的繁华，到山间寺庙去修身养性，这都是为了寻找自己精神的栖所，回归于内心的安宁。

当我们找寻到外界环境中的安宁之时，更重要的是在自己的心中创造一份宁静。消除心中的争夺、利欲之念，也就是《道德经》中所说的"涤除玄鉴"。消除了这些杂念，才能适志恬愉，超脱是非。战国之时，战火纷飞，但庄子却能够逍遥自在，翩翩然恍如羽化而为蝴蝶，就是因为他内心澄净；东晋之时，兵戈四起，但陶渊明却能"结庐在人境，而无车马喧"、"采菊东篱下，悠然见南山"，就是因为他没有欲念的束缚。

我们要懂得用恬静的心去体验生活，培养自己恬静的心。生活中不仅仅有追赶和拼搏，更有无处不在的娴雅和淡薄；生活中不仅有冷漠和枯燥，更有无数的适意和乐趣。当你拥挤在不见头尾的车流之中时，不妨看看蓝天上淡雅的云；当你每日匆匆行走在上下班路上时，不妨多看两眼跳跃在草坪上的麻雀；周末放假了，与其睡懒觉、逛商场，不如到郊外去走走，看看花如何开，叶如何落，听听山风吹过林梢，看看鸟影划过水面。

7. 非不可留 是不可执

原　文

> 昨日之非不可留，留之则根烬复萌，而尘情终累乎理趣①；今日之是不可执②，执之则渣滓未化，而理趣反转为欲根。

注　释

①理趣：义理情趣。
②执：执着，固执。

译　文

过去的错误不可以遗留下来，留下了就会如残根、余烬那样萌芽生枝、死灰复燃，最终将因为尘俗之情而伤害了义理情趣；当今的正确也不可妄执，妄执就是心中渣滓还未化尽，最终将会导致义理情趣转化为欲望的根苗。

经典解读

上一节讲生活应当淡泊宁静，恬适自然。为何大部分人都不能如此？就是因为对人间是非过于执着，放不下。放不下便觉得生活中到处都充满了是非、对错，觉得是便欣喜忘形，不能自已；觉得非便愁肠百结，怨天尤人。悲欢离合、酸甜苦辣将人心塞得满满的，自然也就不能得到安宁了。

错误的追求，知道错了就要斩断欲望，彻底放下，否则只能使自己彷徨迷乱，浪费大好人生。我们都仰慕陶渊明寄情田园之志，却不知道陶渊明也曾几次放不下。他二十岁就开始游宦生涯，不久就厌倦了这种生活，于是辞官在家，但在为官建功等世俗思想的影响下，又两次出来做官，在做官之时，他无时不怀念田园生活，但就是放不下"学而优则仕"的念想。直到五十多岁，才彻底看破红尘，毅然辞官隐居，写下了"悟已往之不谏，知来者之可追"的诗句。

现在看来是正确的事，也不可以一味坚持，这种坚持很可能变成欲望的根源，最终毁了自己。李斯年轻的时候，对自己的老师荀子说："故诟莫大于卑贱，而悲莫甚于穷困。"在他看来，人如果不积极进取，在乱世中建功立业，求取富贵，就像生活在茅厕中的老鼠一样卑贱可怜。于是他告别老师，来到秦国，取得了功业，最后成了秦始皇的宰相。他的进取之心，对他建功立业具有积极的作用。

然而，李斯在取得高位之后，逐渐被对权利的欲望所侵蚀，为了保住自己的权位，他陷害自己的同门师弟，勾结赵高、胡亥，篡改秦始皇诏书，谋害扶苏、蒙恬。最终他自己也被这种欲望所吞没，在被赵高陷害后，押往刑场的途中，李斯对自己的儿子说："我想再和你带着黄犬一起出东门追兔子，也不可以了！"

人生之所以充满了各种失意、悔恨，就是因为放不下，放不下对功名利禄的追求。每天在尘世沉浮，溺于是非对错，难免饱受烦恼的折磨、利欲的炙烤。老子说："宠辱若惊，贵大患若身。"我们之所以活得这么累，之所以每天患得患失，就是因为"心不静"、"放不下"。

《忠孝良方》上有两句话说得好："青山不管人间事，绿水何曾说是非。有人问我红尘事，摆手摇头总不知。"与其沉浸于红尘纷扰，不如寄情于青山绿水；与其失意于得失对错，不如忘情于清风明月。放下，让自己拥有一颗平淡、平静、平定的心，以平常的心态看待得失、荣辱，才能摆脱世间纷扰，才是善待自己，善待人生。

8. 时时知检点 清心即为学

原　文

> 无事便思有闲杂念想否，有事便思有粗浮意气否，得意便思有骄矜辞色否，失意便思有怨望情怀否。时时检点，到得从多入少、从有入无处，才是学问的真消息。

译　文

没事时，要反思自己是否有无聊错乱的念想；有事时，要反思自己是否有粗鄙浮躁的意气；得意的时候，要反思自己是否有骄傲自负的辞色；失意的时候，要反思自己是否有怨恨不满的情怀。时时刻刻检点反思，等到这些杂念错误从多到少、从有到无之时，才是学而有成的真苗头。

经典解读

人在无事时，常常因为心无寄托而生出无益的杂念，使心思放荡游逸，即古语所说："心猿不定，意马四驰，神气散乱于外。"这时就要懂得收敛心性，清净存神，故孔子说"克己复礼"、"思无邪"，孟子说"求其放心"。

人在有事之时，又常常会因忙碌而变得脾气暴躁，举止粗俗，此时最容易犯错误、得罪人。这就要克制自己的脾气，稳定自己的情绪，不胡乱行事，不迁怒于人。

人在得意之时，往往容易骄傲自大，高估自己，贬低他人。真正有学问的人，会刻意避免这点，越是得意，越会谨言慎行，因为智者明白，骄傲自大不会给自己带来任何好处，反而会招致祸端，就如老子所说："富贵而骄，自遗其咎。"

人在失意之时，往往会生出怨望之心，不从自己身上找毛病、找不足，而怨天尤人。这同样不会给自己带来任何进步，只会让自己变得满口唠叨，越来越显得浅薄。

做学问不单单是为了做事，更是为了让我们的人格更加成熟，生命更加圆满。"万法尽在自心"，能够修好自己的内心，戒除放逸之心、浮躁之心、骄泰之心、怨望之心，便是最大的学问、最大的道。

北宗禅创始人神秀大师曾做过一首著名的偈子："身是菩提树，心如明镜台；时时勤拂拭，勿使惹尘埃。"人的本心是明净纯洁的，如明镜一般，但世俗中的纷纷扰扰，会让人生出各种放逸、浮躁之心，让心如明镜蒙尘。修行之人应该时时反思，拂去心上灰尘，保持本来真心，这样才能取得真学问，成为一个道德高尚之人。

9. 立业尚实 修德从虚

原　文

士人有百折不回之真心，才有万变不穷之妙用。立业建功，事事要从实地着脚，若少慕声闻，便成伪果①；讲道修德，念念要从虚处②立基，若稍计功效，便落尘情。

注　释

①伪果：虚伪、不真实的成果。
②虚处：与现实相对，指无为、不求功利。

译　文

士人要有百折不回的真诚心念，才能得到变化无穷的奇妙作用。建功立业，每一件事都要从实地落脚，如果怀有少许贪慕名利之心，取得的成功便是虚假的；修道养德，每一个念想都要从虚处建立根基，如果怀有一丝功利之心，便会堕入尘俗之流。

经典解读

世间万事万物，都要踏踏实实，一步一个脚印地追求，绝不可怀有求取名利之心，否则取得的成功也是虚假的。《西游记》故事的设计为此做了最好的演绎，唐僧师徒为何一定要历经九九八十一难才能取得真经呢？如来为何不直接把经书送给他们，或是让孙悟空一个跟斗翻到西天呢？就是为了锻炼、考验他们百折不回的真心。即使差一难没有经历过，得到的经书也是没有用的无字书。

世上没有简单的事，唾手可得的成功是不存在的，所以说"书山有路勤为径，学海无涯苦作舟"、"不经历风雨，怎能见彩虹"。但如果你有一颗百折不回的心，世上便没有困难之事，所以说，"世上无难事，只怕有心人"、"只要功夫深，铁杵磨成针"。任何一项事业，要想取得成就，就会遇到很多困难和挫折。一个人要成就一番事业，就要经受住严峻考验，在困难之中百折不回，永不言败。成功属于最坚韧的人，如果没有坚定的性格，做事单单是为了追名逐利，一遇到困难就摇摆不定，犹犹豫豫，打起退堂鼓，就算他有再好的天资也不会取得成功。

为学做事，讲求踏实。再难的事，只要一点一滴地做下去，有精卫填海、愚公移山的精神，就会成功的。每天进步一点点，坚持不懈，积少成多，终会等到成功的一天。

修德为道，讲求空虚。完善道德，坚定内心所取得的成就，不像做实际工作一样，可以清晰地看到。更不可为了看到成果，而怀着功利的动机去修德。

10. 艰难困苦 乃知操守

原 文

非盘根错节，何以别攻木①之利器？非贯石饮羽②，何以明射虎之精诚？非颠沛横逆③，何以验操守之坚定？

注 释

①攻木：伐木、加工木头。
②贯石饮羽：羽箭穿过石头。这是引用李广射虎的典故。相传李广出去打猎，看见草丛中伏着一头老虎，用力射去，后来发现原来是一块虎形的大石头，方才射出的羽箭竟然插进石头之中。
③颠沛横逆：颠沛，颠沛流离；横逆，横祸厄运。

译 文

如果没有盘根错节的树木，怎么能区分出伐木利器？如果没有贯石饮羽的奇遇，怎么知道射虎之心的精诚？如果没有颠沛流离的遭遇，怎么检验出一个人操守的坚定？

经典解读

东汉名将虞诩说:"志不求易,事不避难,臣之职也。不遇盘根错节,何以别利器乎?"英雄所担忧的不是困难和挫折,而是安逸平庸。人们常说,"疾风知劲草"、"乱世出英雄"。在黑夜中才能看出哪颗星星最亮,在暴风骤雨中才能看出哪条船更结实,在挫折和苦难之中才能看出谁是真正的英雄。因为有了盘根错节的树木,锋利的斧子才能脱颖而出;因为将箭射入了大石头,人们才知道射箭之人技艺精湛;因为经受了颠沛流离,坚定的操守才会被人所知。生活中,充满了各种困苦、失败、磨难,但正是因为它们的存在,才更能显出我们超出常人的坚强、毅力、恒心。

不要害怕挫折和苦难,它们让我们的人生更加精彩。没有经历过狂风暴雨的洗礼,哪能知道风平浪静的美好;没有经历过泥泞道路的险阻,哪能知道康庄大道的通达;没有经历过挫折的历练,哪能知道成功之后的喜悦?面对挫折和苦难,用微笑的心态迎接它,成功就在眼前。

11. 身忙于闲时 心放于收后

原 文

身不宜忙,而忙于闲暇之时,亦可儆惕①惰气;心不可放,而放于收摄②之后,亦可鼓畅天机③。

注 释

①儆惕:警惕,戒惧。
②收摄:收聚,精力高度集中。
③鼓畅天机:鼓畅,鼓动使畅达;天机,天赋灵性。

译 文

人的身体不能过于忙碌,但在闲暇之时也应该让自己稍忙一点儿,这样可以戒除懒惰习气;人的心神不可以放纵,但在精神高度紧张之后应该适度放松,这样可以鼓动天赋灵气,使之更加畅达充沛。

经典解读

身体不能太忙,太忙容易劳累成疾,太忙容易被世间纷扰埋没,但人也不能太闲、太安逸,太闲就会生出懈怠之气,同样有损人的心志。春秋时,晋文公重耳未继位前流亡在外,尝尽各种苦难都未忘记自己的大志向。但到了齐国以后,齐桓公待他很好，给他华美的居所，舒适的车马，帮他娶妻安家。重耳终于过上了安逸的生活，但安逸带来的就是志向的湮没，一住就是五年，多亏臣子们强迫他，他才离开齐国，险些因为安逸而没有了后面称霸诸侯的丰功伟业。

真正心怀大志的人，都会时刻警醒自己，不要因为耽于安逸而消磨了雄心壮志。刘备投靠刘表之时，受到上宾之礼相待，一次陪着刘表闲谈，去厕所时，看到髀里生出赘肉，不禁泪流满面。回来后，刘表看到很奇怪，问为何。刘备回答道："我从前身不离鞍，髀肉都消没了。如今很久不骑马，髀下的肉又长了起来，日月若驰，老之将至，而功名未立，所以感到悲伤啊！"

晋朝时的陶侃，也是心怀大志的人，他在广州做官时，闲来无事，每天早上就将上百个大瓦罐搬到屋外，傍晚再搬回来，身边的人都很奇怪，问他："您闲着没事吧？将这些大瓦罐搬来搬去干什么？"陶侃说："我立志收复中原，现在为官清闲，每日无事，怕自己将来不堪大任，于是让自己忙起来。"

心神不能过于放纵，但在紧张之后也应该让自己放松一下，使心灵得到休整，精神更加饱满。长期高度紧张的生活，不利于身心发展。现在社会中，尤其在北、上、广等大都市中，生活节奏越来越快，年轻人的压力越来越重，这时，要学会忙中偷闲，在工作之外给自己找点乐趣，在紧张的间隙出去散散步、爬爬山、下下棋，都是修养、安抚心灵的好方法。

在闲暇之时，给自己找点事做，学点有用的东西，向那些有成就的人看齐，让自己有点压力，就不会忘掉志向、沦于平庸。在紧张之后，让自己放松一下，把名利、事业看得淡一些，梳理思绪，感受平静，看一看周边的风景，蓝天、白云、远山、绿地，生活就会有趣不少，心灵就不会陷入冷寂、枯槁之中。如同前面所讲的"适志恬愉"，人要忙中闲，闲中忙，放中有收，收中有放，及时调整身心，使自己生活张弛有度，这既可养心，又可养身。

12. 好名招祸 多欲受羁

原　文

> 钟鼓体虚，为声闻而招撞击；麋鹿性逸，因豢养而受羁縻。可见名为招祸之本，欲乃散志之媒。学者不可不力为扫除也。

译　文

钟鼓内心空虚，却为了追求远大的声闻而遭受撞击；麋鹿生性闲逸，却因为贪图豢养的安逸而受到羁縻。可见名声实为招致灾祸的根本，欲望乃是湮灭志气的媒介。学者不可以不努力扫除名利、欲望之杂念。

经典解读

"名为招祸之本，欲乃散志之媒"，此句真为警世之良言！

世上多少纷争祸患皆因贪图虚名而致！世上多少英雄豪杰皆因欲望过多而败亡！

名声可贵吗？自然可贵。任何人都爱惜自己的名声，正如《史记·伯夷列传》中所言："贪夫徇财，烈士徇名"，越是具有节操之人，越看重自己的名节。但人们时刻应该注意一点，名节要建立在自己真正拥有的道德和能力的基础之上，有伯夷之行者，方可重伯夷之名，一个人如果没有伯夷、叔齐那样纯洁的品行，却梦想着拥有好的名声，就如缘木而求鱼，不仅不会成功，还会给自己带来祸患。

战国时，赵国有一个人特别爱好名声，可是自己却一无所长，于是就到处吹嘘自己具有什么样的能力，对人说自己活了上千年了，曾经见过文王、武王，连孔子这些圣贤都是他看着长大的。他还编出了很多西王母、周穆王的神话故事，很多人被他的话所蒙蔽，都对他十分尊重，他每天为此而沾沾自喜。

一天，赵王忽然生病了，巫医看病以后，就说治这病要千年之血作为药引子。到哪里去寻找千年之血呢，赵王很发愁。这时，有人将那个人说的大话告诉了赵王，赵王立刻下令将那个人抓来，准备杀了他，用他的血制药。那人吓得腿如筛糠，连忙跪下承认自己根本就没有活上千岁，如今他的父母才五十多岁，那些话都是他喝醉了酒，为了获得声誉而编造出来的。

老子在《道德经》中说："名与身孰亲？身与货孰多？得与亡孰病？甚爱必大费，多藏必厚亡。故知足不辱，知止不殆，可以长久。"人之所以受辱，之所以丧身，都是因为名利之念、欲望之心在作怪。如果能认清这一点，就应在生活中将名声看淡一点，克制自己的欲望，不要做体虚而声大的钟鼓，不要做贪食而丧志的麋鹿。

13. 一念常惺 纤尘不染

原　文

一念常惺①，才避去神弓鬼矢②；纤尘不染③，方解开地网天罗。

注　释

①常惺：即"常惺惺"，佛教语，指头脑保持清醒。朱熹曰："惺惺乃心不昏昧之谓。"

②神弓鬼矢：同后面"地网天罗"一样，都是指天地、神灵降下的灾难。
③纤尘不染：形容心地纯洁，无邪念杂思。

译 文

动念之时保持头脑清醒，才能免去鬼神之灾；心中没有邪念杂思，才可避开天地降难。

经典解读

第2节中讲过，"一念错，便觉百行皆非；万善全，始得一生无愧"，本节还是告诉人们要在一思一念间重视自己的德行，保持心无邪念，纤尘不染。

"一念常惺"，即头脑时刻保持清醒，为善去恶，敬以修身，才可避开"神弓鬼矢"、解去"地网天罗"。古人劝人向善，常常讲因果，"善有善报，恶有恶报"，其实这并非完全是封建迷信。一个人多做善事，必然多结善缘，今天帮了别人，说不定别人什么时候也会帮助他。再者，少做亏心之事，一个人心情必然坦荡、舒畅，在生活中也更加积极乐观。

战国时候，晋国大夫赵盾外出巡游，路过一棵大槐树时，看到一个人神情委顿地躺在树下。赵盾发现他是饿成这样的，于是让随从给他足够的食物，那人吃饱之后，又请求说："感谢您救了我，可我的母亲还在家里受饿，能不能再给我些吃的，我带回去。"赵盾就命人给他装上一大篮子吃的。

几年以后，晋灵公当政，残暴无道。赵盾屡次进谏，灵公十分恼怒，就打算除去他，于是，在宫中设下埋伏。赵盾进宫之时，灵公安排的刺客忽然冲出来，情况万分危急，这时一个宫中侍卫，忽然倒戈，拼命保护赵盾逃脱。赵盾事后问："你是宫中侍卫，为何要保护我呢？"那人道："我就是几年前，躺在大槐树下的那个人啊，多亏你的饭救活了我和我母亲！"

不经意间做的一件善事，说不定什么时候就免去了自己的祸患，不经意间做的一件恶事，说不定就为自己埋下了灾祸的种子。所以人们常说："湛湛青天不可欺，未曾动念已先知。善恶到头终有报，只争来早与来迟。"

14. 不忍不为 心怀万物

原 文

一点不忍①的念头，是生民生物之根芽；一段不为的气节，是撑天撑地之柱石。故君子于一虫一蚁不忍伤残，一缕一丝勿容贪冒②，便可为万物立命、天地立心矣③。

注　释

①不忍：不忍为害。
②贪冒：贪得，贪图。
③为万物立命、天地立心：北宋大儒张载有言："为天地立心，为生民立命，为往圣继绝学，为万世开太平。"指心怀天下，教化天下，造福万物，引导万物。

译　文

一点不忍为害的念头，是供养人民、生长万物的根源；一段有所不为的气节，是顶天立地的柱石。所以君子对于一只小虫一只蚂蚁都不忍伤残，对一丝一缕的微小利益都不会贪图，这样就可以造福万物，为天地之间订立准则了。

经典解读

所谓君子，就要担负起生民养民的责任，做撑天撑地的柱石。要想成为一个真正的君子，单凭才能出众是不够的，还要有"有所不忍"的美德，有"有所不为"的原则。

何谓"有所不忍"？孟子曰："人皆有不忍人之心。"不忍人之心，就是恻隐之心、是非之心、羞恶之心、辞让之心。看到别人陷入困苦就哀怜他们，不忍心再加重他们的苦难，这便是恻隐之心；看到他人犯错就同情他们，就不忍心看着他们错得更深，这便是是非之心；知道自己做错事，懂得羞愧，知道改正，这便是羞恶之心；见老者知敬，见幼者知爱，将好处先让给他们，这便是辞让之心。有这四种心，便不忍去伤害他人，不忍损人利己，不忍为富不仁，不忍见善而不做，不忍见死而不救，这便有了"一点不忍的念头"。

何谓"有所不为"？也就是"大丈夫有所为，有所不为"，坚定自己的道德原则，坚决不做违反原则之事，"贫贱不能移，富贵不能淫，威武不能屈"。不为了获得名利而为非，不为了享乐而作恶，不将自己的快乐建立在他人的痛苦之上。

生活在五代十国时期的永明大师年轻时本为南唐小吏，负责管理余杭县府库。当时江岸湖边常有打鱼售鱼之人，看到那些在筐中等着被人买回杀死的鱼虾，他心中十分不忍，便常常将其买回放生。自己的钱花没了，便盗用府库中的钱。后来，因为监守自盗被判处死刑，大师在刑场上表情从容，面不改色，国王很是奇怪，便询问他缘由。大师回答："我因为放生，救活的生命数以千万，趁此功德，正好往生西方极乐世界，怎能不欢喜呢？"国王很敬重他，便将其释放。后来，大师出家为僧，得道正果，被净土宗奉为六祖。

禅宗的六祖慧能大师，为了躲避他人迫害，逃亡到江南一带，隐姓埋名于山间。山间猎人布下了很多兽网，叫大师守护，大师每看到落网猎物都心生怜悯，莫不设法将其放生，这样一连十六年，救活的猎物不可胜数。猎户们开始对他十分不满，后来在他的感化下都放下了屠刀，改行向善。

这些先贤，之所以能够名扬千古，教化一方，就是因为他们有不忍、不为的念头，以天下心为己心，以天下利为己利，将所有的精力都放在利人、为善之上。

15. 心中清净 风月自来

原　文

拨开世上尘氛，胸中自无火炎冰兢①；消却心中鄙吝，眼前时有月到风来。

注　释

①火炎冰兢：火炎，指严酷的环境；冰兢，指恐惧、忧虑的内心。

译　文

拨开世上的尘俗气氛，胸中自然也就不会总想着环境的严酷、内心的忧惧了；消除心中的鄙吝念头，眼前自然会时时出现月朗风清的美景。

经典解读

心不能放下，是因为被世俗的尘缘所纷扰。想得到的得不到，强烈的渴望使人心如同被火烧灼般难受；怕失去的又失去了，痛心的失落令人如同走在薄冰上一样恐惧不安。只有放弃了对名利的追求，胸中之火自然会熄灭，胸中之冰自然会消融。

"境由心造，心随境转"，世上的痛苦与烦恼都是自己制造出来的枷锁，犹如作茧自缚。很多时候，我们感觉生活糟透了，命运总是为难自己，其实换个角度，换个心境，我们就能看见完全不同的天地。

不要总盯着钱，就不会"戚戚于贫贱，汲汲于富贵"，就不会整天因为穿的比不上别人而痛苦，就不会因吃的不如他人而幽怨；不要总盯着权，就不会因为属下没恭维自己而心生怨艾，不会因为看到上司脸色不好而战战兢兢；不要总盯着地位，就不会为了想着阿谀奉承权贵之人而殚思竭虑，疲劳身心。

很多人天天哀叹，自己为何没有出身在富贵之家，自己为何天生环境不如

别人。这种不快，其实就是因为存有鄙吝的功利之心。我们虽然没有生活在豪门大家，但至少能够吃饱喝足养活自己，能够享受和平安稳的生活。

宋朝慧开禅师曾写道："春有百花秋有月，夏有凉风冬有雪。若无闲事挂心头，便是人间好时节。"生活中时时、处处都存在美，同时也存在不足，到底它如何，完全在于自己的心态。不要总觉得自己不幸，世界上比我们痛苦的人还很多，抛开自己的得失，多去帮助他人吧！不要总觉得生活苦闷，世上到处都存在让人震撼的美丽，放下偏执的欲望，用心去感受世界上的善与爱！

16. 穷理尽妙 进道忘劳

原　文

穷理尽妙，钓深出重渊之鱼；进道忘劳，致远乘千里之马。

译　文

深究事物的义理，极尽妙处，只有下深钩才可钓出深渊中的大鱼；在为学求道的路上但进勿止，忘记劳苦，只有乘了毅力超群的千里马才可远行万里。

经典解读

世间事理深奥，必须下大功夫，认真深究，才能悟出其中的深意。"穷理尽妙"，不是简单的学习，而是心与道同，潜心于探究万事至理之中，忘记外界缤纷事物的干扰，见识、行为合二为一，如老子所说的"载营魄抱一"。求理修道，能够达到这种程度，才能看破世间纷扰，觉悟万事本源。

"进道忘劳"，就是要在求知为道的过程中找到快乐，心中不怀得失之念，不带急于求成的功利之心。孔子最欣赏的学生是颜渊，别人为仁坚持几天就不错了，而颜渊却能够数月不变。他之所以能够如此，就是将为学修德当成了一件乐事，居于陋巷，吃着粗粝的食物，能够"不改其乐"。

《列子·汤问》中记载了詹何钓鱼的故事：

詹何用单股的蚕丝做钓鱼的丝绳，用芒刺做钩，用细竹做钓竿，用剖开的米粒做钓饵，在有百仞深的深渊中、湍急的河流里钓到的鱼可以装满一辆大车，钓丝未被拉断，钓钩没有被扯直，钓竿保持完好。

楚王听说了这件事觉得很惊异，就把他叫来问他原因。

詹何说："听我曾经当过大夫的父亲说过，古代善射的人射箭，用拉力很小的弓、纤细的丝绳，顺着风一射，一箭连射两只黄鹂鸟，这都是用心专一、用力均匀的原因啊。我按照他的这种做法，模仿着学习钓鱼，五年才完全弄懂其中的道理。现在我在河边持竿钓鱼时,心中不思虑杂事,只想鱼,丢线沉钩,手上用力均匀,外物不能扰乱我的心神。鱼看见我的钓饵,就像聚集的尘埃或泡沫一样,吞食而不会怀疑。所以我能以弱制强、以轻御重啊。大王您治理国家如果可以这样,那么天下的事就可以一手应付了,还能有什么对付不了的吗?"

楚王对此大加赞赏,连呼:"说得好!"

詹何因为专心于垂钓,心中无鱼,所以才能临深渊,钓大鱼,而那些眼中盯着鱼,鱼要上钩时就激动不已,鱼离开了就失意沮丧的人,患得患失,心浮气躁,就很难有所收获了。世间道理,都是如此,学习时,将学习当成快乐的人一定能够取得成就,若是成天想着取得好成绩以得到表扬,考上好大学找工作,那么即使在一定阶段内学得好,也很难最后在学术上获得不俗的成就。将工作当成一种追求、一种乐趣的人大多能将工作做好,而将工作当成一种谋利、养家的手段的人,就会每天碌碌而过,不能感受到工作的快乐。

所以,无论做什么事,都要穷理尽妙,精益求精。事情无论简单还是复杂,都不要怀着功利的念头去做,要懂得进道忘劳,功在其中。有了不知停止的脚步和悠然自乐的心态,人生的旅途才能行至千里,才能永远潇洒自在!

17. 操存涵养 处一化齐

原　文

学者动静殊操、喧寂异趣,还是锻炼未熟、心神混淆故耳。须是操存①涵养②,定云止水中,有鸢飞鱼跃③的景象;风狂雨骤处,有波恬浪静的风光,才见处一化齐④之妙。

注　释

①操存:执持心智,不使丧失。

②涵养:滋润养育、培养心智。

③鸢飞鱼跃:《诗经·大雅·旱麓》中有:"鸢飞戾天,鱼跃于渊"之句,后常以"鸢飞鱼跃"形容万物各得其所。

④处一化齐:"一"就是指"道"。处一,即归于道,顺从道。"化齐"来源于老庄的"齐物"思想。《庄子·秋水》云:"万物一齐,孰短孰长?"处一化齐,就是顺从自然,不计得失,轻视荣辱。

译 文

学者时动时静，操守不一，时喧时寂，意趣常变，还是因为内心锻炼不够精纯，心志精神尚存在错乱混淆的缘故。必须要执持心智，涵养心智，到了"在定云止水中，仿佛可见鸢飞鱼跃之状，在狂风骤雨中，仿佛可见波恬浪静之景"的境界，才能顺从自然之道，窥见万物变化，终始如一的妙境。

经典解读

人的感情随着外界环境而波动，行为举止随着得失荣辱而变化，这都是因为内心修养还不够啊！致力于内心修养的人，要尽力戒除此弊端，做到宠辱不惊，"泰山崩于前而色不变，麋鹿兴于左而目不瞬"。

真正有道德修养的人，不会因为一点小得，而欣喜若狂，不会因为一点小失，而怨天怨地，不会因为春风得意而忘乎得以，不会因为陷入低潮而自暴自弃。他们不为名利而争斗，不为钱财而纠结。他们时刻保持着恬淡的心态，从不将喜怒放在脸上。他们语气不惊惧，性格不骄躁，举止不张扬，静得优雅，动得从容，行得洒脱。在他们看来，生活就像一朵花，淡雅而悠长；生活就像一棵树，默默无闻却枝叶长青。

真正有道德修养的人，懂得用智慧的眼光去看待生活，"定乎内外之分，辩乎荣辱之境"。他们品味生活中的苦难，却从中发现众人不知的乐趣；他们也尝到失去的痛苦，却能够将其转化成得到的快乐。

学者，有了无私、坦荡之心，才能志向高远，看淡荣辱，才能于困境之中见希望，在沉浮之中守宁静。所以，李白能够在官场失意之时高歌"仰天大笑出门去，我辈岂是蓬蒿人"，柳宗元能够在被贬谪时写下"回看天际下中流，岩上无心云相逐"，刘禹锡能够在宦海沉浮时咏道："晴空一鹤排云上，便引诗情到碧霄"，范仲淹能够在受到排挤、打击时写下"不以物喜，不以己悲"！

18. 事障易除 理障难解

原 文

心是一颗明珠，以物欲障蔽之，犹明珠而混以泥沙，其洗涤犹易；以情识①衬贴②之，犹明珠而饰以银黄③，其洗涤最难。故学者不患垢病，而患洁病之难治；不畏事障，而畏理障之难除。

注 释

①情识：感觉与知识。

②衬贴：衬托，配衬。
③银黄：白银、黄金。

译　文

　　人心如一颗明珠。被物质享乐遮蔽的心灵，犹如将明珠混在泥沙之中一样，要洗涤干净，还是比较容易的；被知识感觉蒙蔽的心灵，犹如明珠被金银装饰一样，想要洗涤干净，是最难的。故而学者不担心泥垢污染之病，而担心洁净无尘的毛病难以医治；不害怕具体事物遮蔽心灵，而害怕义理的障碍难以消除。

经典解读

　　心如明镜台，时时须拂拭。能够蒙蔽心灵的东西很多，佛家将其分为"事障"、"理障"两种。贪、嗔、慢、无明、见、疑等烦恼能令生死相续而障涅槃，故称事障。"至于根本无明，乃有碍正知正见，而障本觉真如之理者"则称为理障。

　　说白了，事障就是指人们可以明了的错误等，如贪婪、嗔怒、怠慢、残忍等因为贪图外物而引起之错，这些错误只要人能够下定决心改正，就都可以戒除。而理障则是根本不知道自己错误，或被歪理邪说所蒙蔽而没有是非之心，这样的人根本察觉不到自己错误，更遑论去改正了。

　　要想防止被义理之障所困扰，应明是非，懂对错，还要防止自己被邪理所迷惑，不可"攻乎异端"。在生活中，很多时候，我们存在很多先入为主的错误观念、错误想法，这时就要想到孔子的教导"毋意，毋必，毋固，毋我"，放下固执。

　　"道可道，非常道"，世间任何道理都是活泼的，没有死板不变的，拘泥于死板的教条，只会让自己心灵蒙尘。放下执妄，就是扫清心灵上的污垢。

　　南宋的柴陵郁禅师，禅风非常灵活，他曾在一次跌跤后，悟出一首著名的偈子：

　　我有明珠一颗，久被尘劳关锁。

　　今朝尘尽光生，照破山河万朵。

　　然而，他的弟子白云守端禅师却治学呆板，常常持诵这首诗，却始终无法参悟透其中的禅趣。后来，他因为一个机缘，跟随杨岐方会禅师学道，有一天方会禅师问："据说你师父在摔跤的时候悟了道，并且作了一首诗偈，你记得吗？"白云禅师赶忙念给他听，方会禅师听了之后就哈哈大笑起来，不发一语走开了。

　　白云禅师很不解，就虚心请教。方会禅师说："你见过庙前玩把戏的小丑吗？他们做出种种唬人的动作，无非想博人一笑，但是观众笑丑吗？"白云禅师如梦初醒，遂放下长久以来的执着而开悟了。

每个人身上都有一颗属于自己的明珠，但很多人因为执于错误的理念、用他人的行为来关照自己而使它蒙污，因此他们随波逐流，丧失自我；直到突然有一天，这个人认识到了自己身上的这颗明珠，便犹如拨云见日，茅塞顿开，豁然开朗，这便是破除理障了。

19. 虚心存理 实心制欲

原　文

躯壳之我要看得破，则万有皆空而其心常虚，虚则义理来居；性命之我要认得真，则万理皆备而其心常实，实则物欲不入。

译　文

作为躯壳的自我要能够看得十分透彻，懂得万物皆空的道理，常常保持心灵空虚，为人处世的义理才能进入；作为本性的自我要体认得十分真切，这样诸般道理才能齐备，保持内心的充实，才能抵御物质享受的欲望。

经典解读

躯壳之我，就是肉体的自我。生命永远不是为肉体而存在的，人不应当为了肉体的享乐、安逸而活着。佛家将身体比喻成一个"臭皮囊"，这就是要看破肉身，注重精神。宋代诗人方回有诗说："了了了了，空空空空，心肝不在臭皮袋中！"糟糠粗粝可以百岁，锦衣玉食也不过一生，帝王将相生前再显贵，再注重享受保养死后不过同是白骨一堆。

如今人们的物质生活越来越好了，对自己身体也越来越照顾了。但在重视自己身体的时候，也应该考虑到心灵的建设，不能"爱身过度"，须记得"重于外者轻于内，厚于味者薄于德"。

"性命之我"既包括个人的天赋秉性，也包括其坚持的道德原则。对于性命之我要"认得真"，就是"尽心安命"，尽心就是发扬心中的是非之心、恻隐之心、羞恶之心、辞让之心，安命就是不奢求、不抱怨，脚踏实地，积极向上。

万物皆空，就是看破得失荣辱，不被世间瑰丽的幻想所迷惑；万理皆备即孟子的"万物皆备于我矣。反身而诚，乐莫大焉"。即告诉人们要时时自省，不要愧对自己的良心。

心常虚，即不偏执，不自满，能够空下来去装好的道理，去学更优秀的知识。心常实，即不贪求，不动摇，做人坚持自身的原则，不为亏心背道之事。

20. 真诚动人 虚伪可憎

原　文

> 面上扫开十层甲，眉目才无可憎；胸中涤去数斗尘，语言方觉有味。

译　文

脸面上扫开十层甲壳，眉目间才不会让人觉得可厌可恨；心胸中洗去数斗尘秽，言语才会让人觉得充满趣味。

经典解读

上联说的是真诚。人与人相处最重要的就是真诚，以诚待人才能得到他人的尊重。说一套，做一套，言不由衷、言行不一都会让人讨厌。孔子说："巧言令色，鲜矣仁。"

生活中，每个人都喜欢听好话，但前提是这种好话应该是发自内心、出于真诚而说出来的。若是怀着功利性目的，说出动听的语言，做出感人的神色，被人看在眼中就会觉得虚伪，不仅不会取悦于人，还会招致所有人的厌恶。我们在平时，要时刻牢记这一点，尽力做到表里如一、言行一致，不要讲违心之言，不要说阿谀奉承、溜须拍马的话。

下联讲的是真实。真实的高雅不在于地位，而在于德行；不在于生活的奢华，而在于内心的淡泊；不在于言谈的空高，而在于行为的真实。真实的高雅不是装腔作势，而是内心道德纯备而外显的超然气质。只有消除了胸中的尘埃，才能说出让人回味的高雅之语。

刘惔、许询都是东晋高士，平日以崇尚清谈为荣。在刘惔任丹阳尹时，许询前来拜访并跟他住在一起，住处床帷华丽，饮食丰盛，许询就说："如果能保全此处，实在远胜我隐居的东山啊！"刘惔回答："你知道吉凶由人，我怎么会不能保全此地呢？"他的意思是说，自己崇尚清虚，世俗的功名利禄从不放在心上，如何能为自己招来祸端呢。此时，恰好王羲之在场，看到他们一边标榜自己的清高，一面在意自身的享乐安危，于是讥讽道："如果巢父、许由，见到了稷、契，应该不会说出这样的话来。"刘惔、许询二人听了十分惭愧。

与人相处缺乏应有的真诚，即使眉开眼笑，也会让人顿觉可恶；言谈举止，巧饰做作，即使谈得再清高，也会让人觉得枯燥无味。只有"真"才能动人，只有"真"才能服人，只有"真"才不会受到内心的虚伪的煎熬，正如庄子所言："夫免乎外内之刑者，唯真人能之。"

21. 沧桑阅尽 空方可言

原　文

完得心上之本来①，方可言了心②；尽得世间之常道③，才堪论出世。

注　释

①本来：指人本有的心性，佛家所说的"本来面目"。
②了心：了，参悟明白；了心就是明白本心。
③常道：常有的现象，常见的法则规律。

译　文

能够看清自己的本来面目，才算是参明了本心。能够透彻世间常见的道理，才足以谈论出世。

经典解读

佛家认为常人所见所识都是虚妄的念想，所以才会执着于肉身，沉溺于肉体享受和功名利禄等损害本心的东西。只有参悟透这些，超越虚妄的心识，才能了悟自己本心真相。

所谓的出世，并不仅仅是遁入空门、归隐山林，而是在阅尽天下常情之后的彻底顿悟，彻底超脱。不经历世间万苦，就不知慈悲之为何；不经受红尘纷扰，就不知空心之可贵；不受遍千般诱惑，就不懂得道心之超脱。

世上有很多人，言谈清高典雅，口不出阿堵物，诵《衡门》之诗，歌《考槃》之歌，表面上归隐山林，其实心中、脑中装的都是满腹的不得意，巴不得功名利禄早早到来呢。这就是徒有空心之名，而没有真正了却真心。这种"了心"不仅不会对修行有什么增益，还会为自己带来无妄之灾。

阅尽世间常道，才配去谈论出世。佛祖看尽了世间沧桑，所以顿悟成佛，教化世人；老子看尽了世间沧桑，所以隐居而去，留下五千言训诫世俗。佛家说"心念不空过，能灭诸有苦"，地藏王菩萨阅尽众生之苦，故心空，所以无利欲之念，心实，所以胸怀天下众生，于是发誓："地狱一日不空，一日不成佛。"可见，出世并不是什么事都不管，而是不为红尘、利欲所羁绊，怀着最大的慈悲之心去对待世间万事万物，这都要在阅尽世间万事，透彻世间常道而后才能悟得。

22. 陶熔顽钝 容纳横污

原 文

> 我果为洪炉大冶，何患顽金钝铁之不可陶熔；我果为巨海长江，何患横流污渎之不能容纳。

译 文

如果我果真是宏大熔炉、冶金大匠，何愁坚硬的金属、笨钝的铁石不能陶铸熔炼；如果我果真为巨海大江，何愁不能容纳横流的河汉、污浊的河流。

经典解读

有宏大熔炉，熟练金匠，再顽钝的金铁也能熔化；有巨海大江般的胸怀，再多的沟渠汊也能容纳。生活中之所以充满了挫折和不完美，不仅仅在于外在的困难多，也在于我们内心的修养还不到家。作者希望世人都有"反于己"之心，不要去"求诸人"。

《尚书·君陈》中说："尔无忿疾于顽，无求备于一夫。必有忍，其乃有济；有容，德乃大。"社会上不同人的道德水平都是存在差异的，总是奢求别人达到自己的标准很难，这样做，你会发现生活中处处是缺失，处处有抵触。对这些不完美的事，不要心怀厌恶，不要遇难则退，要反省自己，不断提高自己的道德和感化能力，去包容他们的缺陷，耐心地"熔冶、陶铸"他们。

周星驰拍的电影《济公》大家一定都很有印象。济公因触犯天条，被贬下凡间，在普度众生时，他遇上了三个顽固不化的人：九世乞丐、九世妓女、九世恶人。这三人一直冥顽不灵，但济公并未厌恶、抛弃他们，而是用自己的真情不断感化他们，自己为度化他们而牺牲，最终让三人顿时醒悟，改过自新，济公自己也修得正果，重返天庭了。教人向善者就应该有济公这种博大的胸襟和不抛弃、不放弃的韧性，才能将善发扬光大，教化愚顽。

孟子说："爱人不亲，反其仁；治人不治，反其智；礼人不答，反其敬。行有不得者皆反求诸己，其身正而天下归之。"爱别人，别人不亲近自己，就反思自己仁德是否完备；治理他人，得不到回应，就反思自己智慧是否够了；以礼待人，得不到礼遇，就反思自己敬心是否足了。我仁德足够了，我智慧足够了，我恭敬之心足够了，再顽愚的人，我也能够教化的了。

23. 诚心自守 坚固志操

原　文

白日欺人，难逃清夜之愧报；红颜①失志②，空贻皓首之悲伤。

注　释

①红颜：年轻时。
②失志：失去志节、操守。

译　文

白日里欺骗了他人，难以逃脱夜里内心愧疚的惩罚；年轻时抛弃了操守，空留下白发时的遗憾悲伤。

经典解读

本节主要讲为人处世。为人做事要对得起自己的良心，光天化日之下做了欺凌他人、欺骗他人的勾当，即使别人不说什么，在夜里想到时，自己也会备受良心的煎熬。所以，人们常说"不做亏心事，不怕鬼敲门。"年轻的时候，做了违背操守的事情，到了年老时一定会为自己曾经的过错而遗憾悲伤。

一位企业家，花了几年时间，投入大量金钱、精力，找到了一对退休的年老夫妇。他的手下都以为他们是他失散多年的亲戚，因为当企业家得知二人的下落时，竟然激动得流下了泪水。

见面以后，企业家马上跪在地上，老夫妇吓了一大跳，连忙扶起他，说道："认错人了，您一定是认错人了！"

企业家流着泪说："不会的，我这么多年夜夜都梦见你们，希望再次见到你们。"

老夫妇实在想不出自家还有这样一位亲戚。企业家说："您还记得，十年前，你们丢过一包钱吗？"

老妇人答道："当然记得，那时五百块钱可不是一个小数目呢。为此我和丈夫难过了好久，可您是如何知道这件事的？"

企业家惭愧地说道："那年我刚刚大学毕业，花光了所有的积蓄，生活还是没着落，那一天，不经间看到你们将一包钱放在了抽屉里，我一时起了贪念，就顺手拿走了……这十年来，我每天受到良心的谴责，期望早点将钱还给你们。可等我有钱了，回去找你们时，你们已经搬走了，于是我每天都在找你们，每夜都梦到你们因为丢了钱而伤心的样子……"

老夫妇听完以后，笑了笑，说："开始我们的确很难过，但已经过去了，你今天能来，说明你也是个有良心的人，我们原谅你了，这事就算了吧！"

企业家深深地向这对大度的夫妇鞠了一躬，他终于得到解脱了。

"人之初，性本善"，每个人都有良心，做了违背良心的事，就如背上了一个个沉重的思想包袱，越是时间久，就越会感到沉重，直到将自己压垮。生活中对待他人，一定不能怀着欺诈、欺辱之心，做事一定要时刻坚持自己的操守。良心上的惩罚，远远比非礼所得的财物、好处更重、更大。企业家很幸运，终于放下了心中的包袱，然而有多少人还执着于错误而不能自拔！

24. 念虑差毫末 人品若星渊

原　文

以积货财之心积学问，以求功名之念求道德，以爱妻子之心爱父母，以保爵之策保国家，出此入彼，念虑只差毫末，而超凡入圣，人品且判星渊矣。人胡猛然转念哉！

译　文

用积累财货的心去积累学问，用求取功名的念想去追求道德，用爱护妻儿的心去爱护父母，用保护爵位的心去保护国家，出离此念，进入彼念，两种念虑仅相差毫末，却已进入了超凡入圣之列，人品之变迥若天壤。人为何不猛然转变念头呢！

经典解读

学问广博、道德高尚、孝顺父母、爱护国家，这就是一个近乎完美的君子。世人都期望自己成为这样的人，但真正进入生活，大部分人又被欲望、名利所蒙蔽了心智，开始耽于美色，开始追逐财货，开始沉湎于爵位利禄。《红楼梦》中《好了歌》唱道：

世人都晓神仙好，惟有功名忘不了！

古今将相在何方？荒冢一堆草没了。

世人都晓神仙好，只有金银忘不了！

终朝只恨聚无多，及到多时眼闭了。

世人都晓神仙好，只有娇妻忘不了！

君生日日说恩情，君死又随人去了。

世人都晓神仙好,只有儿孙忘不了!
痴心父母古来多,孝顺儿孙谁见了?

世俗之人就是因为尚未参透人之本性,心中还存在杂念,所以放不下功名、金银、美色,在这些世俗之物的困惑中逐渐沦为平庸之辈。

古之圣贤者云:"人人皆可以为尧舜"、"人人皆可以为圣人",人只要转一转念想,将财货、名利、美色、爵位放轻些,多想想道德、学问、父母、国家,就能够成为一个超凡入圣的君子。

25. 慈祥立百福 损心得万善

原 文

立百福之基,只在一念慈祥;开万善之门,无如寸心挹损。

译 文

建立百般福泽的根基,只需要一念之间的慈爱祥和;开辟万种善端的大门,没有比稍微压制内心的私情杂欲更有效的。

经典解读

一念慈祥,就是念念慈祥,只有时刻怀着慈善的念头,时刻怀有仁德之心,才能不断行善积德。

寸心挹损,就是削减自己的私情杂欲,以谦和之心守护道德,《荀子·宥坐》言:"富有四海,守之以谦,此所谓挹而损之之道也。""满招损,谦受益",谦逊之人不会自以为是,不会有太多的欲望欲求,这样才能打开万善之门,厚积福泽。

一位旅人途径一段山路,黄昏之中道路不明,走着走着忽然被错位的石板绊了一个大踉跄。旅人走了一天,心中满是怨气,踢了石板一脚就离开了。没走几步,他忽然想到,如果晚上有人过来,被绊倒了,摔伤了可就糟糕了。

于是,他走了回去,费了大力气将石板搬回原处,并找来石子将其垫平整。在向山上拐的路上,他忽然一脚踩空,从高处的台阶上滑了下来,没想到落地处正是他刚刚铺好的石板,旅人心中不禁叹道:"万幸啊,要是刚才没有铺好这块石板,一定会跌得头破血流。"

走过山路,他来到前面的旅馆,进门后老板惊异地盯着他看,旅人好奇,于是问道:"您为何如此看我?"老板笑着说:"今天不知道怎么回事,来了好几个人都跌得头破血流的,唯有你好端端地走了进来。"

平时行事中，多怀点慈悲之念，说不定就什么时候帮自己渡了一个难关，避了一次难。切记切记，慈悲乃万福之基础！

26. 塞物欲之路 驰尘俗之肩

原　文

> 塞得物欲之路，才堪辟道义之门；驰得尘俗之肩，方可挑圣贤之担。

译　文

堵塞得住物质欲望的道路，才能够开辟道德义理的大门；拥有历经尘世间磨练出来的肩膀，才可以堪当大任。

经典解读

本节还是告诉人们要控制物欲，摆脱尘俗。

平庸的人满足于物质的充足，而高尚的人追求的则是精神上的精华；平俗之人贪恋世俗的名利，而圣贤之人却懂得放下对欲念的执着。一个人要想发扬道义，就必须放下物欲，摆脱尘俗。

五代十国时期，位于东南的闽王为了巩固自己的江山，安抚人心，忏悔曾经滥杀无辜的恶业，决定皈依佛教。他大肆建立寺庙，曾在国内剃度两万人，并拜请有德高僧指点治国治民之大道。

一天，闽王来到福州，拜见当时最具盛名的扣冰古佛，请其开导自己，指点迷津。扣冰古佛将闽王请入客堂之中，但无论闽王如何询问讨巧，他一直一言不发，只是自顾喝茶。闽王问得多了，古佛就示意他不要多说，先喝茶。尽管不爱喝茶，闽王还是拿起杯子，扣冰古佛取出旁边的茶壶，不断地向杯子中添加开水，眼看闽王的茶杯已经要溢出了，古佛还是没有停止的意思。闽王一脸讶异，便问："大师，杯子已经满了，为什么还要加水？"古佛不语，继续添加。

闽王终于若有所悟，将杯中茶水一口喝尽。这时，扣冰古佛问："你会喝茶吗？"闽王回答："不会。"扣冰古佛道："那就先学喝茶吧。"闽王问："喝茶还要学吗？"古佛答道："人的心就像这杯子一样，总想装得更多，都已经满满的了，如果不喝掉，如何能装下更多的东西呢？"

闽王恍然大悟，从此开始研习茶道，清心寡欲，最终悟出了治国的道理。

人心如果被尘俗欲望填满，如何能够肩负起道义的重任？"壁立千仞，无欲则刚。"要想成为一个弘毅致远、心怀大志的君子，就要将物欲放下，将心腾出空间来。

27. 冶性即为学 齐家便是经

原　文

容得性情上偏私，便是一大学问；消得家庭内嫌雪，才为火内栽莲。

译　文

容得了禀赋感情上的偏袒徇私，便是一门大学问；能够消除家庭内的嫌隙，才是让纷扰之地复归清静之举。

经典解读

所谓性情上有所偏私，就是心不正。《大学》中说"身有所忿，则不得其正。有所恐惧，则不得其正。有所好乐，则不得其正。有所忧患，则不得其正。"常人都有自己所喜欢、所讨厌的东西，遇到自己喜欢的人，就想偏袒他，遇到自己所厌恶的人，就讨厌他，这样为人处事中就夹杂了私心，就不能做到真正的公正、公平。能够克服这种性情上的偏袒徇私，就是一门大学问。

春秋时候，晋国贤大夫祁奚，就是这样的人。一次晋公问他："中军尉的职位空缺了，谁可以担当此职。"祁奚说："解狐可以。"晋公很是好奇，问："解狐和你不是有仇吗？"祁奚回答："您问谁可以担当这个职位，而不是问我和谁有仇。"

不久以后，解狐去世了，晋公又问："谁可以接替解狐的职位？"祁奚道："祁午可以。"晋公问："祁午不是你的儿子吗？"祁奚回答："您问我谁可以担当职位，而不是问谁是我的儿子。"世人对祁奚举贤不避仇、不避亲的大公之心给予了充分的肯定，认为他真正做到了内心的公正。

下联讲齐家的重要性，《大学》中说："欲治其国者，必先齐其家。"自己家都管理不好，一家人之间都不能消除嫌隙如何能够治理天下。正确地对待他人，首先要正确地对待家人，让每个人都没有怨言、嫌隙，家和万事兴。

28. 自悟了了 自得休休

原　文

事理因人言而悟者，有悟还有迷，总不如自悟之了了①；意兴从外境而得者，有得还有失，总不如自得之休休②。

注　释

①了了：心里明白，清楚通达。
②休休：悠闲安乐状。

译　文

　　事理因别人谈起才领悟的，虽然有所领悟，但总是还存在迷惑，不如自己领悟来得明白清楚；意境、兴致因为外在事物而获得的，虽然能够得到，但总还会失去，不如自己得到的那样悠闲安乐。

经典解读

　　事理在他人讲解下明白了，这还不能算作真正领悟，理障还未排除，难免再犯糊涂；意境、兴致从外界得来，只能算是暂时寄存在自己心中，还未与心化而为一，还可能有失去的时候。这就是要告诉人们，悟道在心，而并非来自于他人的说教。

　　无论做什么事都要善悟。语言可以传达经验的结论，却无法传达经验的本身。他人的经验，尽管描写得十分详尽，但对自己而言，还是隔靴搔痒。每个人的智慧和经验的累积并不相同，因此，他人的见解，也未必能合乎自己的需要。所谓"如人饮水，冷暖自知"，就是这个道理。

　　无论释、道、儒，都十分重视悟性。孔子曾对众弟子说："吾道一以贯之。"其他的人都不能明白，只有曾子参悟道："夫子之道，忠恕而已。"最后将孔子学说发扬光大的就是曾子。佛陀弟子众多，一次他在说法之时，随手拈起一朵花来，众弟子都不解其意，唯有迦叶尊者破颜而笑，所以最终迦叶尊者将佛陀之道发扬光大，开创了禅宗之先。

　　禅宗五祖弘忍大师本打算将法衣传与神秀大师，神秀大师做了那首著名的偈子："身是菩提树，心如明镜台。时时勤拂拭，勿使惹尘埃。"身边众人都对此赞赏不已，但此时身份低下，正在柴房中干活的慧能和尚听闻便脱口咏道："菩提本无树，明镜亦非台。本来无一物，何处惹尘埃？"

　　屋中众人听后都大惊，认为慧能大师才真正悟透了禅机。于是弘忍大师对神秀说："汝作此偈，未见本性，只到门外，未入门内。如此见解，觅无上菩提，了不可得。"于是将衣钵传给了慧能。

　　古人云："圣人之言，圣人之糟粕也。"真正的修为不是靠背诵、咏读圣人的说教而来的，一定要通过自己的心悟出来，如此才能说在修为上登堂入室了。

29. 平情寡欲 明理见性

原　文

> 情之同处即为性，舍情则性不可见，欲之公处即为理，舍欲则理不可明。故君子不能灭情，惟事平情而已；不能绝欲，惟期寡欲而已。

译　文

众人情感的相同之处，反映的就是人的本性，舍弃意愿，仁德本性就不能明显。众人欲望的共有之处，反映的就是人的伦理，舍弃欲望，人间伦理就不能申明。所以君子不能消灭情感，只能追求公平无私；不能断绝欲望，只是期望节制欲望罢了。

经典解读

孟子说："养心莫善于寡欲。"古时贤人提倡减少外界的欲望，来培育自己的良心，但这并不意味着要彻底断绝欲望、消除情感，后世理学家认为"存天理，灭人欲"，"学者须是革尽人欲，复尽天理，方始为学。"这就过于绝对了。对情与性的过分压制，不利于为学、求道。明代中后期出现的心学思想就是质疑理学，肯定人欲的，《菜根谭》显然是受到了这种思想的深刻影响。

人人都具有的情，即为本性。爱护自己的孩子，从而有爱人之情；尊重自己的父母，所以有孝悌之道；爱护国家集体，所以有爱国无私之心。如果连这些基本的人性、人伦都去掉的话，人和木头又有什么区别呢？

兄弟二人一起来到禅师门前，都立志要追随大师参禅悟道。大师看了他们一眼，问道："参禅悟道要舍得、放下，你们都了却尘缘了吗？"哥哥想到家中还有年迈的老母，幼小的弟妹，不禁露出犹豫的神色。禅师见了，微微闭目道："舍不得，放不下，还是回去吧！十年以后再来看看。"哥哥不得已下山而去。弟弟见到哥哥未能如愿，想："修佛还不是讲究一个空，既然遁入空门家中老母、弟妹都应该忘掉。"于是毅然说道："我能放得下！"

禅师睁开眼睛，看了一眼说："你也要先去尘事历练，十年后再来找我吧。"弟弟虽然很疑惑，但还是下山云游而去了。

十年以后，兄弟二人如约来到山上，禅师问："你们十年间参悟出了什么？"弟弟口诵佛经，仙风道骨，将自己在路上的所行所遇都讲给大师听。哥哥则惭愧地说道："十年间，我忙着照顾老母、弟妹，因为劳累无暇悟道参禅，只怕与大师无缘了。"

禅师听了微微一笑，指着哥哥说："以后，你留下吧！"弟弟十分疑惑，追问缘由。禅师静静地说道："佛在心中，而不再高山大川；心中有善，才能弘善，心中有情，才能勘破情缘；不敬老母，不爱弟妹，如何普度众生呢？你与佛无缘，还是回去吧！"

孔子说："过犹不及。"人应该清心寡欲，放下私念，但不应该成为一个没有一点儿感情的木头石块。君子修身以淡泊名利、公允无私为目标，不能摒弃一切情感意趣，枯燥无味之人，不近人情，岂能度化他人，度化自己？

30. 念念守定 事事看轻

原 文

> 欲遇变而无仓忙，须向常时念念守得定；欲临死而无贪恋，须向生时事事看得轻。

译 文

要想遭遇变故而无仓皇忙乱，必须在平时牢牢守住每一个心念；要想在临死之时没有贪恋，必须在生平看轻每一件事。

经典解读

人具有高尚的道德修养，才能在遭遇忙乱之时，保持从容坦荡。

孔子在游历诸国的时候，路过陈国、蔡国，因为学说不被采用，于是孔子打算南下楚国。但陈国、蔡国都是小国，两国人担心孔子到了楚国对自己不利，于是将孔子围困在两国之间。进退不得，孔子及弟子连吃的东西都快没有了，他们不得不饿着肚子等待解围，很多人为此抱怨不息，孔子却独自走进屋子中，弹起琴来。弟子们都十分不解。

子路忍不住走进屋内，没好气地对孔子说："老师，现在我们都处于这种境地之中了，您怎么还有心情弹琴取乐？"孔子看了自己的弟子一眼，说："过来，我告诉你其中的道理。我想摆脱贫穷很久了，却不能避免，这是命啊；我想通达也是很久了，而不能得到，这是时势造成的啊。尧舜的时候，没有贫困之人，并不是因为人们知道如何富贵；桀纣的时候，没有通达的贤人，也并不是人们贫贱。遇到猛兽而不知畏惧，这是猎户的勇敢；白刃架在脖子上，不违背自己原则，视死如归的是圣人的勇敢；我平时修德行善，从来没有做亏心背德之事，现在我为何要仓皇无措呢？"子路听了，从此对老师更加信服。

人在平时看轻利禄得失，才能在临死之时没有贪恋之事。将贪欲放下，人才能淡定从容地面对生命的结束。欲望太重，就会反被它吞噬，迷失了真正的自我，活着也不舒服，连死了都不自在。

《儒林外史》中精彩地记录了守财奴严监生临终前的一幕：

晚间挤了一屋子的人，桌上点着一盏灯。严监生喉咙里痰响得一进一出，一声不倒一声的，总不得断气，他把手从被单里拿出来，伸着两个指头。大侄子上前问道："二叔，你莫不是还有两个亲人不曾见面？"他就把头摇了摇。二侄子走上前来问道："二叔，莫不是还有两笔银子在哪里，不曾吩咐明白？"他把两眼睁得滴溜圆，把头又狠狠地摇了几摇，越发指得紧了。奶妈抱着哥子插口道："老爷想是因两位舅爷不在跟前，故此记念。"他听了这话，两眼闭着摇头。那手只是指着不动。小妾慌忙揩揩眼泪，走近上前道："爷，别人都说的不相干，只有我晓得你的意思！你是为那盏灯里点的是两茎灯草，不放心，恐费了油。我如今挑掉一茎就是了。"说罢，忙走去挑掉一茎。众人看严监生时，他点一点头，把手垂下，没了气。

人如果被贪念所吞噬，就会将一丝一毫的小利，看得比生命、亲人还重要，这样他如何能够活得坦荡悠适呢？要想真正地感受生活的美好，就要懂得"看轻"。

31. 谨一念之差 慎一事之愆

原　文

一念过差，足丧平生之善；终身检饬，难掩一事之愆。

译　文

一个念头的差错过失，足以丧尽平生为善之事；终身检饬反省，不足以掩盖一件事情上的错误。

经典解读

电视剧《济公》中有这样一集，一位财主难为街上一对买菜的父女，非要将老人下巴上的瘤买来。这一幕恰好被济公看到，于是他运用法力割下了老人脖子上的瘤，并将其安在了为富不仁的财主身上。财主十分痛苦，跪下忏悔求解脱之道。济公告诉他，做一件好事，瘤就会小一些，做一点坏事瘤就会增大。财主为了消除痛苦，每天开始行善、助人，随着他造桥、修路的增多，他脖子上的瘤渐渐消失了。可有一次，他在路上碰到了那对父女，心中怨恨顿时涌了出来，又想欺压他们，心中刚生恶念，脖子上缩小的瘤一下子又恢复了，比以前的还大。

现实中为非作恶之人，脖子上可能没有瘤，但良心上一定会生出瘤来。这种瘤无时无刻不在折磨他们，让他们感到痛苦，感到羞愧。要想避免这种苦，终身检饬，守护善念，不让自己有一丝不能解开之心结，更不能错上加错，让良心上的瘤越变越大。所以古人不断强调修身要："战战兢兢，如临深渊，如履薄冰。"

32. 五更参心 三时练味

原　文

从五更枕席上参勘心体，气未动，情未萌，才见本来面目；向三时饮食中谙练世味，浓不欣，淡不厌，方为切实功夫。

译　文

五更醒来，参悟省视自己的内心，这时精神上没有任何动荡，情绪上没有萌生任何杂念，才能洞见自己本来的面目；在三餐饮食中谙习人间百味，浓时也不欣喜，淡时也不厌倦，才是真真切切的修养功夫。

经典解读

在纷扰之中进行思考，常常因为外界事物的影响，而难以省察到真正的自我。夜深人静之时，日间的纷扰都过去了，这个时候再去考虑白天的所作所为，往往能够返回本心。王明阳在《传习录》中说："夜幕降临，天地混濛一片，形体颜色全部消泯，人耳无所闻、目无所睹，身体上所有孔窍全部关闭，这正是良知收敛的时刻；黎明时分，天地混沌初开，万物逐渐显露，人的耳朵始有所闻、眼睛有所睹，身体上的所有孔窍全都张开，这就是良知妙用发生之时。"曾子说的"吾日三省吾身——为人谋而不忠乎？与朋友交而不信乎？传不习乎？"岂不同样也是在忙碌一天之后，夜幕降临，躺在床帏之中，心神收敛时的静思反省？

人只有在心无杂念之时才能观省到最真实的自己，只有在每日最平常起居饮食中才能修炼处世的涵养。遗憾的是，太多的人将这些宝贵的时间白白浪费，睡到被闹铃催醒，还要赖床一会儿，等到觉得来不及了，才匆忙地穿衣洗漱，迷迷糊糊地赶着新一天的生活。在平常生活中之知道糊里糊涂地混日子，从不去思考该如何修养自己，久而久之，生活就变成了毫无意义地打发时间，也就忘记了生命真正的意义，忘记了自己本来的面目。

33. 柔弱胜刚强 偏执输圆融

原　文

> 舌存常见齿亡，刚强终不胜柔弱；户朽未闻枢蠹，偏执岂能及圆融。

译　文

舌头还存在却看到牙齿已经掉没了，刚强终究胜不过柔弱；门户腐朽了却未尝听闻门轴被蛀过，偏执终究难及圆融。

经典解读

孔子为学善于向他人学习，他听闻老子是有道之人，就不辞路远，带着学生去拜访老子。孔子向老子说了前来的目的，问有什么为学做人的道理可以指教。老子沉默不语，过了一会儿，张开嘴伸出舌头摆了几下就离去了。

孔子的弟子们都很迷惑，便问："人人都说老子是个智者，为何他不发一言，却做了如此不雅的动作？"

孔子笑道："老子这就是在向我们传道啊！你看他张开口，坚硬的牙齿已经看不到了，但舌头还能很灵活地动，这不就是说柔弱要胜过刚强，他是在告诉我们在平时处事时要谨守柔顺圆融的原则。"弟子们这才恍然大悟。

门户和门轴也是相似的道理，门户各面方直坚硬又不常运动，所以最容易被风雨侵蚀，被蠹虫蛀朽；而枢轴则各面圆滑，时常运动，既不会风雨侵蚀腐朽，也不易遭到蛀虫的腐蚀。

《道德经》中说道："人初生的时候身体柔软，死亡的时候身体就变得僵硬。草木初生的时候枝干柔韧，死亡的时候就变得硬枯。所以坚强的东西趋于死亡，柔弱的东西趋于生长。"新生的柳条细弱柔和，很难将其折断；干枯的树枝，僵硬干枯，一折就断。水最柔软，却能在长年累月的流动中侵蚀、穿透坚硬的岩石；山石最坚硬，却被无形的风塑造得千奇百怪。

柔软可以胜刚强，可很多人就是不明白这个道理，行事刚强且偏执，事事都要逞能，喜欢一意孤行，用蛮力解决问题，用威势压迫他人，这样的人往往会受到他人的排挤，越是坚硬越会碰个头破血流。与其在功名、利益的驱使下争强好胜，不如退一步，坚守柔和圆融之道，遇事知谦，见利懂让，用柔和、谦逊去赢取他人的支持，去化解他人的抵触。

应酬篇

1. 操存守常 行事知变

原　文

操存要有真宰①，无真宰则遇事便倒，何以植顶天立地之砥柱？应用要有圆机，无圆机则触物有碍，何以成旋乾转坤②之经纶？

注　释

①真宰：主见、固定的原则。
②旋乾转坤：乾，天；坤，地。即扭转天地。

译　文

操守心志要有坚定的原则，没有原则，遇事便摇摆倾倒，如何能够树立起顶天立地的中流砥柱；应对事情要圆融变通，不知圆融变通就会遇事受阻，如何能够成就扭转乾坤的国家大事呢？

经典解读

人应该有坚定的操守，做不到"贫贱不能移，富贵不能淫，威武不能屈"，贫贱就变节，富贵就骄奢，面对强权就屈服，如何可以称得上是大丈夫？如何可以做为往圣继绝学的君子？但坚持操守，不是僵化死板，也要"见机而作，可长可短"，在实践中调节自己的行为。

真正的智者把真宰和圆机完美地结合在一起，他们将原则存于自己心中，却能够灵活地处理外部事端，进不违礼，退不碍道，"随心所欲不逾矩"。孔子一生坚守原则，很多时候，诸侯权贵看重他的才学、名声而召他为官，孔子都毅然拒绝，说："道不同，不相为谋！"后来，季氏的叛臣公山弗扰准备任用孔子,孔子想去为政,弟子们不明白,问:"老师不是说'道不同,不相为谋'吗?公山弗扰是乱臣贼子,您为何要去呢?"孔子答道:"他们如果真的任用我,我便可以在那里实现'克己复礼'的大志向,能够实现兴复周礼的大志,又怎么能说违背原则呢?"

真宰要有,圆机也要有,没有真宰就会成为随风倒的墙头草,没有圆机就会成为扛着原则寸步难行的书呆子。古代成大事的人都是既有真宰,又用圆机的。

前秦贤相王猛更是一个将真宰和圆机统一的典型。他未出仕时,很多人以高官厚禄相邀,但王猛都觉得"道不同,不相为谋"。为官之后,他清廉自守,明法严刑,禁暴锄奸,为此不惜触怒权贵,被上级打击报复。但在特殊情况下,处理特殊事件时,他则懂得随时变通。在前秦和前燕作战之时,将领徐成侦查误期,王猛要以军法从事,但大将邓羌前来求情,王猛未许,邓羌便回营整顿军马,准备攻打王猛。王猛出人意料地"枉法"赦徐,并赞扬邓羌说:"将军对部将尚且如此仗义,何况对国家呢?我不再忧虑敌人了!"开战了,王猛命令邓羌冲闯敌人密集处,不料邓羌又讨价还价地说:"如果答应给我一顶司隶校尉的乌纱帽,那么您就放心吧!"王猛感到为难,邓羌便跑回营帐蒙头大睡。于是,王猛驰马径入邓羌营中,答应了条件。邓羌乐得折身跳起,捧起酒坛子"咕嘟咕嘟"大喝了一顿,然后跃马横枪,直扑敌阵,往来冲杀,将燕军打得大败。王猛指挥部队乘胜追击,歼灭敌军十万余人。

邓羌徇私求情,扰乱军法,欲攻主帅,临战求位,这都犯了砍头大罪,王猛一向以执法如山闻名于世!但是,他却全都吞了下去。正是因为这种临敌时的圆融变通,才调动了邓羌的积极性,使前秦军大获全胜。在那种一发千钧的紧要关头,如按常规办事,拘执一端,错走半步也会全盘皆输。王猛的通权达变实在让人惊叹不已!后代史学家大多对此赞不绝口。

2. 不轻喜怒 莫重爱憎

原 文

> 士君子之涉世,于人不可轻为喜怒,喜怒轻,则心腹肝胆皆为人所窥;于物不可重为爱憎,爱憎重,则意气精神悉为物所制。

译 文

有学问、道德的士君子参涉世事,对于人不可以轻易流露出喜怒之情,轻喜轻怒，则内心情意就全部被别人窥探到了；对待事物，不能存在过分的爱憎之情，过于爱憎，自己的精神意志就会被事物所控制了。

经典解读

传统的中国人为人处世讲究含蓄，赞赏喜怒不形于色的修养，认为量小者易怒，浅薄者易喜，这和喜欢感情外露、喜怒形于表的欧美人有所不同。近代很多人提倡要直接表达自己的情感，早在清初的金圣叹先生在评《水浒传》时就对"天真烂漫到底"的李逵大加赞赏，对心思缜密的宋江颇有微词。

纯真的人自然惹人喜爱，但也应该认识到"喜怒不形于色"也是前人在漫长的历史中总结出来的一种处世智慧。一个人如果什么情绪都挂在脸上，这就会让人一下子看到他的喜好、厌恶，别人就会投其所好，隐瞒其所恶，这样他就会受制于人。尤其是在一些竞争、谈判的环境中，具有喜怒不形于色的涵养就更加必要了。刘备就是一个这样的人，正是因为他喜怒不形于色，所以才能避开曹操等人的猜疑，才能最终逃出樊笼，一展大志。

林则徐刚到广州禁烟时，在处理公事时经常被一些事惹得勃然大怒，拍桌子、摔茶碗。可后来，他发现这样不仅不能解决问题，还会让他人猜测到自己内心想法，从而隐瞒那些惹自己发怒的事，只挑让自己满意的事上报，于是他刻意抑制自己的喜怒情绪，在书房中写下了"制怒"两个大字，每当要发怒时，看到这两个字，就尽力压制下感情，不将怒气显示在脸上。

对于物，不可有过分的爱憎。人们常说"玩物丧志"，一个人如果过于执着于什么事物，就会沉迷其中，忘记了自己的志向责任。卫懿公爱鹤、宋徽宗爱石头、明熹宗爱木器，结果都荒废了国政，导致国政的混乱。现代也有很多本来清廉自守的人，因为对古玩、字画、瓷器等物存在雅好，而被别有用心的人钻了空子，拉下水，最后后悔不已。

所以"于物轻爱憎""于人轻喜怒"，都是修德持身所必须坚持的，也是顺利行事的一种保障和对自己的一种保护。

3. 才高莫玩世 饰貌必现形

原　文

倚高才而玩世，背后须防射影之虫；饰厚貌以欺人，面前恐有照胆之镜。

译　文

倚仗才能出众而玩世不恭，须防备背后有含沙射影的虫子；装作忠厚相貌来欺骗别人，面前恐怕有照出肝胆的明镜。

经典解读

所谓"玩世"就是骄傲自大，玩世不恭，不将周围的人放在眼中；"射影之虫"，是古书中所载的一种能喷射毒气的动物，夏天的傍晚，它们会匍匐在草丛里，趁行人不注意，出其不意地向其喷射毒雾，即使喷射到影子上也会给人造成伤害，这就是后人所说的含沙射影、暗箭伤人的小人。人有才时，如果不知道收敛、谦逊，就往往会在不经意中得罪他人，引起他人的嫉妒，从而在暗地里受到他人的打击、中伤。

"照胆之镜"，相传秦咸阳宫中有大方镜，能照见五脏病患。女子有邪心者，以此镜照之，可见其胆张心动。秦始皇常以照宫人，胆张心动者则杀之。下联引用这个典故是说，做人应该保持真诚，内外一致，如果心中有邪念，外面装出忠厚的样子，都不能永远欺骗他人，总有被看破的时候。

本节这两联话就是告诉人们，做人应该踏实、真实，不要以为自己有点才能就恃才傲物，就欺凌他人、欺骗他人，以为谁都不能将自己怎样；不要装出一副忠厚的样子，而要阴谋诡计，暗地伤人，以为谁都看不破自己的把戏。你有多少分量，你真实的人品到底怎样，他人清清楚楚，你还暗自庆幸，说不定早就成为了人家发泄怨气的靶子。生活需要脚踏实地，需要真实本领，无论何时都不要欺人，不要欺世，更不要欺己！

4. 心清气平 丽日光风

原　文

心体澄彻，常在明镜止水之中，则天下自无可厌之事；意气和平，常在丽日光风之内，则天下自无可恶之人。

译　文

心灵、身体清澈透彻，常如映照着澄明之镜、静止之水，那么天下自然再没有让人厌恶的事了；意志气概舒畅平和，常如沐浴着明丽的日光、和煦的清风，那么天下自然再没有让人厌恶的人了。

经典解读

一年四季都是佳时，四海各地都具美景，有的人能够春赏百花，冬赏白雪，树下乘凉，山上骋目，可有的人却处处愁眉、时时哀叹，并不是他们接触不到美，而是尘埃掩住了他们的心灵，掩住了他们的眼睛，让他们觉得到处都是可厌之事，到处都是可恶之人。"平常心是道"，人只有怀着一颗无欲无求的平常之心，了无牵挂，才能欣赏世间的美，体悟万物之道。

大文豪苏东坡和佛印是好朋友，两人经常相互开玩笑。一天苏东坡忽然笑着对佛印说："大师，您看我像什么?"佛印回答："我看你像菩萨。"苏东坡哈哈大笑，佛印不解，东坡答道："您看我像菩萨，我看你却像一坨狗屎。"佛印笑而不语。

东坡回家后将这件占了便宜的趣事讲给妹妹苏小妹，小妹听后笑着对他说："你还笑别人，可笑的是你自己啊!"东坡不解，苏小妹说："相由心生，心里有什么就看到什么，佛印说你像菩萨，这是他心中有菩萨，你说人家像狗屎，这是你心中有污秽。"东坡听了恍然大悟，不禁为自己的浅薄感到惭愧。

有什么样的心，就看到什么样的世界。当我们看待一切人、事、物时，有不如意的，其实是我们的心失去了平衡和理智，人要多从自己身上找原因，努力加强自己的修行涵养，而不能怨天尤人。

5. 是非不迁就 利害不分明

原　文

当是非邪正之交，不可少①迁就，少迁就则失从违之正②；值利害得失之会③，不可太分明，太分明则起趋避之私。

注　释

①少：稍微，少许。
②从违之正：依从或违背的标准。
③会：时机。

译　文

当面对是非正邪的时候，不能有稍许的迁就，有稍许迁就就会失去依从或是违背的原则；当面对利害得失的时候，不能过于分明，过于分明就会惹起趋利避害的私心。

经典解读

在正邪是非的大原则面前，必须旗帜鲜明，立场坚定，即"操存有真宰"；在利害得失面前，要懂得圆融通变，即"应用要有圆机"。明末清初遗民诗人陈恭尹有两句诗："眼前得失等云烟，身后是非悬日月。"利害得失再大也不过是过眼云烟，何必为此而劳心费神，何必为此而相互争夺计较？而关乎正邪是非的操守再小也如头顶日月一样千古可见，不容玷污半分。

不要过于计较利害得失，过于计较，就会让自己的心被外欲所蒙蔽，使自己的行为偏离正道。同时，和别人相处、共事的时候，如果利害分得太清楚，还会让人以为自己是个"利益至上者"，从而对自己产生厌恶，这就是孔子所说的"放于利而行，多怨"。面对利益要懂得谦让，面对得失要知道不争，谦让、不争才是真正的大智慧，故老子说："上善若水，水善利万物而不争，夫唯不争，天下莫能与之争。"

清朝时，大学士张英世居桐城。其府第与邻居家隔着一条过道，后来邻居盖房子打算占用这条过道，张家不服，双方发生纠纷，告到县衙。因两家都是显贵望族，县官左右为难，迟迟不能判决。张英家人遂驰书京都，希望张英能给家里做主。张英看罢来信，提笔蘸墨，在家书上批诗四句："一纸书来只为墙，让他三尺又何妨。长城万里今犹在，不见当年秦始皇。"邻居知道张家给京里高官送信，便想探听口风，于是半路上将信差灌醉，偷看了书信。本以为张英会利用权势压迫县官偏袒自家，没想到却是这样一首诗，不禁羞愧不已。信到家后，张家人看后同样感到羞愧，于是两家人各让三尺，便形成了一条六尺的巷子，两家礼让之举亦被传为美谈。

荀子说："小人其未得也，则忧不得；既已得之，又恐慌失之。是以有终身之忧，无一日之乐。"人之多忧，往往就来自于对得失过分地看重，如果能够将得失看开点，也就不会有那么多烦恼、忧伤了，人生一世，故当悠然自在，何必为了浮云般的财货而损伤自己的心呢？

6. 君子自强 岂甘居下

原　文

苍蝇附骥，捷则捷矣，难辞处后之羞；萝茑①依松，高则高矣，未免仰攀之耻。所以君子宁以风霜自挟，毋为鱼鸟亲人。

注　释

①萝茑：女萝和茑，两种蔓生植物，常缘树而生。《诗·小雅·頍弁》："茑与女萝，施于松上。"

译　文

苍蝇叮附在马尾上，迅捷倒是迅捷了，却难辞处在后面的羞耻；女萝和茑依附松树，高则高了，却难脱攀仰的羞耻。所以君子宁可在风霜中自我扶持，也不会做被观赏的鱼鸟被人亲近。

经典解读

这段话主要是告诉人们：为人当自强。苍蝇叮附在马尾之上，虽然可以跑得更快，却是"借人之力，闻人臭屁"，终是可耻的；女萝虽然攀附松树，到达了很高的高度，但终是没有自己的傲骨，受制于人。

依附他人虽然能够得到名声利禄，但终究是"吃人嘴软，拿人手短"，时时要顺从维护他人，要想着讨好他人，要忍气吞声、逆来顺受，有时可能还会为了保住一些权益而违背自己的原则。曾子说过："胁肩谄笑，病于夏畦。"对于君子来讲，阿谀奉承、谄媚讨好，比在夏日里耕田还要劳苦，为五斗米而折腰是最不明智的事情。

依附别人的荣耀光辉都是过眼云烟，不会长久的。别人给你的，他也能随时剥夺，正如孟子所云："人之所贵者，非良贵也。赵孟之所贵，赵孟能贱之。"别人给的富贵不是真正的富贵，他能给你，他也能随时剥夺。靠自己的能力，凭自己的努力得来的地位、荣誉才是真的靠得住的。古时有很多人并无真才实学，靠着阿谀谄媚或是姿色容颜，取得他人宠幸，烜赫一时，但一旦失去宠幸，或是依附的人下台了，下场就会很惨。汉文帝宠臣邓通，汉哀帝宠臣董贤，还有无数的妃嫔、伶人、宦官都是如此。

真正有骨气的君子不会为了取得权势、利益而依附他人。他们懂得欠人恩情容易，还人恩情难，所以凡事都自立自强。东汉贤士梁鸿就是这样的人，虽然幼时家中很穷困，但他很看重节气，从来不随便接受别人的帮助。为了求学，他自己靠每日放猪来攒下一点钱。一次放猪时，他不小心失火烧坏了他人的宅子，他人听闻梁鸿的高节后，本不想让他赔偿，但梁鸿坚持用放养的猪偿债，不够就为佣做工抵偿。

梁鸿并非不近人情，而是坚守独立自强的气节。正是这种在困境中的独立自强，奋斗不息，让他成为了一个学识、道德兼备的贤士，因此受到后人的敬仰。

每个人都是为自己活着，不是为别人而活，别人也无法代替你活。人生的路都要靠自己走，可以让人帮你买鞋，不可让人代你走路。别人最多是你前进的助力，只有自己的脚才能走出一片属于自己的世界。

7. 好丑齐同 贤愚混视

原　文

> 好丑心太明，则物不契①；贤愚心太明，则人不亲。士君子须是内精明而外浑厚，使好丑两得其平，贤愚共受其益，才是生成的德量。

注　释

①契：合，相契合。

译　文

美丑好恶之心太过分明，就难以与外物相合；贤明愚鲁之心太过分明，就很难同他人相亲。士君子应当内心精细明察、外表浑厚圆融，使好坏美丑都能得到平允对待，使贤士愚人都能共同受益，这才是养生万物的德行气量。

经典解读

执持操守则不可稍有糊涂，待人行事则不可太过分明。"峣峣者易缺，皦皦者易污。《阳春》之曲，和者必寡；盛名之下，其实难副。"世间之人，好坏、美丑、贤愚互不相同，不同人的标准各不相同，如果分得太明，就会与人形成隔阂，难以相亲，如果过于追求高雅、美好、贤良，就会曲高和寡，被众人所孤立。

《庄子·齐物论》中说："毛嫱、骊姬，人人都说是美女，可鱼儿见了她们便深深地潜入水底，鸟儿见了她们就飞上天空，麋鹿见了她们便撒开蹄子飞快地逃走。"不同人有不同的审美标准，强迫他人接受自己的标准实为不明事理，过于执着于心中的美丑贤愚的标准也是一种愚妄。有德者对待世间万物应该有种平等心，不要过分厌憎，也不要过于亲密。在私我、小爱中打转而混乱了自己的心，就会错过追求大德的机会。

世间万物都是为平等的，有缺点的人一定也有优点，上天不会创造毫无可取的东西，真正具有仁慈之心的人，一定不会抛弃任何人、任何物，一定不会歧视具有任何不足的人，没有抛弃、歧视之心，何来那么多标准？标准太多，不单自己活得心累，还很难做出大事业来。

8. 以恬养志 以重持轻

原　文

> 伺察以为明者，常因明而生暗，故君子以恬养智；奋迅以为速者，多因速度而致迟，故君子以重持轻。

译　文

把侦伺观察当成明智的人，往往因为自视精明而陷入愚暗，所以君子以恬淡平和之心蓄养智慧；把奋飞迅捷当成快速成功的人，往往因为追求速度而导致迟缓，所以君子以稳重踏实的心态来对待轻小之事。

经典解读

把明察当成明智的人，往往因为"明"而陷入"暗"。太多的人纠缠于琐碎的细节，却对更重要的大事、大道理视而不见，从而陷入了真正的愚暗之中。真正善于处世的人，知道什么时候该明察细究，也知道什么时候该用糊涂来保全自身。

《列子·说符》中云："察见渊鱼者不祥，智料隐匿者有殃。"世人皆有隐私，没有谁希望自己被他人窥伺得清清楚楚，一个人如果过于明察秋毫，知道的太多，就会为自己引来祸患。就像总猜中曹操心思而被杀死的杨修一样。

下联主要讲"欲速则不达"的道理。凡事都应该踏踏实实，一步一步地来，不可急于求成，最后急中出错，反倒不如慢的了。

一位一心想早日成名的少年拜在一位剑术大师门下。他迫不及待地问师父多久才能学成。师父答曰："十年。"少年又问，如果他全力以赴、夜以继日要多久。师父回答："那就要二十年。"少年还不死心，问如果拼死修炼要多久，师傅回答："永远也学不成。"

少年很困惑，问师父："为何我越努力，反而距离成功越远呢？"大师平淡地答道："学剑术要有平和的心态，要在静中细细地领悟，你的心如果完全被渴望成名的功利思想所侵蚀，那还能学好吗？"

其实，不仅仅是武学，世间万事皆是如此，要有平和的心、踏实的态度，才能夯实每一步基础，如果过于追求速度，期盼成功，就会迷失学习的目标，导致"欲速则不达"。

9. 为善居实 虚言致毁

原　文

> 士君子济人利物，宜居其实，不宜居其名，居其名则德损；士大夫忧国为民，当有其心，不当有其语，有其语则毁来。

译　文

士君子接济他人、惠利万物，应落实行动，不应窃据虚名，窃据虚名就会有损于德行；士大夫忧国为民，应当怀有真心，而不当空发言语空发言语，就会有损毁到来。

经典解读

上下两联说的意思相同，都是告诉人们为善、为政不可怀有私下的功利之心。

修德行善要落在实处，不能贪图虚名。贪图虚名便会心生不满，分不清善恶。当别人不如自己时，会骄傲自大；当别人超过自己时，会心生嫉妒。这样就会将本来的善，变为恶，将本来的是，变为非。

一个财主，年轻时为积聚财物，做了很多恶事，心中惴惴不安。一天，一位智者路过此处，财主连忙将其请入府中，请教心安之法。智者告诉他，要想求得心安，就要多行善积德，弥补以前的过失。财主问："那为善到什么时候才够了呢？"智者说："等到全镇人都传颂你的善德之时。"

智者走后，财主见镇中人穷人很多，就开始每天施舍给他们食物，半年以后，镇上的很多人都称赞着财主的慷慨和慈善，财主找到智者向他诉说此事。智者平静地点了点头，说："你已经做得不错了，但还是有很多人没有感受到你的慷慨呢！"

财主回到家中想："我已经连续施舍半年了，为何还有那么多人感受不到我的慷慨，不称赞我的仁慈呢？看来我应该让他们每天听到我的善行，了解我的慷慨。"于是，当他再次施舍的时候，就告诉家丁们，在给穷人们食物的时候，要提一个要求，就是让他们到外面宣传自己为善的事，称颂自己的美德。

又过了半年，财主走到街上，就可以听到人人口中对他的颂扬了，他的名声甚至传到了其他的城市。他又找到智者，兴奋地对智者说："大师，现在不仅全镇，就连别处的人都知道我的善行，传颂我的善德了！"

没想到智者冷冷地说："你的善行都没啦！当初人们对你称赞是从内心感激

你的慷慨，现在人们的称颂只是为了完成领取食物时答应的要求。以前你是行善，如今你只是用食物换取名声，别人都将这看成一种买卖交易，他们口中说着，心里却再也不感激你了！"

爱好虚名，便会丧失真正的德行。一个人如果总将对他人的恩惠放在嘴边，让他人感激，不仅得不到对方的感激，还会引起怨恨。君子行善，一定不能过于注重虚名。专心为善，善到了，名声自然会来；相反，为了博取名声而为善，名声再多，善也不会来。

10. 临小如大 不欺暗室

原 文

> 遇大事矜持者，小事必纵弛；处明庭检饰者，暗室必放逸。君子只是将一个念头持到底，自然临小事如临大敌，坐密室若坐通衢。

译 文

遇到大事，故意装出一副矜持样子的人，在处理小事的时候，必然放纵松弛；处于明庭，装模作样检点修饰仪容的人，在暗室之内必定放荡逸乐。真正的君子只是将一个念头坚持到底，自然碰到小事也会如同遭遇大敌一样慎重，独处密室也如端坐通衢一样自律。

经典解读

本节是告诉人们，如何判断一个人是不是正的君子。有这样一些人，碰到大事，他们表现得比谁都郑重矜持，但私下里却放纵松弛；在大庭广众之下，他们衣冠楚楚，一旦到他人看不到的地方，便放纵安逸。这种人总给人一种彬彬有礼的样子，却不值得深交，不值得托付大事，因为他们的得体、礼貌都是装出来的。他们所看重的只是自己的面子，不会用心去同他人交往，又怎么会在乎他人的利益呢？

有人说："人最注重的、最在乎的，就是他所不足的东西。"这是有一定道理的，一个过分关注形象的人，一定对自己的形象不自信，知道自己的形象有缺陷；一个过分在乎自己名誉的人，一定是有不好的举动，有不好的传言；一个过分装作矜持的人，在私下里一定自制力不行，生活上放纵逸乐。

真正的君子，不会被情势所左右，不会因为外界环境而改变自己的行事原则，他们不欺暗室，即使独处也守正不挠。他们不会在人前说一套，在人后说一套，他们不会遇有权势的人这样做，遇到卑微的人则那样做。他们一直有自己的待人待物标准，这样的人，才是值得信赖的君子。

东晋之时，车骑将军郗鉴同丞相王导交好，准备在王家为自己选一个女婿，就派人到王家去查看。王导对来人说："我家的子弟都在东厢房，你自己去看吧！"郗家使者看完以后，回到家，郗鉴问："王家子弟如何?"使者答："王家几位郎君挺不错，听说来选女婿都表现得很矜持，可只有一个好像没这回事一样，躺在榻上露着肚皮睡觉。"郗鉴听后，哈哈大笑，说："这位郎君最好，最适合做我家的女婿。"这位不知矜持、坦腹睡觉的年轻人之后果然成为王家最出色的子弟，才德兼备，表里如一，与那些虚浮夸诞的士族公子很是不同。他就是大书法家王羲之。

11. 誉察于背后 欢验于长久

原　文

使人有面前之誉，不若使其无背后之毁；使人有乍交之欢，不若使其无久处之厌。

译　文

与其让人当面赞誉，不如令他人不在背后诋毁；与其使人有初始相交的欢喜，不如令人没有相处长久的厌恶。

经典解读

刚开始交往，人们往往会装饰自己，表现得矜持，给对方留下一个很不错的印象，但这时所得到的欢喜只是暂时的。"日久见真情"，真正的情谊需要经过长时间的考验，当双方互相了解之后，若是还能相互尊重、相互敬爱，没有一点点厌恶，那才是真正值得欢喜的。

春秋时，齐国贤相晏子就是一个善于与人交往的人，他和人相处的时候，从来不炫耀自己的地位、才智，给人一种平和谦逊的感觉；他犯了错误，总是能够及时改正，获得他人原谅；他平时注重自己的道德修养，看重自己的节操，在位敬事，对人真诚。

有一次，晏子出使晋国，回国途中见到一个人衣着寒酸、正在做工的苦力，晏子见他神态、气质都不像粗野之人，就问："你是谁？为何会沦落得如此寒伧的地步？"那人回答，自己叫越石父，因为遭遇变故被卖到这里当奴隶。晏子感到可惜，就用自己的马将其赎了出来。晏子将他带回齐国，到家后晏子下马一个人径直走进屋子中。越石父十分生气，要与晏子绝交。晏子很不解，就问：

"我和你过去并不相识,看到你做奴仆可怜,于是将你赎了出来。你如今不但不感激我,反而还要和我绝交呢?"

越石父说:"君子在不了解自己的人面前可以屈辱,但在了解自己的人面前应得到平等相待。任何人都不能因为自己对人有恩,就可以不尊重对方;一个人也没有必要因为受人之恩而丧失尊严!您赎出我,我将您看成知己,可你到了家却连招呼也不打就进屋了,这还是将我当奴仆看啊,故此,我要和你绝交!"晏子听了,大受震动,连忙向越石父承认错误,将其尊为上宾,以礼相待,渐渐地,两人成了相知甚深的好朋友。

晏子以其高尚的德行、知错就改的品格赢得了他人真正的尊敬。孔子曾称赞道:"晏平仲善与人交,久而敬之。"

12. 启迪移风 循序渐进

原　文

善启迪人心者,当因其所明而渐通之,毋强开其所闭①;善移风化②者,当因其所易而渐及之,毋轻矫其所难。

注　释

①闭:闭塞,理念中不通之处。
②风化:教化、风俗。

译　文

善于启迪人心的人,应顺着他人心中明白的道理加以引导,使其通达情理,不要强行开启其心志中壅闭不通的部分;善于移风易俗的人,应当顺着人们容易遵循的方向逐渐加以推行,不要轻率地强行扭转人们难以改变的地方。

经典解读

无论启迪人心,还是改变整个社会的风俗,都应该因势利导,循序渐进,不可以强行扭转,一蹴而就。孔子在教育弟子之时就采用因材施教的方法,水平高的弟子求教,就给他高深的指点,水平低的弟子求教,就给他初级的指点。他说:"中人以上,可以语上;中人以下,不可以语上也。"智慧平庸、才学浅陋的人,你一下子就提出高深难解的观点来,他就会听不明白,对求知产生畏难心理,甚至还会觉得你讲的不对,是在敷衍搪塞他。

智者带着学生们在街上散步,一个学生看到街上的伟人塑像,问道:"老

师，我们如何才能成为那样的人？"智者答道："日复一日地增长你们的知识，终身不怠地修养你们的品德。"弟子问："这就足够了吗？"智者回答："这仅仅是我们应该做的，至于能不能成为伟人，还要看自己的机遇。"

走了一段路以后，一个农民向智者打招呼，随口感慨了一句："什么时候我们也能像那些伟人一样伟大啊？"智者对他说："只要你在闲暇的时候多读读书，学学道理，一样会成为那样的人。"

农民走后，弟子们很不解，问："为何我们请教您时，您要我们终身不怠地学习，而对农民，您却这样回答呢？"智者答道："农民几乎不会读书，如果我现在告诉他一辈子苦学都不会达到那种程度，他还会有心思学习吗？教育人是为了让人进步，而不是让人望而畏惧。你们懂得学无止境的道理，可农民并不懂啊。将目标说得简单一点，就像望梅止渴一样，有什么不好？"

人都习惯于原来的风俗，要想改变，就会遭到很大的阻力。古代很多有名的变法，如商鞅变法、吴起变法、庆历新政、王安石变法，要么失败，要么变法者不得善终，其中很大一部分原因就是变法者太急于求成了，没有循序渐进。老子就提倡"无为而治"，强调统治者不要对人民过度干扰，即使想有为，也要顺着人民的性子来，而不是拂逆他们。《道德经》中说："天之道，不争而善胜，不应而善应，不召而自来，繟然而善谋。"这就是告诉人们，不要强求，要顺其自然，让期盼的结果自动到来。

春秋之时，楚庄王觉得国内的车子太矮了，准备下令让人们都使用高轮的车子。孙叔敖知道了，就劝谏说："人们已经使用矮轮车子很久了，也没有什么不好的，如果下令让他们使用高车，人们一定会不高兴的。不如将集市两侧的木槛做高一些，这样矮轮车子不好通过，慢慢地人们就会自觉改用高车子了。"楚庄王采纳了他的建议，果然，不久之后街上跑的都是高轮的车子了，人们也没有觉得国王强制他们换车子。

13. 彩笔描空 利刀割水

原　文

彩笔描空，笔不落色，而空亦不受染；利刀割水，刀不损锷，而水亦不留痕。得此意以持身涉世，感与应俱适，心与境两忘矣。

译　文

用彩笔在虚空中描画，笔不会在虚空中落下颜色，而虚空中也不会受到污染；用利刀割水，刀刃不会受损，水面上也不会留下痕迹。明白这个道理，据以持身涉世，即可达到感触与应验完全适合，心灵与境界一起忘记了。

经典解读

彩笔描空、利刀割水，都是在说一种做事的状态：做时不强行妄为，做后不留任何痕迹；既要有所功用，又要不露锋芒。

只有真正通达的人才能做到如此，他们行事随顺自然，不轻易去改变什么，不强求他人顺从自己，而是去遵循原来的规律，遵循"道"。他们的处世方式就像画师描画虚空，笔不在虚空的地方落墨，虚空处也不曾有任何颜色，空的意境却出来了；又好像拿刀的人，用刀割水，刀刃无丝毫损伤，而水面也不留任何痕迹。

《老子》曾经讨论过治国的水平："太上，不知有之；其次，亲而誉之；其次，畏之；其次，侮之。信不足焉，有不信焉。悠兮，其贵言。功成事遂，百姓皆谓'我自然'。"不独治国，行事皆是如此：最高明的人，做完事之后，人们不知道他的存在；次一点的行事者，让人们对其感恩戴德；再次一点的，让人们畏惧而遵从他；最差的，欺辱人们，让人们痛恨。彩笔描空，利刀割水，就是一种让人们不知有之的行事方式，做完事情之后，效果已经达到，但所有人都会认为事情自然就是如此的。

14. 己之情当忍 人之欲当恕

原　文

己之情欲不可纵，当用逆之之法以制之，其道只在一"忍"字；人之情欲不可拂，当用顺之之法以调之，其道只在一"恕"字。今人皆恕以适己而忍以制人，毋乃不可乎？

译　文

自己的感情欲望不可以放纵，当用拂逆感情的方法来抑制它，其关键就在一个"忍"字；他人的感情欲望不可以拂逆，当用顺从感情的方法来调节它，其关键就在一个"恕"字。当今之人都用"恕"来对待自己的欲望，而用"忍"去压制他人的欲望，这恐怕是不行的吧？

经典解读

君子严于律己，宽以待人。对于自己的感情欲望，加以克制，用"忍"字来约束自己；对他人的感情欲望，尽量理解，用"恕"字去宽容别人。子贡曾问孔子："有什么可以一生奉行的原则吗？"孔子回答："那就是'恕'吧，己所不欲，勿施于人！"

"己所不欲，勿施于人"，可以从两方面来理解。首先，用自己的心，推及别人的心。自己不想要的东西，不要强加给他人；自己想要获得的东西，也要考虑到他人的渴望。其次，对别人的错误要懂得宽容，学会谅解。每个人都不希望受到他人的苛求、刁难，既然如此，自己就不要去苛求别人。道理说起来容易，做起来可就难了。人大多容易看到他人的缺点，而忽视自己的缺点，做事遇到挫折就会从他人身上找原因，而给自己找借口，这就是"恕以适己而忍以制人"，这样只会让自己的道德往下滑。

北宋名臣范纯仁曾经告诫他的子弟说："人虽至愚，责人则明；虽有聪明，恕己则昏。尔曹但常以责人之心责己，恕己之心恕人，不患不到圣贤地位也。"世上之人，哪怕再愚蠢，对别人提出批评和要求时却都很在行；哪怕再精明，宽纵自己的过错时却显得很糊涂。人只要懂得能够用责人之心来责己，用宽己之心去宽人，那么其德行一定可以不断进步了。

与人交往之时，更要注意忍己恕人的道理。孔子云："躬自厚而薄责于人，则远怨矣！"不懂得严格自律、相互宽恕，就会引起怨恨之心，就会导致纠纷。

一次在外出旅游的车上，前后座的两个年轻人大打出手，最后车不得不开往派出所，将大家出行的计划都打乱了。而其起因仅仅是因为开窗子的问题，前面的人觉得太闷，打开窗子，但后面的人感觉风都吹到了他的脸上，很不舒服，就因前面的人开窗子时没考虑自己的感受而生气，于是后座的人站起来，将窗子关上了。刚坐下，前面的人又将窗子打开了。就这样从关窗子，到相互谩骂，到出手动粗，出去玩的好心情一下子就被破坏了。

懂得克制自己、宽恕别人是一种处世智慧，这样做大家都会受益，否则，相互苛求，相互怨恨，所有人的利益都会受到损害。

15. 好察非明 必胜非勇

原　文

好察非明，能察能不察之谓明；必胜非勇，能胜能不胜之谓勇。

译　文

所有事都明察秋毫，并非真正的明智，该明察的明察、不该明察的不明察，才叫真正的明智；所有事都争强好胜，并非真正的勇敢，该争胜时争胜、不该争胜时不争胜，才叫真正的勇敢。

经典解读

只要是人，都会有不足之处，做事都会有不完满的时候，具有大智慧的人应该能够包容人的缺陷，原谅人的不足，而不应该过于明察秋毫，抓着他人的缺点不放。很多时候，一些事我们不用去计较，也没那么多精力去计较，这个时候若偏偏要显示自己的聪明，凡事都明察秋毫，反而是真的愚暗。

明察应有度，勇敢也是如此。争强好胜，不知退缩，那是匹夫之勇。子路开始就以勇敢而自喜，一次，他兴致勃勃地问孔子："如果让您率领三军，您会选择谁跟随你呢？"他以为孔子一定会选择自己，没想到，孔子说："凭借勇力，逞暴虎冯河之勇，死了都不会后悔的人，我是不会和他在一起共事的。我要选择的，一定要是遇事敬畏谨慎，善于谋划而能完成任务的人。"

《吕氏春秋》中说："大勇不斗，大兵不寇。"真正的勇气不是争强好胜，不会用蛮力去制服别人，而是懂得什么时候该有勇气，什么时候该退一步。《荀子·荣辱》中说："有狗彘的勇敢，有商人和盗贼的勇敢，有小人的勇敢，有士君子的勇敢。争喝抢吃，没有廉耻，不懂是非，不顾死伤，不怕众人的强大，眼红得只看到吃喝，这是狗和猪的勇敢。做事图利，争夺财物，没有推让，行动果断大胆而振奋，心肠凶猛、贪婪而暴戾，眼红得只看见财利，这是商人和盗贼的勇敢。不在乎死亡而行为暴虐，是小人的勇敢。合乎道义的地方，就不屈服于权势，不顾自己的利益，就算把整个国家都给他，他也不改变观点，虽然看重生命，但坚持正义而不屈不挠，这是士君子的勇敢。"

所以说，一个人的勇敢不是到处争强好胜，而是懂得廉耻礼仪，知进知退，当胜则胜，当让则让。

16. 随时内救时 混俗中脱俗

原　文

随时之内善救时，若和风之消酷暑；混俗之中能脱俗，似淡月之映轻云。

译　文

于随时之中善于补救时弊，就如和风消除酷暑炎热；混于世俗之中能够脱离庸俗，恰似淡月映照轻飘云朵。

经典解读

　　善于处世的人，既不会违背自己的原则与丑恶同流合污，也不会清高自傲、明哲保身。他们行事圆融，在任何环境中都能游刃有余地和他人共处，同时又坚守自己的操行，就如云中淡月一样不被乌云所掩埋，还能以自己的光亮照亮云朵。善于"救时"的人，不会刻意树立高名，他们行事柔和，如消除酷暑的和风，而非让人难以忍受的烈日。

　　汉朝时，东方朔虽然学问渊闻博，却一直没有担任过朝廷的重要职位，皇帝将其当作俳优看待。被视为俳优，这在一般的读书人眼中，是很耻辱的事情，但东方朔却不以为意，常在武帝前谈笑取乐，言辞滑稽，诙谐多智。汉武帝有时刚愎自用，脾气暴躁难测，发出了错误的命令，施行了过重的惩罚，大臣虽然都知道，却没人敢劝谏。唯独东方朔能够以滑稽的言语，巧妙进谏，多次令汉武帝幡然醒悟，也因此救了很多罪不至死的人。

　　一次，汉武帝的乳母犯了过错。汉武帝觉得乳母在宫外恃宠作恶，败坏了朝廷的形象，败坏了自己的名誉，准备将其处死。乳母觉得自己罪不至死，就托人求情，但大臣都知道武帝性情固执，没一个人敢答应，只有东方朔对此信心十足，他对乳母说："行刑时你不要说话，只要连连回头看皇帝就是了，我定能救你。"临刑之时，乳母听从指导，频频回头看汉武帝，这时东方朔大声对她说："你应该快点离开！皇上现在已经长大了，难道他还会想起你喂奶时的恩情吗？！"汉武帝虽然心肠刚硬，听到这句话还是不由得动容了，于是下令免去了乳母的死罪。

　　汉武帝身边的郎官大多数人认为东方朔是疯子，而东方朔自己则说："像我这样的人就是所谓隐居在朝廷中的人。"他时常在饮酒畅快之时高唱："隐居在世俗中，避世在金马门。宫殿里可以隐居起来，保全自身，何必隐居在深山之中的茅舍里面？"

　　后来东方朔上了一道奏章，里面说："《诗经》上说'飞来飞去的苍蝇，落在篱笆上面。慈祥善良的君子，不要听信谗言。''谗言没有止境，四方邻国不得安宁。'希望陛下远离巧言谄媚的人，斥退他们，不听信他们的谗言。"汉武帝感慨道："如今东方朔说话竟如此正经。"并对此感到惊奇。过了不久，东方朔便生病去世了。于是世人才知道东方朔并非俳优之辈，他之所以滑稽诙谐，甘于被人视为俳优，就是为了能够混于世俗之中，来劝谏皇帝，救时补弊。

17. 入世先清心 出世先知味

原　文

> 思入世①而有为者，须先领得世外②风光，否则无以脱垢浊之尘缘③；思出世④而无染者，须先谙尽世中滋味，否则无以持空寂之苦趣。

注　释

①入世：投身于社会，投身世俗。
②世外：世俗之外。
③尘缘：世俗的因缘。
④出世：脱离世俗。

译　文

想要进入世俗社会而有所作为，必须先领略到世俗之外的风光，否则便无法脱去污垢浑浊的尘世因缘；想要超脱世俗而一尘不染，就必须先尝尽世俗滋味，否则就无法持守尘世以外空寂的苦趣。

经典解读

古人强调"学而优则仕"。积极投入社会，建立一番事业，取得一番功绩，是大多数知识分子的选择。尘世之间充满了各种诱惑，财富、权力、名声……这些都是世俗之人所贪恋不已的，沉溺其中就会令人丧失志气。若想入世而有所作为，必须对恬淡宁静的世外风光有所领略，从而使自己超越尘世间的种种诱惑，如此方可出淤泥而不染。

当世味变得冷淡，理想渐渐远去时，很多人又选择了出世，或垂钓于大川，或栖居于山林。但如何才能够真正做到纤尘不染、了无牵挂呢？只有尝尽红尘中的人情冷暖才能品味归隐后的空虚寂寞，只有看尽世间的悲欢离合，才能感受内心中的万事皆空。

智者常说："先入世，后出世。"达到一种逍遥自由的精神境界须得以在错乱纷呈的现实世界中的积极进取为基础。一位隐者曾对人这样讲述过他的经历：

"年少时，我生活在一个几乎与世隔绝的乡村，那里的人头脑里什么概念都没有，每天过着'日出而作，日入而息'的生活。后来，我走出村子，看到了外面的世界，忽然感到自己的生活真是'太原始'了，于是离开家乡，来到大城市里打拼。整整三十年时间，我创造了一番让很多人都羡慕的事业，但这时，我忽然感觉自己拼搏得很累,厌倦了平时的应酬和商场上的钩心斗角。于是,将事业交给他人,自己安心地回到了村中养老。我看到了很多幼年时的朋友,他们一生就在这个村庄中度过。当他们谈到我时,语气中充满了羡慕,眼睛中流露出对外面世界的憧憬。其实,在我看来,他们的一生才是幸福的,悠闲、平淡,可他们自己却对此茫然不知,也许就是因为没有经历过外界的纷争吧!"

尝尽了世间百态,然后再回归自然,方能体味到其中的安详、平淡之乐趣。很多时候,我们遇到了挫折,遭受了失败,便心灰意冷。认为以前的一切拼搏都如过眼云烟,自己真是白忙碌了。其实这不是出世,而是一种逃避。

电影《失恋33天》里有一句经典台词颇值得回味:"你连人都没有生过,拿什么质疑人生?"经历过风雨才懂得晴天的明媚;经历过穷困才知安宁的美好;经历过病痛才知道健康的宝贵;谙尽尘世中的滋味,才能品味到空寂无为的苦趣。当我们还未尝尽世间百味之时,不要轻言空虚,要告诉自己"慢慢来,不要急"。在入世之前,就轻言出世,是对生活的逃避,对责任的放弃。

18. 与人始慎 御事先拙

原　文

与人①者,与其易疏于终,不若难亲于始;御事②者,与其巧持③于后,不若拙守于前。

注　释

①与人:与人交往。
②御事:处理事务。
③巧持:巧妙支撑,收拾残局。

译　文

和人交往,与其在最后容易出现疏远,不如开始时就难以亲近;处理事情,与其在最后巧妙支撑,不如开始就踏实守拙,打好基础。

经典解读

本节讲无论为人做事都要慎始慎终。愚者虑近,见利而行,故有远忧;智者虑远,见始思终,故无后患。智者做什么事都知道慎始慎终,所以不会轻易开始,一旦开始,一定要用心将其做好;愚者则不然,凡事只见眼前,思绪止于三天两步之内,常常虎头蛇尾,不了了之。

君子重视交友，但不滥交友。孔子说："无友不如己者。"就是说志不同，道不合，不能在道德学识之上对自己有增益的人，不与他做朋友。有些人性格"豪爽"，喜欢交朋友，见到了人便以心腹相托，表面上看到哪里都吃得开，其实交了很多品行不好的朋友，既浪费了时间，又降低了自己品位，真正的君子反而离他远去了。

"君子之交淡若水，小人之交甘若醴；君子淡以亲，小人甘以绝。彼无故以合者，必无故以离。"很多人因为有了共同的利益，而相互为友，后来又因为利益的争端而相互攻击、陷害。孙膑、庞涓同出一门，但因为嫉妒而化友为敌，相互陷害，庞涓坏了孙膑的双腿，孙膑杀了庞涓进行报复。张耳、陈馀开始亲如兄弟，后来亦因为权势之争而相互怨恨，陈馀向刘邦要张耳的脑袋，张耳后来又同韩信战败，斩杀了陈馀……

人性复杂，善恶难分，在不了解对方时，最好不要过从甚密；若察觉性格、义理、价值观不同，更要时刻保持足够的距离。须牢记：友情，若不能慎终，切勿轻易开始！

19. 祸起于玩忽 功败于细微

原　文

> 酷烈之祸，多起于玩忽之人；盛满之功，常败于细微之事。故语云："人人道好，须防一人着恼；事事有功，须防一事不终。"

译　文

惨烈的灾祸，大多起源于玩忽职守的人；盛大的功业，常常失败在细微的事上。故谚语常说："人人都说好，必须提防有一人生气懊恼；事事都有功，必须提防有一事有始无终。"

经典解读

细节决定成败，万事需要慎微。尤其计划做大事时，更要谨小慎微，来不得半点马虎，有一个人玩忽职守，有一件事未能考虑周全，就会导致功亏一篑、前功尽弃。

《三国演义》中就有很多让人感慨颇多的地方。诸葛亮北伐魏国，原本计划好好的，就是因为马谡一人的粗心大意而失去街亭，导致前功尽弃；马腾等人准备在阅兵时刺杀曹操，计划周全，就是因为密谋的黄奎喝酒误事，将密谋乱讲，最后导致众人功败身死；吉平、董承刺杀曹操，也同样谋划详细，却因为一个偷情的奴才导致事情泄露,被曹操发现……

"千里之堤,溃于蚁穴",很多大事就因为考虑不够细致而招致惨烈的失败。春秋之时,宋国和郑国发生了战争,在战争开始之前,宋国主将华元犒赏将领,炖了一锅羊汤。但在分羊汤的时候,没有给他的车夫羊斟吃,羊斟心中十分怨怼,认为华元侮辱了自己。在宋、郑交战之时,羊斟驾着战车直接冲向郑军阵地之中,愤愤地对华元说:"前日分羊汤的事由你做主,今日驾车的事可轮到我做主了!"宋军主帅被俘,一败涂地。归根到底,竟然是没有给一个车夫羊汤吃。羊斟以私败国,固然可耻,但身为主帅的华元,没有提防"一人着恼",也不得不说有所失误啊。

20. 成观究竟 败究由来

原　文

> 功名富贵,直从灭处观究竟,则贪恋自轻;横逆困穷,直从起处究由来,则怨尤自息。

译　文

功名富贵,直接从寂灭处观看结局,贪图依恋就自然减轻了;横逆困穷,直接从缘起处追究原因,那么怨恨就自然平息了。

经典解读

功名富贵,让人贪恋,但只需静心想一想,万事皆将归于尘土,也都是"生不带来,死不带去"的,也就对它们减轻了奢欲、迷执之心。苏轼曾云:"世事一场大梦,人生几度秋凉"、"生前富贵草头露,身后风流陌上花",感慨功名富贵、浮利虚名皆过眼云烟,就像那草头露、陌上花,转眼即消逝不见。

"南柯一梦"的故事说的也是这个道理。唐朝人淳于棼喝醉酒,在大槐树之下休息,睡着了。梦见自己到了槐安国,国王把自己心爱的公主嫁给了他,并且派他担任南柯郡的太守。在这段时间里,淳于棼把南柯治理得很好,国王也很欣赏他。他五个儿子都有爵位,两个女儿也嫁给了王侯,所以,他在槐安国的地位非常高。后来,檀萝国攻打南柯郡,淳于棼的军队输了,接着他的妻子也因重病死了。这一切的不幸,让淳于棼不想在南柯郡继续住下去,就回到京城。可是,在京城里,有人在国王面前说淳于棼的坏话,国王没有查证,就把他的孩子抓起来,还把他送回原来的家乡。一离开槐安国,淳于棼就醒了,才知道原来这是一场梦。因为此梦,淳于棼觉出了人世的无常,所谓的富贵功名,实在很容易就消失，于是，他最后就归隐道门了。

世上的横逆困穷，多起源于自身的安逸懒惰。遇到困窘之事，不要急着抱怨命运的不公平，不要嫉妒他人的机会好，多从自己身上找找原因，怨气自然就平息了。

21. 勇于担当 善于摆脱

原　文

宇宙内事要力担当，又要善摆脱。不担当，则无经世之事业；不摆脱，则无出世之襟期。

译　文

天下的事，要勇于担当，又要善于摆脱。不敢担当责任，就无法树立安邦定国的事业；不能摆脱羁绊，就不能保持超脱世俗的襟怀。

经典解读

人生天地间，既要认识到自己所肩负的时代使命，敢于担当，做一个有功于社会，造福于人民的人，又要看清名利，摆脱物欲的羁绊。春秋之时，范蠡在国家危难之时，竭尽心力辅佐越王，终于使越国得以复国，并最终吞并了老对手吴国。这时，他便是个敢于担当的人。在取得成功之后，范蠡毅然抛弃高官厚禄，归隐江湖之间，此时，他就是个善于摆脱的人。敢于担当，让他建立功业；善于摆脱，让他知足不殆。这样的人历史上还有很多，汉初辅佐刘邦的张良，明初辅佐朱元璋的刘基，在乱世之中，他们奋力作为，勇于承担起自己的使命，为平天下而奔走。一旦天下太平，百姓得到安乐以后，他们却抛弃所有的地位、名利，回归于到平静、安宁之中，求道辟谷以度余年。

没有担当，就不能实现人生的价值；不能摆脱，就逃离不了世俗的牵系。在平时工作生活中也是这样，遇事逃避，不知担当的人，很难在事业上取得进步，但过于在乎事业中的得失，也很难在工作中得到快乐。

在责任上，要学得会担当；在得失上，要懂得会摆脱，如此人生才会既充实又不会凝滞，既有为，而又不会迷失。

22. 待人有余恩 御事有余智

原　文

待人而留有余，不尽之恩礼，则可以维系无厌之人心；御事而留有余，不尽之才智，则可以提防不测之事变。

译　文

对待他人，要保留余地，不竭尽恩情、礼仪，这样才可以维系不知满足的人心。处理事情，要留有余地，不竭尽才能、智慧。这样才可以提防难以预料的变故。

经典解读

很多人你每天给他四块糖，长此以往，他就习惯了，有一天你的糖没了，他不仅不会感激你，反而还会怨恨你不继续给他糖。世俗人性，往往就是如此，对他好一点，他便觉得这是你应该做的，期望你对他再好一些；对他好到极致，他便觉得他是你不可失去、不可拂逆的，越发将你不放在眼中，开始忘乎所以，为所欲为起来。所以说，待人恩情、礼仪不能过于隆厚，过于隆厚便会让你的感情变得卑贱。

处理事情也是同样的，自己的智慧不能一下子用尽。如果你在别人面前，一下子就表现出"最好的自己"，甚至竭尽全力，表现得比自己平时要优秀很多，那么，以后你将永远生活在巨大的压力之下，导致自己心身俱疲，没有左右逢源的余地。即使这样，还要受到他人以为你越来越差了的猜忌。

无论是待人，还是处事，最根本的一条就是要给自己留下一点宽裕的余地来，以便在以后的日子或者过程里有更多的主动权。他人感觉到了有余不尽的恩德，就会不断敬爱、接近你；在事情中自己觉得有了有余不尽的智慧，便会保持游刃有余、得心应手。

23. 了事了心 逃世逃名

原　文

了心①自了事，犹根拔而草不生；逃世不逃名②，似膻存而蚋仍集。

注释

①了心：了却心中的欲念。
②逃名：逃避名声，了却心中的名利欲望。

译文

了却心中欲望，纷扰之事自然了却了，就像野草拔掉根须便不会再生了一样；逃离尘世却不逃离内心的名利欲望，好似驱走了蚊蚋但仍保留了腥膻之气，它们还会聚集而来一样。

经典解读

佛家认为，世间万象皆由心生，由心灭。很多事，之所以迟迟不能解决，并非是因为事情本身十分复杂，而是我们心中不能放下。如果心中不净，即使逃世隐居，也不能算是真的避世，一旦再次看到功名利禄，逐利之心就会油然而生、死灰复燃。

明朝中期，宦官专权，朝政腐败，有一个青年，他考取功名以后，做了几年官，毅然选择归隐，他于钤山"结茅植楔，耽书履素，椟簪弁而冠鹛，闲甘脆而茹粝"，当时很多人都称赞他的品格高洁，不阿附宦官。这位"隐士"窃自欢喜，每天游山玩水、寻幽览胜，和当地文人高士吟诗作赋，其中一首《雪霁登钤山》写道："千峰积瑶素，寰宇映空明。仙人好赤脚，独躐层冰行。垒石疑琼岛，高楼思玉京。劲风任振木，朗月已辉城。永夜山中宿，山泉松涧鸣。"颇有陶潜、王维淡雅出世的诗风，受到后人称道。

然而，世人不知他这番隐居，都是为了给自己博取虚名，为以后仕进铺就道路。后来，朝野都听闻有这样一个不慕名利、清高自守的贤士，首辅夏言亲自提拔他，使其在朝中迅速攀升，接触到权力以后。这个"隐士"立刻就忘记了自己山居时的娴静恬淡，阿附皇帝，陷害忠臣，欺上弄权，最后成为了明朝最大的奸臣之一。他就是严嵩。

在严嵩隐居钤山之时，恍如逃世的真正隐士，可一旦获得博取功名权力的机会，就像苍蝇嗜腥膻一样极力钻营，这就是了心不了事、逃世不逃名之人的真正面目。

24. 仇弩易避 恩戈难防

原文

仇边之弩易避，而恩里之戈难防；苦时之坎易逃，而乐处之阱难脱。

译 文

仇怨边的弩箭容易躲避，恩惠里的戈矢难以防备；苦难时的坎坷容易逃避，快乐处的陷阱难以逃脱。

经典解读

对于仇恨，人们都会加以提防，往往并不会受到伤害；而对于恩情，人们则常常麻痹大意，从而被其伤害。这就是告诉人们要防备那些不怀好意的恩惠，谨慎地接纳那些有功利性目的的厚待。

古人云："君子甚患无故之利。"天下没有白吃的午餐，别人无故给你恩惠，在接受之前，一定要仔细考虑是福是祸，是恩还是刀。

下联所讲的是人在苦时常小心谨慎，在安乐之时往往变得松懈，容易犯错，即"生于忧患，死于安乐"的道理。告诫人们在得意之时，不可忘乎所以，要时时战战兢兢，以防无妄之灾。

25. 不作垢业 不立芳名

原 文

膻秽则蝇蚋丛嗫，芳馨则蜂蝶交侵。故君子不作垢业，亦不立芳名。只是元气浑然①，圭角不露②，便是持身涉世一安乐窝也。

注 释

①元气浑然：元气指天地未分前的混沌之气，这里指人的精神、气质。元气浑然指保持纯真本色，原始气质。

②圭角不露：隐藏棱角和锋芒。

译 文

腥膻污秽则苍蝇蚊蚋聚集叮咬，气味芳馨则蜜蜂蝴蝶往来侵扰。所以君子既不做下污垢的罪孽，也不树立美好的名声。只是保持浑然本色，不露锋芒，这便是立身处世的安乐窝。

经典解读

一次，孔子和弟子们在路上行走，看到一个童子坐在河边洗脚，一边洗，一边唱："沧浪之水清兮，可以濯吾缨；沧浪之水浊兮，可以濯吾足。"孔子听闻歌声以后，对弟子们说："要记住，水清便用来洗帽缨，水浊便只能用来洗脚，做人也是一样！"

所谓"膻秽则蝇蚋丛嘬",便是指一个人名声不好,行为污秽,同样的小人便来聚集,导致自己品行更加滑落;所谓"芳馨则蜂蝶交侵",就是指声名过盛,崇慕虚名的人便会聚集在身边,使自己不堪重扰。智者处于世上,既不让自己有污秽的声名,招致蚊蝇叮咬;也不让自己有过分的虚名,引来蜂蝶扰乱。他们踏实为人,守拙守朴,进德修业,不图芳名,不露锋芒,故可以安然处世,一生无忧无扰。

东汉韩康很有学问,但从来不高调张扬。他长年在灞陵山及其他名山采药,再到长安集市上出售,在长达三十多年的时间里,隐姓埋名,不使人知。一次,在集市之上,一个买药的女子认出了他,韩康感叹道:"我本欲避名,今小女子皆知有我,何用药为?"于是回家避居灞陵山中,不再去上集市。即使如此,他的名声还是传到了朝廷之上,官府屡次征召,他都推辞不去。后来,汉桓帝特地备了布帛等丰厚的礼物,派使者登门拜访。韩康见有圣旨,不得不许诺前往接受征召。出发的那一天,为了不坐官府的车子,他趁使者还未起床,套上自家的牛,驾着自家的柴车,先行而走,中途又借机逃走回家。后来,他以高寿终于灞陵山。

唐朝世人吴筠写诗称赞他道:

"伯休抱遐心,隐括自为美。

买药不二价,有名反深耻。

安能受玄纁,秉愿终素履。

逃遁崇所尚,萧萧绝尘轨。"

正因为端正品行,没有恶名,所以时值乱世,他能不受其害,受到世人尊敬;正因为不在乎虚名,能够以淡泊自守,所以他能超然世外,不受俗事困扰,不遭当时名士所受的汉末党锢之害。谁道隐居苦?韩康岂不就在山中寻觅出了一个乱世之中的"安乐窝"?

26. 静里观动 忙里偷闲

原　文

从静中观物动,向闲处看人忙,才得超尘脱俗的趣味;遇忙处会偷闲,处闹中能取静,便是安身立命的功夫。

译　文

在宁静中观看万物变动,于悠闲处看世人忙碌,才能体味到超尘脱俗的趣味；遇到忙碌之时能够找到闲暇，在喧闹之中能找到安静，这便是安定生活、立身于世的修养功夫。

经典解读

前面讲过，"身不宜忙，忙于闲暇之时，亦可偶惕惰气；心不可放，而放于收摄之后，亦可鼓畅天机。"人应该动静结合，闲中求忙，忙中偷闲，随时保持精神宁静舒适，天机畅然。

人不可过于追求安静，太安静就会使自己陷入枯寂、冷漠之中。在寂静之时，看看外物的运动，他人的繁忙，这样既体味了人生的清净平淡，又知道了世界的热情可爱。人不可过于忙碌，太忙碌就会使自己被世俗所羁绊，忘记了品味生活。在忙碌之中，偷得几分闲暇，在喧闹之中，偷得几分安静，这便让心灵得到了休息，不至于在忙碌中迷失自己。

从静中观物动，向闲处看人忙。静，是一种生活态度，不争，不躁，不妄动，身可以劳累，心要淡定、宁静。闲，是一种心态，不计较，不比较，舍得忘记，敢于放下，大闲之人闲其心。心静则思远，心闲则福来。稳稳当当做事情，从从容容过生活，遇忙处会偷闲，处闹中能取静，人生才有意思。

27. 与其邀欢求荣　不如释怨免丑

原　文

邀千百人之欢，不如释一人之怨；希千百事之荣，不如免一事之丑。

译　文

邀取千百人的欢心，不如消释一个人的怨恨；希求千百事的荣耀，不如免除一件事的丑名。

经典解读

智者的弟子们向老师请教交往之道，智者沉默没有回答。第二天，他带着弟子们来到附近最著名的大教堂中，指着一幅天使聚会的壁画让他们观察。弟子们以为老师会提什么问题，都看得很仔细，可智者什么都没说，看完就带着他们回去了。

三天以后，智者忽然问道："还记得三天前我带你们看的那幅壁画吗？你们现在谈谈对它有什么印象？"弟子们想了一会，纷纷说道："其中有个天使，鼻子画歪了！"智者问："还有吗？"弟子们便答不出来了。

智者再次将他们带到壁画面前,对他们说:"这幅画上共画了三十多个天使,每个天使都画得活灵活现的,都有出色之处,唯独角落上这个天使的鼻子画得歪了,这个错误夹在优点之间,可以说是百分之一,千分之一,然而你们头脑里所记住的仅仅是这个错误。"弟子们都十分惭愧,智者接着说,"我并非批评你们,你们不是问如何与人交往吗?其实,人就是这样的,对于优点、美,往往看在眼里就过去了,可他人的一点错误和缺点,都会记在心中,念念不忘。和人交往,最主要的就是要慎重,不要有一事之丑让人不忘,不要因为一点小错惹怒他人,种下仇恨。"

人总是喜欢忘记恩情,而铭记怨恨。我们没有办法让所有人都喜欢,我们做的事情永远不可能得到所有人认可。你做了千百件好事,也不一定会有人知道。但是一旦你做了一件丑事,就可能会被很多人挂在嘴边。所以,生活中没必要将所有的事都做到完美无缺,只要别把一件事做坏就行了;没有必要让所有人都称赞你,只需要确保没人怨恨你就足够了。

28. 宁以刚方见惮 毋以媚悦取荣

原　文

> 落落者①,难合亦难分;欣欣者②,易亲亦易散。是以君子宁以刚方见惮,毋以媚悦取容。

注　释

①落落者:孤高磊落之人。
②欣欣者:满面欣喜之人。

译　文

孤高磊落之人,难以迎合也难以分离;满面欣喜的人,易于亲近也易于离散。所以君子宁可刚直方正被人畏惧,也不要以谄媚悦色去讨人欢喜。

经典解读

我们经常看到这样一些人,如电视剧中的关羽,古龙武侠小说中的西门吹雪,他们看起来清高自大难以接近,可一旦成为朋友,他们便对人不离不弃,甘愿以身犯险,为朋友赴汤蹈火。相反,还有另外一种人,他们见了谁都一副笑脸,称兄道弟的,可一旦发生了利益冲突,便弃友而去,甚至落井下石。

《论语》中有这么一段话:"君子易事而难说也。说之不以道,不说也;及其使人也，器之。小人难事而易说也。说之虽不以道，说也；及其使人也，求备焉。"君子难以让人讨好，如果不坚持道义与之交往，他们便不喜悦；小人容易让人讨好，只要给他们点好处他们就会很高兴。但君子却易于共事，没有歪心邪念，不会刁难他人、求全责备；而小人则恰恰相反，他们看似笑呵呵的，却是刁难他人，自己谋利之心。子夏说："君子有三变，远远望去严肃端庄、难以接近，和他交往却发现其十分温和，听其说话则义正辞严，无一丝苟且。"小人同样也有三变：看上去面目和善易于交往；接触之后就会发现其"薄责于己，而求备于人"；听他说话，就会发现其言语轻薄、充满功利。

生活中，那些看起来难以接近、令人生畏的人，大多是有较高的择友标准、处事原则的人，他们谨慎交友，但成为朋友便以心相托，即使不做朋友，也可以共事、共处；那些易于讨好的人则是不值得交往的，他们容易讨好，但说不定在什么时候就离你而去，背叛你了。选择朋友当选择前者，立身处世同样要学习前者。

29. 意气相期 肝胆相照

原　文

意气与天下相期①，如春风之鼓畅庶类②，不宜存半点隔阂之形；肝胆与天下相照，似秋月之洞彻群品，不可作一毫暧昧之状。

注　释

①相期：相契，相合。
②庶类：万物。

译　文

意气与天下大众的意气相契合，就像春风激发万物，不应该保留半点隔绝不通的痕迹；肝胆与天下大众的肝胆相照应，就如秋月普照众物，不可表现出一丝一毫暧昧畏缩的形态。

经典解读

所谓"意气于天下大众相互契合"，就是以天下人之心为己之心，以天下人之愿为己之愿，立志要便施惠利于天下，为"克己复礼"使天下回归于仁而奔走的孔子，为了天下大众的幸福而献身的历代英雄豪杰，都是如此之人。

所谓"肝胆于天下大众相照应"，就是"为天地立心，为生民立命"，品格光明磊落，心中无半点污秽，为天下人树立一个好的榜样。

　　岳飞年轻时看到国家积弱，外寇入侵，于是立志精忠报国，他成为大将以后，不谋一点私利，不想一点投机保命的念头，一心收复故土。受到宋高宗猜忌，秦桧陷害以后，很多人都劝他不要去京城，岳飞却认为自己心胸坦荡，光明磊落，无丝毫谋逆之心，于是慷慨赴死。为人如此，就可谓行如春风，心如秋月了！

30. 居奢思俭 欲念自轻

原　文

　　仕途虽赫奕①，常思林下②的风味，则权势之念自轻；世途虽纷华，常思泉下③的光景，则利欲之心自淡。

注　释

①赫奕：煊赫之状。
②林下：幽僻之境，引申为退隐或退隐之处。
③泉下：黄泉之下，比喻死后。

译　文

　　为官之路虽然煊赫辉煌，常想想退隐山林之后的清幽风味，权势之念就自然会变轻了；人生之道虽然纷繁华丽，常想想身死之后的光景，利欲之心就自然淡去了。

经典解读

　　前文已经讲过，"功名富贵，直从灭处观究竟，则贪恋自轻"，本节所讲的道理与此相同。"旧时王谢堂前燕，飞入寻常百姓家"，为官再煊赫，不过是一时光景，人生再繁华，终将归于平淡。若能在煊赫繁华时想想，这一切不过是黄粱一梦，醒来后的粗茶淡饭才是生活本味，既然一切都要过去，何必为了流水般的功名富贵来劳神费心？何必为了春花般短暂的权势地位来损害自己的本性呢？那人也就没有那么多"争"，没有那么多"欲"了。

　　可惜世人大多思慕繁华富贵，不知身边清闲淡薄的可贵。等到在红尘之中奔逐累了，感觉倦了，才忽然悟到自己曾经为之奋斗半生的事，多为虚妄执迷，到那时人生最美好的时光早已过去，于是他们归隐于山水，栖息于林间，吟咏出了很多动人心魄的诗篇，来劝诫那些还在红尘中奔走、钻营的执迷者。如晁补之的《摸鱼儿·东皋寓居》："青绫被，莫忆金闺故步，儒冠曾把身误。弓刀千骑成何事？荒了邵平瓜圃。君试觑。满青镜、星星鬓影今如许！功名浪语。便似得班超，封侯万里，归计恐迟暮。"如马九皋的《塞鸿秋》："功名万里忙如燕，斯文一脉微如线。光阴寸隙流如电，风霜两鬓白如练。尽道便休官，林下何曾见？至今寂寞彭泽县。"

31. 随性自然 当机而行

原　文

> 鸿未至先援弓，兔已亡再呼犬，总非当机作用；风息时休起浪，岸到处便离船，才是了手功夫。

译　文

　　大雁还未到就先拉开弓弦，狡兔已经逃走再呼喊猎犬，这都不是当机立断的正确举动；风息了就不再兴起波浪，到了岸边便离开渡船，这才是了结事端的高深修养。

经典解读

　　大雁未到就先拉开弓，是有急切之心；兔子逃走了才呼唤猎犬，这是有迟悔之心。人生既不能嗜欲而急，也不能贪功而悔，一急一悔，都会扰乱人的心志，让人心难得安宁。为人要学会淡然，不急于求成，不悔恨错过，凡事顺其自然，风息便安，船止便下。

　　禅师告诉自己的小徒弟，明天要带他到城里走一遭，去看看灯会。山寺离城市很远，几个月都不能去一次，小徒弟十分期盼，脸色挂满了笑容。他看到禅师表情依旧，就问："师父您不想看灯会吗？"禅师回答："想。""既然想，为何看不出您的喜色呢？"禅师反问："还未看到，为何心动？"小徒弟沉默，不能回答。

　　早上，禅师等了好久，徒弟还没有起床，推门进去发现他还在蒙头大睡。小徒弟勉强睁开眼睛，惭愧地说："昨晚一直想着下山的事，整晚都没有睡着，今天实在疲倦，只怕不能前往了！"禅师轻轻一笑，点头同意。

　　第二天，尽管出发得很早，可他们到了城里时，灯会已经散去了，小徒弟十分失望，禅师提议在城里四处转转，可一路上小徒弟都不能走出心结，唉声叹气的，走了一会就催着师父回去。在回去的路上，徒弟见禅师心态依然，就问："师父，我们是来看灯会的，可是来时灯会已经散了，为何您不见半点失望呢?"禅师答道:"既然已经散了,为何还要为它哀伤?"

很多时候,我们就像这个小徒弟一样,在事情未来之前,充满了期待,导致自己心浮气躁,事情到了眼前反而意兴阑珊,不能尽力而为了。还有些时候,我们因为事情已经错过,就心怀悔恨,不能释怀,这不仅无益于事,反而使我们失去更多。急切之心,悔恨之心,就是这样扰乱着我们的心性,让我们无法专注于眼前的事情。

为人不可急,当春花未开之时,我们不妨静下心来,看一看冬日的淡雅,感受一下大地萧条的壮美;当群星未现之时,我们不妨感受一下夕阳的壮丽,彩霞的秀美。为人不可悔,当春花已落之后,我们大可不必如黛玉般哀婉,夏日的蓁蓁绿叶,岂不也甚是可爱?群星过后的黎明日出,岂不更加壮美,更加令人期盼?失之东隅,收之桑榆,生活中到处都是美,到处都有机会,错过了这点,还有那点,顺其自然、随机而变就是最高的人生智慧。

32. 热中清冷 寒中赤热

原　文

从热闹场中出几句清冷言语,便扫除无限杀机;向寒微路上用一点赤热心肠,自培植许多生意。

译　文

在热闹喧腾的场所,说出几句清平冷静的话,便扫除了人们心中的无限杀机;在寒微的路上,付出一点火热赤诚的心肠,自然就培植出了很多生存的意愿。

经典解读

这句话就是告诉人们要多怀善心,多积善行。仁者爱人,一个心怀仁德的人,一定会对周围的人,充满慈爱、关切之情,看到他们遭受苦难就同情他们,看到他们心中充满怨气就安慰他们,看到他们心中烦躁就抚慰他们,看到他们心灰意冷就鼓励他们。仁者的做法在不同对象、不同的环境中千差万别,但他们的心都是一样的,都是仁厚而利人的。

大街上,两个骑车的年轻人因为一点小小的摩擦而怒目相视,一人拉着另一人的胳膊,另一人则揪住他的领口,眼看一场意外就要变成两人之间的战争。这时一位老者,走上前去,伸手抓住了两人的胳膊,淡淡地问了两句:"车子重要还是身体重要?家里没人等着你们回家吗?"两个年轻人听后恍然大悟,松开了拉扯对方的手,继续上路了……

一句话便可消除一场纠纷,扫除无限杀机,一点热心的心肠,便可拯救一个生命,挽回一个彷徨的灵魂。佛家讲,救人一命胜造七级浮屠,为人应时刻怀着仁人爱物之德,多为他人带来些希望,这也是为自己种下无限善因。

33. 随缘顺事 万事皆然

原 文

随缘便是遣①缘,似舞蝶与飞花共适;顺事自然无事,若满月偕盂水同圆。

注 释

①遣:遣用,得到。

译 文

顺应机缘就是得到机缘,好似飞舞的蝴蝶与飘飞的落花共同适应;顺应事机自然没有事情,宛若完满的月亮与杯盂的清水一样圆满。

经典解读

有一句话说得很好:"修心当以净心为要,修道当以无我为基。过去事,过去心,不可记得;现在事,现在心,随缘即可;未来事,未来心,何必劳心。"

佛家讲因缘,就是说,万事皆在因缘之中,奢求欲望皆无益;佛家讲无常,就是说,因缘无定,迁流无暂停,心存妄执,于事无补。既然因缘已定,何必强求;既然万事无常,强求何益。人生最大的智慧便是随缘。在这俗尘世中,不可能凡事都能事事尽愿,事事称心如意,总会有忧愁与烦恼。当琐碎之事、不如意之事萦绕着我们的时候,我们该如何去面对呢?随缘自适,烦忧自去。

一切随缘,若是有缘,时间、空间都不是距离;若是无缘,终是相聚也无法会意。凡事不必太在意,更不需去强求。世间万物皆幻象,一切随缘生而生,随缘灭而灭。人生于世,凡事要坦然处之,随遇而安,保持平和的心情就足够了,就让一切随缘吧。

随缘,是一种胸怀,是一种心态。懂随缘的人,总能在沉浮不定、充满坎坷的生活中,收放自如;懂随缘的人,总能在横逆流离之中,找寻到前行的方向,行走正确的道路;懂得随缘的人,总能在灯红酒绿、繁华喧闹之中,保持自己的宁静,守护心灵中的淡薄。随缘是"仰天大笑出门去,我辈岂是蓬蒿人"的自信;

随缘是"小舟从此逝,江海寄余生"的潇洒;随缘是"采菊东篱下,悠然见南山"的淡泊;随缘是"草叶无声万籁寂,此心安处即空灵"的超然……

34. 操守先验 临坛不改

原　文

> 淡泊之守,须从浓艳场中试来;镇定之操,还向纷纭境上勘过。不然操持未定,应用未圆,恐一临机登坛,而上品禅师又成一下品俗士矣。

译　文

淡泊名利的操守,必须在艳丽浮华的名利场中,才能检验出来;镇定自若的操守,还要在纷纭杂乱的环境中进行勘验。否则内心操守不能稳定,应对运用不能圆通,面临机遇登上坛场时,上等品位的禅师就又变成一个品位低俗的世俗人士了。

经典解读

"上品禅师又成一下品俗士矣!"读得此句不禁莞尔,忽然想出一则小笑话:

山寺之中,有一得道高僧,自生以来,不曾下山半步,所听闻者,都是诵经念佛之声,所言说者都是空虚无相之言。山下高雅之士见之,无不倾心佩服;世间鄙俗之人闻之,无不心生羞愧。于是,禅师之名远传千里,至于京城,京城权贵听说世间有如此大德高僧以后,甚是仰慕,于是派人远赴山寺,准备将高僧请来说法。

高僧从未下山,初至京城之中,听到世间喧哗之声,掀开轿帘,向外望去,看到亭台楼阁,红男绿女,不禁心神摇荡,双目迷离。到了主人之家,还沉浸于刚才的视听之中不能自拔。主人开口问道:"大师涉足俗世间,不知有何见教?"高僧不答。在场众人,皆不能悟透其中禅机,只能诺诺称赞高人必有高行。主人连问三次,高僧忽然恍然大悟,长叹道:"这便是俗世啊!若能日日生活在此处,何必去深山之上修什么禅机?"众人皆愕然,转而哈哈大笑,一哄而散。

"思出世而无染者,须先谙尽世中滋味,否则无以持空寂之苦趣",不先入世,徒说出世、淡泊,都是虚言。很多人安于贫贱,并非是真的有淡泊之心,只不过没有接触到富贵的机会罢了;有些人自称"不为五斗米折腰",并非真的看淡了名利,只不过是仕途失意之时的牢骚、自我安慰罢了;很多人平时坚定冷静,但遇到了急事,就慌忙不知所从,这样的镇定也是徒有虚名而已。经历

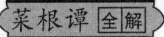

过奢华富贵的考验,才能知道谁才是真的淡薄;经历过危机局势的检验,才能判别谁才是真的有操守。

35. 善心不可无 善名不可有

原　文

> 廉所以戒贪,我果不贪,又何必标一廉名,以来贪夫之侧目;让所以戒争,我果不争,又何必立一让的,以致暴客之弯弓。

译　文

清廉是用来警戒贪念的。我果真不贪婪,又何必以一个清廉的虚名自我标榜,结果招来贪心之人的侧目斜视;谦让是用来警戒争斗之心的,我果真没有争斗之心,何必树立一个谦让的靶子,来招致残暴之人的弯弓射击。

经典解读

廉洁之德不能没有,没有就会起贪念;谦虚之德不能没有,没有就会起争心。所以说善良的德行一定要努力去追求、拥有。但我们要认识到,现实社会是复杂的,人心是难测的,好的德行自身具有,默默地坚持就足够了,不可大肆宣传,名声太盛也会成为招致灾祸的根源,自己就将沦为一些贪夫、暴客的靶子。

一天,乡里的贤士杨子正在家中读书,忽然发现自己的儿子满身泥土,哭泣着走了进来。杨子放下手中书简,关切地问道:"怎么了,摔倒了吗?"儿子摇摇头。"和同学打架了吗?"儿子摇摇头,又点点头。"到底怎么回事啊?"儿子委屈地说道:"别人都没有学会先生教的知识,只有我背了下来;学堂的门坏了没人管,我将它修好了。先生在课堂上表扬了我,对其他人提出了批评,于是下学后,他们就一起欺负我……"

安慰完儿子之后,杨子掩卷长叹:"名声的灾害竟然如此厉害,连小孩子都影响得这么深。想我生在乱世,而有贤者之名;处于世俗中,而有高士之誉,那些嫉妒我、憎恶我,希望打击我、陷害我的人还在少数吗?"于是,连忙收拾东西,带着家人,逃到了一个没人认识自己的地方去了。

生活中到处都是贪夫、暴客,一个人如果有廉洁、谦让的名声,就难免受到这些人的厌恶、憎恨,让自己不堪重负,防不胜防。所以古人云:"峣峣者易缺,皦皦者易污。盛名之下,其实难副。"善行不可无,善名不可有,那些过于看重名声的"贤士"应多想想江边渔父问屈原的话:"何必思虑过深又自命清高，以至让自己落了个放逐的下场?!"

36. 防患于先 镇定应变

原　文

> 无事常如有事时提防，才可以弥意外之变；有事常如无事时镇定，方可以消局中之危。

译　文

　　无事之时，总像有事之时那样小心防备，才可以平息意外发生的变故；有事之时，总像无事之时那样镇定，才可以消除局势之中的危机。

经典解读

　　人应该有忧患意识，居安思危，在危难到来之前就做好应对的准备。世上祸患，莫不生于微小，渐渐积累，以致惨烈爆发。聪明者知道在祸患爆发之前，就消除它们，防备它们，所以不会有太大的损失。而那些愚暗的人，知识浅薄，没有远虑，坐于燃薪之上、漏船之中还自大自傲、沾沾自喜，等到祸患爆发时，才恍然大悟，但已经晚了。《尚书》中说："惟事事，乃其有备，有备无患。"

　　战国末期，秦国不断侵犯山东诸国，唯独齐国和秦国距离遥远，所以没有受到伤害。所以，齐王过着悠闲自在的日子，不修兵备，不筑城墙。有些大臣进谏说："五国已经被秦国打得支持不住了，我们帮帮他们吧！"齐王说："秦国离我们远着呢，为何要管那些闲事？"没有采纳大臣的意见。后来周边的魏国、赵国先后被秦军灭掉了，大臣劝齐王说："应该修整武力，准备抵抗秦军了！"齐王说："我们一直和秦国相安无事，战争还没有爆发，整理兵备干什么？"大臣建议又没有被采纳。秦国见齐王如此昏庸，立刻纵军南下，没打一次像样的战争就包围了齐国都城，齐王此时才知道事情的紧急，可一切都晚了，只能出去投降。最后，他被秦国放逐在山间，活活被饿死了。

　　面对灾祸变故时，要临危不惧，尽量像平时那样镇定，冷静地分析解决方案，如此才能够找到出路，走出困境。诸葛亮摆空城计，若是没有临危不惧的素养，就不会成功，不能脱险；刘备在和曹操论英雄之时，若是有半点不自然，可能就没有后面的三分天下了。

　　陈平年轻的时候，一次乘船渡河，船已经开始走了，陈平忽然发现这些人是盗贼，很可能看到自己穿着华贵要图财害命。一旦他有一丝惊慌，后果不堪设想，但他并未慌乱，而是假装什么都不知道，一边帮着船夫摇橹，一边脱下自己的衣服，口中骂道："这天气太热了！"渡船之人，看到他衣服都要脱尽了，也没有半点值钱的财物，就停止了害命图财的行动，陈平也因为急中生智、临危不惧而逃过了杀身之祸。

37．利人除害 不求感恩

原　文

> 处世而欲人感恩，便为敛怨之道；遇事而为人除害，即是导利之机。

译　文

待人接物而想要他人感恩，就会变成聚敛怨恨的渠道；遇到事情一心想着为人消除祸患，这就是为自己引来利益的转机。

经典解读

前面讲过"士君子济人利物，宜居其实，不宜居其名，居其名则德损"，本节意思是相近的。为人处世要爱人、利人、助人，这样就为自己种下了很多善因，留下了很多福泽，但在为善的过程中，不能怀有功利之心，为了让他人感恩自己而为善，就会有损于善行，甚至为自己招来怨恨。

电视剧上曾经有这样一个故事：某地发生了一场凶杀案，县官前去勘察，调查了很久，发现凶手竟然是受害者的好朋友，而且受害者很多年前曾经救过凶手的命。县官十分震惊，认为凶手恩将仇报，罪大恶极，不可饶恕。可凶手在面对指责的时候，毫无悔恨之心，甚至放声大笑。现场的人，都对此愤恨不已，认为凶手毫无人性可言。凶手慢慢地叙述了事情的经过，听完他的自白之后，所有的人都沉默了。原来，多年以前，他们就是好朋友，在一次事故中，受害人奋不顾身地推开了朋友，自己却被石头砸断了腿，从此以后，受害人总是将自己对朋友的恩情挂在嘴边。开始，他向朋友借钱，朋友看在救命之恩的情分上，从不推辞，可他的胃口越来越大，朋友一有点犹豫时，他就用"忘恩负义"来指责；再后来，有了难事，他就让朋友帮他解决，甚至做了坏事，也让朋友给他顶包。朋友终于不堪重负，在一次讹诈中将其杀死。

恩情，的确应该铭记在心，但对于施恩者来说，还是早早忘掉的好，切勿时时刻刻挂在嘴边。如果你总以恩人自居，就会将这种恩情变成他人的一份沉重的负担，久而久之，恩情也渐渐变味了，最后成为怨恨。

38. 身定则尤少 心悠则趣多

原　文

> 持身如泰山九鼎般凝然不动,则愆尤自少;应事若流水落花悠然而逝,则趣味常多。

译　文

修持身心犹如泰山九鼎般安然不动摇,过失罪咎自然就会减少;应付人事宛若流水落花般悠闲地流逝,意趣韵味常常就会增多。

经典解读

本节所讲的还是"操存有真宰,应用有圆机"的道理。持身,就是坚持操守、原则,这时应该如泰山九鼎般岿然不动,不可有半分回曲、敷衍,这样过错就会自然少了;应事,就是处理具体事情,这时应该向像落花流水那样悠然,懂得圆融变通,如此人生的趣味才会丰富起来。

东汉名士杨震就是一个坚守做人原则的人。他被调任为东莱太守,上任的时候路过冒邑。县令王密是他荐举的官员,听到杨震到来,晚上悄悄去拜访杨震,并带金十斤作为礼物。杨震看到这份礼物,问道:"故人知君,君不知故人,何也?"王密以为杨震假装客气,便说:"暮夜无知者。"杨震立即生气了,说:"天知、地知、你知、我知,怎说无知?"王密十分羞愧,只得带着礼物,狼狈而回。杨震为官清廉,从不接受私人的请托。他的子孙蔬食徒步,生活俭朴,他的一些老朋友或长辈,要他为子孙布置产业,杨震说:"让后世的人称他们为清白官吏的子孙,不是很好吗?"因为其行为端正,恪守清廉之道,世人称赞其为"关西孔子"。

为人处事,不能像修持身心那样固执,而是要懂得随缘。就如王徽之见戴逵一样,乘兴而来,兴尽而归,何必非得拘于寻常行事的风格呢?

一位老禅师,他身边聚拢着一帮虔诚的弟子。这一天,他嘱咐弟子每人去南山打一担柴回来。弟子们匆匆行至离山不远的河边,人人目瞪口呆。只见洪水从山上奔泻而下,无论如何也休想渡河打柴了。无功而返的弟子们都有些垂头丧气。唯独小徒弟与师傅坦然相对。禅师问其故,小徒弟从怀中掏出一个苹果,递给师父说,过不了河,打不了柴,见河边有棵苹果树,我就顺手把树上唯一的一个苹果摘来了。后来,这位小徒弟成了老禅师衣钵的传人。

生活中之所以有那么多苦闷,有那么多不完满,其实往往在于我们的心中存在太多的奢求，对事物要求得太高。在不断追逐之中，不妨常对自己说："就这样吧！""这样其实也不错！"

39. 君子难亲 小人易合

原　文

> 君子严如介石而畏其难亲，鲜不以明珠为怪物而起按剑之心；小人滑如脂膏而喜其易合，鲜不以毒螫为甘饴而纵染指之欲。

译　文

君子外表威严，仿佛坚硬的石头让人难以接近，很少有人不将明珠当做怪物而产生按剑提防的念头；小人外表圆滑，仿佛膏脂一样易于迎合，很少有人不将毒螫当做甘饴而放纵染指的欲望。

经典解读

"落落者，难合亦难分；欣欣者，易亲亦易散。"君子看起来像一块又硬又臭的石头，不惹人喜欢，那是因为他们坚持自己的原则，不会谄媚讨好，不会巧言令色，如果因为这点而对他们产生怨恨、憎恶之心，甚至失去与贤人交往的机会，那就是将价值连城的明珠当成怪物而防备抛弃一样。小人看起来圆滑可亲，其实他们的行为大多不是出于本意，他们的言行大多是阿谀奉承，亲近他们，就像是将色彩缤纷的毒螫当成美食一样，必定被蜇伤中毒。

春秋之时，伍子胥为人正直，但性格刚烈，言辞激进；太宰嚭巧言令色，甜言蜜语，暗地里却瞒上欺下、卖国投敌。吴王夫差昏聩透顶，将伍子胥视为恶人，而将伯嚭视为心腹，最终亡国受辱。

不仅常人，就连圣贤者，也常常被人的外表、言辞而迷惑，做出错误的判断。孔子有很多学生了，他还是常常求访贤才，以此来教育他们。一次弟子子游为武城宰，孔子问："有没有在那里发现什么贤人？"子游回答："有个叫澹台灭明的人，做事从不走小路捷径、投机取巧，如果没有公事，他从不到我屋里来。"孔子召见了澹台灭明，发现他相貌丑陋，看上去毫无果敢之处，于是很待见他。孔子还有一个学生，名字叫宰我，长得一表人才，言辞聪辩，孔子开始对其十分满意。但后来孔子发现，澹台灭明往南游学到吴地，有很多人跟从他，他的言论很有见地；而自己欣赏的学生宰我，却好投机取巧，不注重道德的修养。于是孔子感慨道："我凭语言判断的，看错了宰我；凭长相判断人，看错了子羽（澹台灭明）。"

不要根据君子看起来难以接近而放弃他们，不要因为小人的言辞动听而亲近他们。君子容易让人误解，却利于交往，有助于德行；小人容易接近，却百害而无一利，接近他们只会让自己蒙羞、受害。

40. 镇定处事 赤诚待人

原　文

> 遇事只一味镇定从容，纵纷若乱丝，终当就绪；待人无半毫矫伪欺隐，虽狡如山鬼，亦自献诚。

译　文

遇事只要一直保持镇定从容，纵然局面纷繁，乱如丝团，也总会理出头绪；待人只要没有半点矫饰虚伪、隐瞒欺骗，即使对方狡诈如山间鬼魅，他也终会受到感动，献出赤诚之心。

经典解读

英国作家狄更斯说："不管发生什么事，都要冷静、沉着。"时刻保持从容不迫的心态，静下心来处理遇到的每一件事，仔细思考解决办法，再大的困难也会慢慢化解。做事最怕的就是慌乱着急，急中出乱，越急越忙，在这种心境下再简单的事也不会做到完美。故《小儿语》中云："一切言动，都要安详；十差九错，只为慌张。"

《韩非子·说林上》说："巧诈不如拙诚，唯诚可得人心。"奸巧欺骗可能在一开始得到他人的信任，而诚实往往会受到他人的误解，但"路遥知马力，日久见人心"，时间一长，一个人的真实面目总会暴露在他人面前，巧诈之人终将以其虚伪受到厌弃，拙诚之人也终将以其诚意得到尊敬。所以说，与人交往，最重要的就是一个"诚"字。"精诚所至，金石为开"，诚可以动鬼神，诚可以感天地，诚心待人，不含半点欺诈，即使心如顽石，薄情如鬼魅，他也定能受到感动。

41. 心如春风 气似秋水

原　文

> 肝肠煦若春风，虽囊乏一文，还怜茕独；气骨清如秋水，纵家徒四壁，终傲王公。

译　文

　　肝胆心肠如果像春风一样温暖，虽然口袋中没有一文钱，也还会怜悯孤独穷苦之人；气节风骨如果像秋水一样清澈，纵使家徒四壁，也依然可以傲视王公权贵。

经典解读

　　春风最温暖，吹气生万物。仁者之心，就如和煦的春风一样，爱人、育人，让人在寒冬之中看到希望，在黑暗之中看到光芒。

　　秋水最清澈，映空涤尘俗。廉士之气，就如净洁的秋水一样，高雅、傲然，君子见之而操持愈定，小人见之而贪心顿敛。

　　为人既要有仁者之心，又要有廉士之气。心怀仁慈，即使囊中没有一文钱，也会怀着强烈的悲悯之情，造福他人；身有骨气，即使家徒四壁，也会傲然自守，不向权贵卑躬屈膝。

　　南朝裴子野就是一个仁心、骨气兼具的贤士。年轻时，他的家中很清贫，但其心地仁厚，看到乡里家族之中有更加贫穷的人，就对他们进行救济，有孤苦无依的老人、小孩，就收养他们。遇上了水旱灾害，他就拿出自己家里的米煮成稀粥，分给没吃没喝的人，帮助大家一起渡过难关。做官以后，裴子野忠于职守，任劳任怨，为政清廉。他把朝廷的俸禄分摊给生活困难的亲戚朋友，自己则与妻子恒苦饥寒，居住在数间茅草屋内，"唯以教诲为本"。

　　当时，为官大多需要"引荐"，著名文学家任昉颇具盛名，很多人都争相到他门上拜访，请求引荐，裴子野和任昉是堂表兄弟，裴子野却从来不登其门，不求其引荐。他的清高自守，洁身自爱，使得时人对他更加钦佩。

　　晚年，裴子野信奉佛教，严守戒律，病重期间"遗命俭约，务在节制。"他死后，梁武帝为之流涕，亲下诏书，称"文史足用，廉白自居。谥曰贞子"。

42. 有得必有失　吃亏即是福

原　文

　　讨了人事的便宜，必受天道的亏；贪了世味①的滋益，必招性分②的损。涉世者宜蕃③择之，慎毋贪黄雀而坠深井，舍隋珠④而弹飞禽也。

注　释

　　①世味：功名宦情。

②性分：天性缘分。
③蕃：通"幡"，幡然。
④隋珠：隋地产的宝珠。

译　文

讨取了人情事理的便宜，必然要承受上天道义的亏损；贪图了功名仕宦的利益，必然会招致天性缘分的损害。涉足世事的人应当幡然抉择它，千万不要贪恋黄雀而坠入深井，舍弃隋珠而弹射飞禽啊！

经典解读

《道德经》中说："祸兮，福之所倚；福兮，祸之所伏。"福祸相依，荣辱共存，在这里得到了，在他处就定会失去；在这里失去了，在他处就会有想不到的收获。世俗之人不懂这个道理，所以汲汲于眼前的利益，追逐人情事理上的利益，贪图功名利禄，却不知道在这个过程中，自己的天性、道义已经渐渐受损，如果不能幡然醒悟，定会受到难以预料的灾害。

古籍中记载着这样一则故事：

一天，江州知府为自己庆祝五十大寿，附近的乡绅、名士都拥来宅里为其祝贺。这个称赞他"老当益壮，必能步步高升"，那个恭祝他"福如东海，寿比南山，子孙满堂，家族永昌"。此时，一个不请自来的癞头和尚，忽然哈哈大笑，醉言醉语道："满口胡言，一堂妄语，祸在眼前，如何不知！"满座宾客愕然，知府十分生气，下令仆人将这个和尚轰出去。

然而，不久以后，知府忽然因贪污公款而被弹劾，罢官下狱，他的长子受到牵连，在狱中熬不过刑罚而死去，他的小妾们看到家中败落，都带着金银细软离家改嫁了。知府被放出来以后，无以为生，只能沦为乞丐。一天，他来到一间破庙之中，疲惫不堪，迷糊入睡，恍惚之中听到身边有人诵道："福寿如海皆为虚，子孙盈堂何处寻。愚人难知祸压顶，不辨假来不辨真。"知府顿时惊起，看到当初那个癞头和尚正倚靠在旁边的佛像之下，笑看着他。

知府晓得，他必是有道之人，于是跪在他面前请教。和尚笑了笑说："你读圣贤之书，却不为圣贤之事，不行仁义，贪图名利，虽然享了荣华富贵，岂不亏损了天性本分。多年来，你步步高升，而江州百姓却民不聊生，你的权力地位，都是建立在人民的血泪之上，有多少人因你的昏聩而家破人亡，有多少人因你的过错而流离失所，你想要解脱，谁又去超度他们？更何况，你昔日那些繁华，都是损害天性、道义换来的，别人又怎么能帮你还上呢？！"

知府听完才知自己多年所行，皆是虚妄执迷，于是悔过自新，跟随和尚诵经传道，弥补过错。开始时，百姓见贪官被贬，无不当他面谩骂唾弃；后来他化缘造桥修道，施医救人，人们见其改过自新，渐渐原谅、接纳了他。又过了些年，当地之人都开始称赞其大德高行，世间都传诵着这位高僧迷途知返的传奇。

人事、天性、功名、道德，大多时候难以两全，愚人只看到功名、世俗之事的好处，却不知道天性、道德的完全才是最重要的。功名利禄不过是过眼灰尘，道德本性才是脚下坚实的土地，切莫追求灰尘而失去立足的厚土，切莫因为贪恋荣华而堕入无底的欲念之井！

43. 富者交贵 仁者济穷

原　文

> 费千金而结纳贤豪，孰若倾半瓢之粟，以济饥饿之人；构千楹而招来宾客，孰若葺数椽之茅，以庇孤寒之士。

译　文

花费千两黄金结交贤士豪杰，怎么比得上倾倒半瓢粟米，用来救济饥饿之人；构筑千万轩楹招揽宾朋来客，怎么比得上修葺数椽茅屋，用来庇护孤寒的人士。

经典解读

孔子说："君子周急不济富。"富贵之人根本不需要救济，你去帮助他们，用金钱与他们结交，这并不能体现出自己的慷慨，亦不能得到他人之心。对于贫穷之人，他们的腹中咕咕作响，家里孩子嗷嗷待哺，施舍给他们一点，这就是仁慈，就是将自己的钱财用在了最有意义的地方。

智慧的人生，应该懂得时常雪中送炭，而不是锦上添花。帮助人应在别人所需之处帮助，如果能做到急他人所急，供他人所需，那就很恰当，不但能对别人提供实际帮助，也成就了自己的功德。有钱人往往缺的是清净之心，是仁慈的智慧，将这些告诉他们，才是对他们最大的施与；穷困之人最迫切的是解决吃住，将多余的钱财施与他们，这就是给他们最大的恩惠。

44. 因势利导 救时应变

原　文

> 解斗者助之以咸，则怒气自平；惩贪者济之以欲，则利心反淡。所谓因其势而利导之，亦救时应变一权宜法也。

译　文

　　劝解争斗的人，助长他的威势，则他的怒气自然平息了；惩戒贪心的人，满足他的欲望，则他的利欲之心反而淡了。顺着他的趋势来引导他，也是匡救时弊、应付事变的一种权宜方法。

经典解读

　　争斗的人，心中充满了怒气，如果劝解之人只是让他放下怒气，平静内心，一定很难达成目的；具有贪心之心，心中充满了欲望，如果惩戒此人，只是对他进行放下贪欲的说教，也一定很难奏效。最有效的方式是将他们的怒气、贪心加以引导，使其怒而有道，贪而有益，这也就是古人说的："顺而勿逆也。"

　　齐桓公娶了蔡国的女子为夫人，一次在池塘里游玩，蔡女出于淘气，摇晃小舟，桓公害怕，要求停止，夫人不听，上岸以后，桓公十分生气，一怒之下将夫人送回了蔡国。蔡国人心中也生气了，认为齐桓公这是小题大做，立刻给蔡女找了新的婆家。齐桓公大怒，准备讨伐蔡国，群臣无论如何进谏他都不听。

　　因为两口子闹别扭，而发动一场战争，说出去实在不好听，可桓公的怒气也实在无法消除。管仲于是进谏说："我们现在讨伐蔡国，名不正，言不顺，不如以讨伐楚国为名吧，楚国不尊敬周王室，蔡国又是楚国的附庸，这样就既可以发泄大王的怒气，又可以为国家争得美名、取得利益了。"于是，齐国召集诸侯，讨伐楚国，既平息了齐桓公心中的怒气，又树立了齐国的威望。

　　齐景公才资平庸，不务国事，成天想着游玩，一天他对晏子说："我想到转附、朝舞两座山去观光游玩，然后沿着海岸向南行，一直到琅邪山怎么样？"晏子听了这话并未劝谏他勤修国政，远离驰骋畋猎，而是高兴地说："大王问得好啊！古代的贤明天子也都是这么做的。"景公很好奇，就问为何。晏子回答："古时天子每年巡狩，巡狩就是巡视各诸侯所守疆土的情况。春天巡视耕种情况，对粮食不足的给予补助；秋天巡视收获情况，对歉收的给予补助。夏朝的谚语说：'我王不出来巡游，我怎么能得到休息？我王不出来游乐，我怎么能得到补助？一巡游一游乐，足以作为诸侯的法度。'而有些昏庸君主则不是这样，他们一出游就兴师动众，索取粮食。饥饿的人得不到粮食补助，劳苦的人得不到休息。大家侧目而视，相互抱怨，人民不胜其劳而怨谤作恶。这种出游违背天意，虐待百姓，大吃大喝如同流水一样浪费。是效法先王还是从流昏庸之主，您可以自己选择了。"齐景公听了晏子的话很高兴，申诫于国内，出宿于郊外，打开仓库赈济贫困的人，将去游玩变成了一次善举。

　　管仲可谓善解争斗之人，晏子可谓善平贪心之人，他们并未像平常那样直言劝谏，而是委婉地顺从君主的欲望，因势利导，将其导向利国利民的地方，

如果没有超人的智慧,岂能如此?

45. 报德忍耻 逃名直节

原　文

> 市恩不如报德之为厚,雪忿不若忍耻之为高。要誉不如逃名之为适,矫情不若直节之为真。

译　文

施恩买好,不如报答恩德更为厚道;洗雪怨愤,不如忍受耻辱更为高明;邀取荣誉,不如逃避名声更为恰当;掩饰真情,不如正道直行更为真实。

经典解读

同样是对他人好,施恩买好是为了博取虚名,出于利欲之心;而报答恩德,则是知恩图报、心地善良的表现。同样受到他人欺辱,用暴力雪洗怨愤,只会增加嗔怒之心,使冲突仇恨更深,而忍辱含垢,则消除一份仇怨,增加了自身的德行。给了他人恩惠,收取名誉,就会让自己的行为近乎沽名钓誉,而逃避名利,则得到了内心的安稳充实。待人处事矫情虚伪,就会失去真诚的本心,久而久之则令人鄙薄生厌,正道直行即使暂时受人误会,长久之后,定可以德服人。

乡里有一位贤士,几十年来他建桥修路,救济穷人,乡里人都十分感激他的恩德。一天,一个年轻人前来拜访,向贤士请教,为何他的道德如此高尚。贤士哈哈一笑,将年轻人领到院子之中。只见院子里放着两块大石头,一个石头上刻满了小字,而另一块石头却十分光滑,有些模糊的字迹却看不清楚。年轻人不解。贤士就对他说:"我并没有什么特别的地方,我也有同他人一样的喜怒哀乐,有时也生气,有时也虚荣。当有人有恩惠于我时,我就将这件事刻在左边的石头之上,当我给了别人恩惠或是他人惹怒我时,我就将这些事用笔写在右边的石头上。刻在石头上的事,永远也不会磨灭,当我看到它们时,就想起那些善良的面孔,那些自己受到的恩惠,怀着回报之心,我做了很多善事;而写在右边石头上的事,时间一长,或是下了雨雪,就模糊不见了,看不到,想不起来心中的欲求和怨恨也就没了。"

古人云:"滴水之恩,涌泉相报",又说:"不鸣善以收誉,不炫荐以市恩。"别人帮助了自己要牢记在心中,刻在石头之上,时刻想着回报;自己帮助了他人要早早忘记,切莫希求感恩报答。

46. 救败如勒马 图成似挽舟

原　文

> 救既败之事者，如驭临崖之马，休轻策一鞭；图垂成之功者，如挽上滩之舟，莫少停一棹。

译　文

挽救已成败局的事情，应如驾驭临近悬崖的骏马一样，休要再轻策一鞭；谋求将要成功的事情，就像牵挽已经上了河滩的舟船一样，不可停下一棹。

经典解读

弥补错误、挽回败局应当机立断，知错而改，稍稍拖延，便如马落悬崖一般，无可挽回了；图谋进取，建功立业，当但进不止，须知"行百里者半九十"，稍加松懈，便可能功亏一篑，前功尽弃。

面对错误、失败，人常有自暴自弃之心，自暴自弃而生出拖延，拖延则导致情形更加恶化，越发不可收拾。

孟子到达宋国以后，发现宋国赋税过重，百姓不堪暴政，于是劝说宋国统治者减轻赋税，实行什一之税。宋国统治者听了孟子的游说，也认识到了自己的错误，但却不能立刻改正，就对孟子说："什一之税，免除关卡和市场的征税，今年尚且办不到，先减轻一些，等到明年再彻底实行，怎么样？"孟子很不满意，就讥讽他们说："现在有一个人每天偷邻居家一只鸡，有人告诫他说：'这不是君子所为！'他便说：'请让我减少一些，每月偷一只，等到明年再彻底不干。'如果知道这种行为不合于道义，就应该赶快停止，为什么要等到明年呢？！"

很多人都知道自己有错误，知道再这样下去会坏了事，会导致失败，但就是因为惰性、拖延，而知错不能改。知道吸烟有害，非得等到肺病发作了才停止；知道不好好学习不对，非得等到挂科了才觉悟；知道偷盗是罪，非得等到被抓进去才痛哭流涕……这些行为和在悬崖之旁驾驭马车，害怕掉下去，却继续鞭打马又有什么区别呢？

图谋进取，不可生出自满心，自满则易懈怠，懈怠则不能善始善终，就像"龟兔赛跑"中的兔子一样，自满导致乐极生悲。不久前还有一则新闻：长跑中，冲在最前面的运动员在距离终点一百米的地方开始提前庆祝，但在冲线的时候，忽然被人超过了，到手的鸭子白白飞掉，金牌变成了银牌，一时懈怠，结果就是天壤之别。

47. 休轻曳裾 莫暗投珠

原　文

> 先达笑弹冠，休向侯门轻曳裾；相知犹按剑，莫从世路暗投珠。

译　文

先代的贤达之人都会嘲笑那些弹冠相庆的"得志小人"，切记休要向达官显贵逢迎讨好；相知的朋友也会按剑相争，切记莫要贪图利禄，使自己在世路之上明珠暗投。

经典解读

本文出自韩愈的诗句，《酬酒与裴迪》诗云："白首相知犹按剑，朱门先达笑弹冠。"诗人本意是劝慰裴迪应当自我宽心，要看透世间人情反复的事实，不要为失去官位，不得名利而忧愁、失意。《菜根谭》将其抽取、改写之后，则赋予了这两句新的含义。

"笑弹冠"，出自汉时王阳、贡禹故事，王、贡二人交好，在官场之上相互提携，时人歌曰："王阳在位，贡禹弹冠"。这里是说，不要因为即将获得官位而弹冠相庆，这样只会惹贤人耻笑。

"按剑"、"暗投珠"、"轻曳裾"同出《史记·鲁仲连邹阳列传》，其中有："臣闻明月之珠，夜光之璧，以暗投入于道路，人无不按剑相眄者，何则？无因而至前也。"用在这里是说，即使是最好的朋友也会因为利益之争，而拔剑相向，所以君子不要为了贪图利禄而与人交往，不要为了求取财货而期待他人的提携，这样只会让人轻贱、怨恨，反而损害了友谊，轻贱了自己，如同明珠暗投一般。又有："饰固陋之心，则何王之门不可曳长裾乎？"这里是劝诫人们不要阿附权贵。

48. 匿才技之长 出财货之美

原　文

> 杨修之躯见杀于曹操，以露己之长也；韦诞之墓见伐于钟繇，以秘己之美也。故哲士多匿采以韬光，至人常逊美而公善。

译　文

　　杨修之所以被曹操杀死，就是因为喜欢显摆自己的长处；韦诞的墓之所以被钟繇所盗，就是因为藏匿自己的美物。所以贤哲人士大多隐匿华采以韬光养晦，至德人士常常逊让美物而公共善美。

经典解读

　　杨修之所以被曹操杀死，就是因为喜欢卖弄自己的小聪明，总是猜透曹操的心事，触动了曹操的逆鳞。真正的智者不会贪图炫耀才能那点小虚荣，他们知道守拙保身才是最重要的。

　　春秋时楚国有位贤士，他不做官却甘守贫贱，隐居在汉水之滨，楚国令尹孙叔敖，听说他十分有才，便向楚庄王推荐了他，庄王亲自派使者迎接，准备让他来管理国政。附近的人听闻，都为他感到高兴，贤人却长长地叹息了一声，当晚带着家人搬到了齐国。在齐国住了几年，齐王又听说了他的贤能，准备请他出来做官，贤人听闻以后，赶忙带着家人搬到了蛮夷落后的吴越之地，从此再也不在他人面前显露自己的才能了。家人很不理解，就问他为什么要逃避高官厚禄，不将自己的才华展现出来呢？贤人说："你没有看到生活在云梦之地的犀牛吗？它们最自豪的就是有一只威武漂亮的角，天天趾高气扬地踱来踱去，抬着头将角放在人人都看得到的地方。世人知道了犀角的美丽、贵重，于是都来到泽中，到处捕杀犀牛。你没看到那些生活在森林中的大象吗？它们长着长长的牙，每日带着威武的象牙踱来踱去，世人于是都知道了象牙的贵重、美丽，于是蜂拥而至，来到森林中，到处捕杀大象。人的才能就像这犀角、象牙一样，所能靠它们得到的荣耀是一时的，但带来的后患却是无尽的。"

　　韦诞、钟繇都是三国是著名的书法家。一次钟繇去拜访韦诞，看到了一幅蔡邕的字帖，钟繇十分爱慕，多次向韦诞苦求，韦诞都不给，钟繇想这幅字想得口吐鲜血。后来韦诞死了，钟繇为了得到字，不顾身份盗了韦诞的墓，终于取得了字帖。

　　韦诞的墓之所以被盗，就是因为这幅字的缘故。古语云："匹夫无罪，怀璧其罪。"好的东西把玩过了，就该早点放弃，否则处于手中，不仅不能带来益处，还会成为灾祸根源。有人因为收藏字画，而引来盗贼觊觎，招致杀身之祸；有人因为家有宝物，而引人眼红，招致无妄之灾；甚至有人因为拥有美女佳人，而惹人嫉妒遭到迫害……老子说："难得之货，令人行妨""金玉满堂，莫之能守"，君子立世一定要重德而轻货，知道及时摆脱那些引来祸患的玩物。

49. 少时戒躁 老时戒惰

原　文

少年的人，不患其不奋迅，常患以奋迅而成卤莽，故当抑其躁心；老成的人，不患其不持重，常患以持重而成退缩，故当振其惰气。

译　文

对于少年之人，不担心他不振奋迅速，却常担心其过于振奋迅速而变为粗疏鲁莽，所以应该抑制他的躁动之心；对于老成的人，不担心他不持重，却常担心其过于持重而变为退缩，所以应当振奋他的衰惰之气。

经典解读

年轻之人，血气方刚，天不怕、地不怕，拥有满腹的志气，此时，最容易冲撞鲁莽，所以要挫其锐气，谨防他们焦躁冒进；而老成之人，经过了风雨沧桑，知道急躁易出错的道理，办什么事都小心翼翼的，此时，应该激起他们的好胜之心，以免他们因持重而陷入退缩之中。

三国之中，诸葛亮将入荆州之时，就知道关羽为人轻高自大，不将任何人放在眼中，于是告诫他，要小心谨慎，不可轻易冒进，要结好东吴，不可两面树敌。可惜关羽未能认真听取，最终大意失荆州，自己也被擒杀。汉中之战之时，诸葛亮知道黄忠可用，但又怕其衰老，退缩，于是故意用言激他，终于激起了老将军的一股斗气，使他在战场之上一鼓作气，斩杀了曹魏大将夏侯渊。

抛开年龄因素，对于不同性格的人，也要采用不同的对待方法：性格持重退缩的要给予激励，性格冒进勇悍的要加以抑制。一天，孔子正端坐在内堂，学生子路提问道："好的道理，听到了就要去做吗？"孔子说："你的父亲、兄长都在，要先去请教他们，怎么能听到就做呢？"过了一会，冉有走了进来，问了同样的问题："好的道理，听到了就要去做吗？"孔子回答道："听到了就要去做！"这一幕恰好被公西华看到了，他被搞糊涂了，就问孔子："老师，子路和冉有问了同样的问题，您老人家为什么给出两个不同的答复呢？"孔子就说："冉有做事总是退缩，所以要鼓励他；子路胆大莽撞，所以要约束他。"

50. 恩由下始 交由亲始

原　文

> 望重缙绅，怎似寒微之颂德；朋来海宇，何如骨肉之孚心。

译　文

名望超过缙绅，不如得到贫寒卑微之人的赞颂；交友遍及四海，不如得到身边骨肉亲人的欢心。

经典解读

追求虚名，不如踏踏实实地施点恩惠，让邻里乡党的贫寒微贱之人感怀自己的恩德，这才是真正的为善，真正的种下善果。

战国时，齐国孟尝君好客之名遍及天下，但对自己封地里的人却十分苛刻。后来一位叫冯谖的客人投到他的门下，孟尝君让冯谖去自己的封地收取债务，冯谖到了那里，将百姓欠债的契约全部烧掉，返回时，他告诉孟尝君说自己为他买了"义"。孟尝君心中很不高兴，但也没说什么。几年以后，孟尝君失势了，他收留的那些宾客，见他贫贱都离他而去，他只得在冯谖的陪伴下回到封地。封地的百姓听说他归来，感激他免除债务的恩情，出城数里相迎。孟尝君感慨万端，对冯谖说道："我现在才知道，先生所说的买'义'是什么意思。"

广交朋友，不如好好地爱护自己身边的亲人，让亲人没有怨恶之心。孟子说："亲亲而仁民，仁民而爱物。"人的爱心都是由近及远的，一个人如果连亲近的人都不能亲和协调，却去结交一些远方的朋友，要么是沽名钓誉之徒，要么是愚蠢不堪之辈。

中国古代有部叫"杀狗记"的戏剧。剧中讲了这样一个故事：孙华、孙荣是两个兄弟，他们的父母双亡，为他们留下了一份家产。孙华是个纨绔子弟，交了一帮酒肉朋友，成天与他们花天酒地，吃喝玩乐。弟弟孙荣则知书达理，懂得圣贤之道，多次对兄长进行劝谏。劝多了孙华就觉得弟弟故意和自己作对，让自己难堪，在朋友的挑拨下将弟弟逐出家门。孙荣无奈，只得在破窑里安身。

孙华妻子很是贤能，见丈夫结交了一批损友，不信自己的亲兄弟，就想出了一条计策。她向邻居买来一只狗，杀死后穿上人的衣服，假作人尸，放在门口。孙华半夜酒醉回家时，发现了死狗，以为是死人，恐惹人命官司，赶紧和妻子商量如何处置。妻子要他去找那些朋友来帮忙，将"人尸"移到别处掩埋。但他的朋友都不肯帮忙，孙华只得去找自己的亲兄弟，孙荣念手足之情，不计前嫌，帮助哥哥将"尸体"搬到别处掩埋。

孙华的朋友不但不肯帮忙，反而去官府告发孙华杀人移尸。这时孙华的妻子说明"杀狗劝夫"的真相，经官府勘验，果然是一条死狗，案情大白，孙华也看清了柳、胡二人的真面目，悔悟自己的错误，终于与弟弟和好如初，将他接回了家中。

仁者爱人，定不会舍近而求远。自己的骨肉至亲都不亲近，而去交好他人的，不可能是出于仁慈、友爱之心，或是臭味相投，或是有所贪图，这种交往毫无益处，只会给自己带来灾祸。

评议篇

1. 上下千古事 如沤又如影

原　文

物莫大于天地日月，而子美①云："日月笼中鸟，乾坤水上萍。"事莫大于揖逊征诛，而康节②云："唐虞揖逊三杯酒，汤武征诛一局棋。"人能以此胸襟眼界吞吐六合③，上下千古，事来如沤④生大海，事去如影灭长空，自经纶万变而不动一尘矣。

注　释

①子美：杜甫，其诗《衡州送李大夫七丈勉赴广州》："斧钺下青冥，楼船过洞庭。北风随爽气，南斗避文星。日月笼中鸟，乾坤水上萍。王孙丈人行，垂老见飘零。"

②康节：北宋哲学家邵雍。其诗《伊川击壤集卷之二十·首尾吟一百三十五首之一百一十五》："尧夫非是爱吟诗，诗是尧夫可叹时。只被人间多用诈，遂令天下尽生疑。唐虞揖让三杯酒，汤武征诛一局棋。小大不同而已矣，尧夫非是爱吟诗。"

③六合：天地及东南西北，整个宇宙的巨大空间。

④沤：水中泡沫。

译　文

事物莫大于天地日月，而杜甫诗云："日月不过笼中之鸟，天地好似水上浮萍。"事情莫大于禅让征伐，而邵雍诗云："唐尧虞舜禅让不过在三杯酒之间，汤武兴师征伐不过似一场棋局。"人能以如此胸襟眼界囊括宇宙四方，上下千古，事来时如泡沫生于海上，事去时如幻影湮灭于长空，自然是经纬纲纶万般

89

变化也不能移动一粒微尘了。

经典解读

　　天下事物，莫大于天地日月，而杜甫却慷慨而言："日月不过笼中之鸟，天地也不过水上浮萍。"天下江山是世人最看重的，而邵雍却慨然而言："禅让天下不过饮三杯酒的事；征伐攻略亦不过一场棋局。"在诗人开阔的胸襟之中，漫长的历史长河被浓缩了，无垠的天地宇宙被淡化了。看惯了红尘沧桑，生命便超越了人生的极限，便生出了一种小天下、轻万物的广阔胸襟，有了这种胸襟，俗世的牵萦也自然淡却了，人的眼界也就不会局限在烦琐的小是小非之上了；有了这种胸襟，便可以看破亿万年的兴衰沉浮，视来事如泡沫生于大海，成而不喜，败而不怨；有了这种胸襟，便可以透彻万端因缘，视去事如幻影灭于长空，亡而不惊，兴而不怪；有如此胸襟，再去看人世间的是是非非、争争斗斗，即使关乎天下，也不过如饮茶、博棋而已矣。

　　苏轼在《赤壁赋》中吟道："客亦知夫水与月乎？逝者如斯，而未尝往也；盈虚者如彼，而卒莫消长也。盖将自其变者而观之，则天地曾不能以一瞬；自其不变者而观之，则物与我皆无尽也，而又何羡乎！且夫天地之间，物各有主，苟非吾之所有，虽一毫而莫取。惟江上之清风，与山间之明月，耳得之而为声，目遇之而成色，取之无禁，用之不竭，是造物者之无尽藏也，而吾与子之所共适。"人生不过一瞬之间，天地万物，岂能尽为人所占有？富有天下，统治万民，也不过是历史长河中的一叶浮萍、一个泡沫而已，转瞬之间，已化为乌有。唐尧虞舜，未必乐于山林隐者；商汤周武，未必乐于江畔渔父。与其汲汲于富贵功名，纠心于是非得失，何如相伴清风明月，逍遥于江湖之上！

2. 君子好名害德 小人好名利事

原　文

> 君子好名，便起欺人之念；小人好名，犹怀畏人之心。故人而皆好名，则开诈善之门。使人而不好名，则绝为善之路。此讥好名者，当严责君子，不当过求于小人也。

译　文

　　君子喜好名声，便会生出欺骗他人的念头；小人喜好名声，还会怀有畏惧他人之心。故而，人如果都好名，就会开启虚伪的大门。假使人人都不好名，就会断绝为善的道路。由此看来，如果讥讽喜好名声的行为，当严格要求君子，而不应当苛求于小人。

经典解读

"为善重名,则害其德",君子加强自己的道德修养,不能过分看重虚名令誉,而是要表里如一,从自己的良心出发,在内心深处树立爱人、仁德的理念。然而,很多人的道德修养是比较低的,他们无法像有德君子那样严格地要求自己,不断修炼自己的心性。对于他们来说,有时,好名也是一种外界的激励。

《颜氏家训》中记载了这样一段话。有人问颜之推:"一个人的灵魂湮灭,形体消失之后,遗留于世间的名声就像蝉蜕下的壳、蛇脱下的皮、鸟兽留下的足迹,圣人为什么还要将其作为教化的内容呢?"颜之推回答:"那是为了勉励大家啊,勉励一个人去树立好名声,就可以指望他的实际行动与名声相符。勉励人学习伯夷,人就可以树立起清白的风气;勉励人们学习季札,人们就可以树立起仁爱的风气;勉励人们学习柳下惠,人们就可以树立起坚贞的风气;勉励人们学习史鱼,人们就可以树立起刚直的风气……世上众庶都是爱慕名声的,应该根据这种感情而引导他们达到美好的境界。"

生活中很多人,并没有太多的为善之心,但却很"重口碑""好面子",有了坏的名声,就会改正自己的缺点,有了好的名声,就会发扬自己的善行。对于这些人,好名未尝就是一件坏事,相反在一定程度上还有利于他们的行为、德行。村里的一对夫妻,平时对老母并不恭敬,但在一次吃饭时,夫妻二人为母亲夹菜,这一幕偶然被村里人看到了。于是,他们孝顺母亲的口碑就在村中传开了,夫妻二人听说后,都沾沾自喜,在他人面前也总以孝子贤妇自居。回到家中,也开始注意起自己的行为来,开始对老母恭敬、爱护起来,最后,母亲在他们的照顾下得以善终,他们也在孝顺的名声中得到了满足。如此看来,好名对于这对夫妻,岂不是一件"大德行"?

好名的人,可以根据其好名的特点,引导其向善。世上最难缠的就是那种连自己的名声、脸面都不顾的人,"我是贪官污吏我怕谁"、"我是流氓地痞我怕谁"、"我就是喜欢这样做,你能奈我何"……对于这种人,只怕就是孔子亲临现场也不能教育了!

所以说,在好名这件事上,对于知德知耻的君子,要严责他们,使他们放弃虚名,回归于本心。对于那些见识浅薄、德行有限的人,不要过分求全责备,与其断绝为善之路,不如用虚名对其加以引导,使其走上善道。

3. 顶天立地 持身如一

原　文

> 持身涉世，不可随境而迁。须是大火流金①而清风穆然，严霜杀物而和气蔼然②，阴霾翳空而慧日朗然③，洪涛倒海而砥柱屹然，方是宇宙内的真人品。

注　释

①大火流金：烈火融化金属，形容酷热。
②蔼然：温和、和善的样子。
③朗然：光明、明亮的样子。

译　文

修养身心，涉入世事，不可随境变迁。必须做到即使外界烈火流金，胸中也要有清风习习；即使外界严霜肃杀，内心也要有冲和暖气；即使外界阴霾蔽空，心中也要有朗朗明日；即使外界巨浪滔天，心中也要有屹然不动的中流砥柱，这才是天地之间的真实不虚的品格。

经典解读

本节用了一连串的精彩比喻，还是在讲一个道理：无论何时都要有自己的原则，顶天立地，岿然不动，不做随波逐流、随境而迁的"变色龙"。

春秋之时，晋国卿士韩厥就是一个有原则的人。他在赵盾的提拔下被任命为军司马，刚刚上任就杀死了赵盾的亲信。诸将都为他担心，说："韩厥这小子多半要完了，赵盾早上才提拔他，他晚上就背叛了赵盾……"幸亏赵盾很贤明，不仅没有报复，还对他的执法公正大加赞赏，并说："以后执政晋国的人，不是你，还会是谁呢？"

公元前587年，晋国发生"下宫之难"，晋景公号召诸卿攻打赵氏，卿士韩厥感于赵氏昔日有功于己，且受"欲加之罪"，顶着国君压力，不惜与诸卿反目，坚决不出兵。

后来，上卿栾书、中行偃发动政变，弑杀晋厉公，他们要求韩厥一起出兵，以利相诱，以兵戎相威胁，韩厥对他们的行为十分厌恶，出于忠臣的良知，直言道："靠杀死国君来树立权威，这种事情我可做不出来。把权威凌驾在国君头上是不仁，事情万一失败了，就是不明智；即使得手，享受一利也必然要承担一害的，这种事情不能干。从前我被赵家抚养，赵庄姬陷害赵家，我都能顶住不出兵。俗话说：杀头老牛没人敢做主，何况你们要杀害国君呢？你们不能侍奉国君是你们的事，找我做什么呢？"为此他险些受到两家的联合攻打。

孟子说："贫贱不能移，富贵不能淫，威武不能屈。"真正的大丈夫，就应该像韩厥一样，无论面对什么样的诱惑都不改变自己的原则；无论面对什么样的威胁都不退缩半分；无论他人如何，自己行事永远对得起良心。非这样的人，谁可以托天下？非这样的人，谁可以教万民？

4. 爱当割舍 识应扫除

原　文

爱是万缘之根，当知割舍。识是众欲之本，要力扫除。

译　文

爱是万种情缘的根基，要知道将其割舍；见识是众多欲望的本源，要尽力将其扫除。

经典解读

爱是世间所有情缘的基础，它让人生变得更加美好，但有时过于执着就会拖累自己，人应该学会将过分的爱、多余的爱放下。爱子女过多，就会变成纵容；爱自己过多，就会变成骄泰；爱妻妾过多，就会变为好色；爱朋友、兄弟过多，也会带来偏见、愚误。佛家认为，放下俗世间的感情纠葛，放下男女之情、儿女之情、朋友之情等等，即"了却尘缘"，这样才能将狭隘的世俗感情，转化为无边无穷的大爱。摆脱这些尘缘的牵引，一个人的内心才能达到真正的宁静，才能做到无争、无欲，以至明心见性，通达无碍。

道家认为，人之所以多忧，就是因为知道的太多，所以受到世间俗气的污染，只有像婴孩那样无知无欲，才能回归于自然本性。刚出生的小孩子，不懂得世事，所以他们没有成人的那些欲望，不知道虚伪巧饰，不知道为奸作恶。人求道，就是要回到这种状态之中，所以老子说："使民无知无欲""为道日损"。

在解读本节时，应该注意到，人不可能抛弃所有的感情，做一个毫无见识的人，但应该清心寡欲，尽量减少自己过分的感情、欲望，君子不能灭情，惟事平情而已；不能绝欲，惟期寡欲而已。

5. 脱俗不矫俗 随时不趋时

原　文

> 作人要脱俗，不可存一矫俗①之心；应世要随时，不可起一趋时之念。

注　释

①矫俗：故意违俗立异。清昭梿《啸亭杂录·黄雅林》："诗画仿郑板桥，有意矫俗，反使性灵汩没。"

译　文

做人要脱离尘俗，但不可存有故意违俗立异之心；处世要顺应时势，但不可生出趋时附势的念头。

经典解读

人应该摆脱庸俗之气，但不应该为了求取脱俗的名声，而故意标新立异，那样反而陷入了"贪图虚名"的庸俗陷阱之中。

东汉时期的严子陵与光武帝刘秀为旧交，刘秀做了皇帝以后，多次邀请他出仕，他都辞而不受。朝廷派车马去迎接他时，看到他反披着羊皮，静坐在富春江边垂钓，世人皆称其志行脱俗，情怀高雅，赞其为不好名利的大隐士。但宋人却有一首诗讽刺他："一着羊裘便有心，虚名留得到如今。当时若着蓑衣去，烟水茫茫何处寻。"意为，严子陵表面上看淡名利，心中淡薄，其实还是看重虚名的。当初若是没有反披羊皮的特立独行，披着蓑衣隐藏于山水之间，其行踪岂能为使者所寻见？

真正看轻名利者，须以此为鉴，切勿矫俗邀名，使身后遭到像严子陵一样的讥讽。

处世之时要顺应时势，但不可趋时附势。顺应时势是道家说的"自然""无为"，是佛家所讲的"随缘"，是儒家所说的"知天命"。这些都是告诉人们不要妄为，但并非是让人完全被动地接受命运，一点也不作为。比如，庄稼春耕而秋收，种植庄稼遵守一定的时令这便是顺势；但天气炎热，稻苗干枯，而不去给它们浇水，田里生满野草而不知道拔除，这就不是顺势，而是趋时附势，自暴自弃了。故曰：人应当顺势，但不能随波逐流，趋时附势。

6. 宁受灾毁 不邀誉福

原　文

> 宁有求全之毁，不可有过情之誉；宁有无妄之灾①，不可有非分之福。

注　释

①无妄之灾：意想不到的灾害。

译　文

宁可有求全责备的诋毁，也不可有言过其实的赞誉；宁可有意想不到的灾害，也不可有超出本分的福祉。

经典解读

很多时候，赞誉要比诋毁可怕得多。诋毁虽然伤了人的面子，损了人的名声，让人蒙受不白的冤屈，但它也恰如当头之冷水，虽冰冷刺骨，却让人头脑顿时清醒，从而可以察知自己的过失，补修自己的缺漏。而过分的赞誉则让人头脑发昏，心智迷失，错误越来越大，美德越来越少。真正的智者，都懂得宽恕过分的指责，而提防过情的赞誉。

有一天，唐太宗在一棵树下歇脚，仰望着枝繁叶茂的大树，不由得赞叹道："好一棵大树啊！"此刻陪侍的大臣宇文士及立刻随声附和道："阔大的树冠，象征陛下的功业伟绩！大树的阴凉，就是陛下赐给臣民的恩惠和福泽啊！"唐太宗听了以后，不仅不高兴，反而严厉地斥责他说："以前魏徵经常劝我提防疏远那些善于阿谀奉承的小人，我不知道是谁，今天才知道，你就是这样的人啊！"听了太宗的训斥，宇文士及心中惶恐不安，立刻跪下叩头不止，从此以后再也没有人敢随便奉承太宗了。

宋仁宗的时候，苏辙参加对策考试，他在应试的考卷中写道，皇帝沉迷美色，享乐不加节制，坐朝也不问国家大事，以致国家穷困，百姓愁苦。一个年轻的考生如何对这些朝廷、后宫之事了如指掌？年轻的苏辙诚实地写道："这些情况都是我在路上听到的。"

主管考官看到他的对策，大惊失色，认为苏辙道听途说，胡言诽谤，大逆不道，主张将其治罪。宋仁宗知道了这件事，却大度地笑了笑说："我以直言求士，士以直言告我。现在罢黜他，天下人会怎么说我呢？设置对策考试，本来就是求取直士，苏辙小官，如此直言，不如特与他个科名吧！"于是，苏辙不仅没有受到惩罚，还取得了功名。

唐太宗可以说是善于应对过情之誉的人了，宋仁宗可以说是善于应对求全之毁的人了，如果能够将这两方面的优点统一在一起，一个人也就可以亲近直士，远离奸佞，常得直言，远离奉承了，那他的德行必然与日俱增，缺陷必然日益减少。

"圣人甚祸无故之利"，无故而来的利好，超出本分的福分，常常隐藏着巨大的危机、隐患。天上不会白掉馅饼，他人不会平白无故地对你好，蜜饵之中必藏利钩，美食之下必有深阱，君子在利益面前不可不慎重行事，擦亮眼睛，以防无妄之灾。

7. 释回增美 转祸为福

原　文

> 毁人者不美，而受人毁者，遭一番讪谤，便加一番修省，可释回①而增美；欺人者非福，而受人欺者，遇一番横逆，便长一番器宇，可以转祸而为福。

注　释

①回：邪僻。

译　文

诋毁他人不是美善之事，但是受到诋毁的人经过一番讥讪、诽谤，便增加了一番修身反省，也可以去除邪僻，增加美好；欺压他人不是积福之事，但受到欺压的人遭到一番横暴无礼，便增长了一番气度胸怀，也可以转除灾祸，迎来福泽。

经典解读

毁谤他人不是美善之事，欺辱他人不是积福之事，所以君子不去毁谤、欺辱他人。但当面对毁谤、欺辱时，也不要过分地将其放在心上。君子做事，只讲求问心无愧，他人毁谤我，我进行反思，自己没有那样的过错，又何必心中怀有怨恨呢？他人毁谤我，我进行反思，自己真的有过错，那就加一番修行，改正错行，这是于我有利，我又何必去怨恨他呢？所以说，对于毁谤，我们完全无需对其畏惧、厌恨，而应将其作为一个提高自己的契机。

即使他人完全是恶意的造谣、诽谤，我们身正不怕影子斜，也依然可以用宽容之心去原谅他们,以正直、诚信之心,消除诽谤带来的负面影响。

对于毁谤,怀恨只能让怨气更深、纠缠更乱,与其如此,不如宽容,潜心修省,提高自己美德。对于迫害,报复只能让仇恨更深,与其以牙还牙,倒不如"吃一堑,长一智",将其变为使自己增长见识的老师,如此也是转祸为福了。

8. 梦里功名 闲中大道

原　文

梦里悬金佩玉①,事事逼真,睡去虽真觉后假;闲中演偈谈玄②,言言酷似,说来虽是用时非。

注　释

①悬金佩玉:挂着金印,佩着宝玉,形容官服盛装。
②演偈谈玄:谈论佛家、道家空虚之理。

译　文

睡梦里,悬金印、佩宝玉,事事恍如真真切切,可惜睡着后觉得这些是真实的,醒来后发现都为虚假的。空闲时,谈佛法,讲妙道,句句听来一本正经,可惜说起来都是对的,用起来都错。

经典解读

且看"黄粱一梦"的故事:有卢生住在邯郸客舍之中,哀叹自己贫穷潦倒,其言恰好被道士吕翁听到。于是,吕翁取出一个枕头,对他说:"您枕着我这个枕头就能得到所有的功名富贵了。"当时主人正在蒸黄米饭,卢生枕在枕头之上酣然入睡,他梦到自己返回家乡,娶了士族清河崔氏的女子为妻,不久中了进士,当了节度使,因为军功升为丞相,子孙都为高官,自己年逾八十而卒。当他醒时,却发现黄米饭还没有蒸熟。吕翁笑道:"人生也是如此。"卢生于是怃然良久,大谢而去。

"人生也是如此",真可谓振聋发聩!百年人生,看似漫长,然而在千年历史长河之中,何异于一梦,自古至今有多少人相近富贵、权倾天下,可如今他们在哪里?功名利禄不过水中之花,无论如何求取功名,得到多少钱财,终究要归于空虚。人又何必为了这些终将失去的东西而费尽心思呢!

有些人平日里谈佛论道,俨然世外高人,可是一遇到权利的诱惑便忘记了所讲的大道，这种人其实并未真正得道，而是将"道"当成了获得虚名的工具。虚假的道讲多了，他们连自己都觉得自己真的无所不能了，可是事到临头就会发现这些大道理"听时虽是用时非"。

西晋的王衍，满口玄谈清理，在朝中位居高位而不作为，最后被石勒抓住时，立刻改变了节气，说自己一生清谈，早就不管朝中俗事了，还劝石勒登基。石勒对此十分厌恶，怒斥道："你名声传遍天下，身居显要职位，年轻时即被朝廷重用，一直到头生白发，怎么能说不参与朝廷政事呢？破坏天下，正是你的罪过！"于是下令手下，将王衍等人赶到土墙之下，推倒墙壁将他们活活压死。王衍一生被后人总结为"清谈误国"四字，成为千古笑谈。

9. 福不必喜 祸不必忧

原　文

> 天欲祸人，必先以微福骄之，所以福来不必喜，要看他会受；天欲福人，必先以微祸儆之，所以祸来不必忧，要看他会救。

译　文

天将降祸于人，必先以微小的福分骄纵他，所以福气到来时不必过于欢喜，要看他会不会受用；天将降福于人，必先以微小的祸患儆戒他，所以祸患到来时不必忧虑，要看他会不会补救。

经典解读

《道德经》中说："将欲歙之，必固张之；将欲弱之，必固强之；将欲废之，必固兴之；将欲取之，必固与之。"盛极而衰，衰极而盛，阴阳反复，福祸相生就是天道。天要降祸给一个人，必定先降下一些福分使他起骄慢之心；天要降福给一个人，必定先降下一些祸事来使他引起警觉。得微福而骄慢，骄慢便是祸根，福尽祸来，必将惨烈。得微福而不骄，便是福根，有福根即使祸来，也必有所防御，祸必不烈。受福不骄，受祸不苦，是深明福祸之道，非智者不能做到。

有一位国王，他有一位智慧超常的朋友，这个朋友有一句口头禅："我早知会这样，不过这也未必是坏事。"一天，国王和这位朋友去打猎。国王的马突然受惊，他从马背上摔了下来。更不幸的是，他自己左手的食指，竟被手中刀割掉了。国王疼得要命，朋友却在一旁念念有词："我早知会这样，不过这也未必是坏事。"

国王勃然大怒："既然你早知道,为何不提醒我?我掉了一个手指头,你还说风凉话!"于是把这个朋友抓起来,关进了监狱。

不久以后,国王又去打猎。很不幸,他被森林里的食人族部落给逮住了。这些食人族把国王捆绑起来,准备将其吃掉。当他们的首领走到火堆旁边仔细观察他们的猎物时,突然发现他缺少了一个手指头。食人族有个传说,吃身体有缺陷的人不吉利。于是他们把国王放了。国王逃回来以后,不禁百感交集:上次打猎,丢掉一根手指头,这的确很不幸,可是如果不是缺少这根手指头,这次如何能捡回性命呢?

于是,国王把那位朋友放了出来,说:"你上次说的话没错,我掉了一个手指头真的未必是坏事……"国王把打猎的遭遇告诉了他。朋友听了以后,淡然一笑,说:"我早知会这样,不过,你把我关进监狱也未必是坏事!"国王觉得很好笑问:"我把你关了这么久,你活受罪,这难道是好事?"朋友笑着说:"如果我没有被关进监狱,这次肯定要和你一道去打猎,没准儿也被那些野蛮人抓去,到那时你说会发生什么情况呢?"

"祸兮,福之所倚;福兮,祸之所伏。"世间万事都是辩证统一的,没有绝对的祸,也没有绝对的福,身遭灾祸的时候,不要自怨自艾,应抱着积极进取的心态,守道敬事,这样祸患就必可以转化为福气;当处于幸福之中时,不要骄傲自满,应该防微杜渐,避免乐极生悲。

10. 荣辱共蒂 生死同根

原　文

荣与辱共蒂,厌辱何须求荣;生与死同根,贪生不必畏死。

译　文

荣耀与屈辱共蒂相关,厌恶耻辱何须去追求荣耀;生存和死亡同根相连,贪恋生存何必畏惧死亡。

经典解读

荣辱相连,人们之所以受到屈辱,往往是因为过去追求荣耀;生死相连,人们之所以畏惧死亡,就是因为贪恋生存。所以说:祸患莫不生于多欲,羞辱莫不生于干名。

古时会稽郡,有两个朋友,一个叫作王安,另外一个叫作张桥。二人年少时一起读书,长大后,王安投靠了当地的一位权贵,受到权贵的任用;而张桥则甘守贫穷，坚固志节，虽清贫却很有名气。王安认为张桥过于迂腐，不识时务，甚是为自己的富贵而感到骄傲，于是，他每次乘车坐轿都故意经过张桥门前，趾高气扬，沾沾自喜。

一次权贵为了显示自己礼贤下士，召集当地名士、贤人来自己家中做客，张桥也在客人名单之上。王安受命招待宾客，宴席之中，他为了显示自己的恭敬，一个人一个人地给宾客斟酒。到了张桥面前，张桥故意将酒水洒在王安身上，又故作惊讶，当着众人的面对王安说："你出门乘车，游玩坐轿，为何竟在这里为人端茶倒水呢？"满座宾客哗然大笑，王安羞愧得满面通红。

宴席过后，王安找到张桥，愤怒地说："我和你是老朋友，今日为何在宴席之上为难羞辱我？！"张桥道："怎么能说是我羞辱你呢？你趾高气扬地乘马坐轿时，难道没想过自己会因为这些而受到羞辱吗？"王安无言以对，后来在张桥的劝说下，他改过了虚荣的毛病，离开了权贵之家，终于凭借自己的真本事取得了功名。

魏源在《默觚下·治篇》中写道："不幸福，斯无祸；不患得，斯无失；不求荣，斯无辱；不干誉，斯无悔。"祸患来源于求福，失去来源于患得，耻辱来源于虚荣，悔恨来源于求誉。在我们追求一件事情的时候，就应该看到它的另一面。见荣而不见辱，见生而不见死，见利而不见耻，见誉而不见灾，是心智不明，智慧不足！

11. 真必能显 伪必受诟

原　文

作人只是一味率真，踪迹虽隐还显；存心若有半毫未净，事为虽公亦私。

译　文

做人如果能够一直坦率真诚，他即使隐居山林，其德行也广为人知；做事如果藏有半点私心，即使是为了公事，也会招致谋私的责备。

经典解读

孔子说："不患人之不己知，患其不能也。"君子所担忧的不是他人不了解自己，不是自己的名声不彰显，而是自己没有值得他人了解的地方。人无需刻意地去博取名声，宣扬自己的美行，只要一心真诚，努力为善，金子总会有发光的时候。

禅宗六祖慧能隐居于岭南山中。他对人不说自己的身份，不谈过去的事迹，甚至连法号、名字都变了，然而因为其德行高尚，行为慈悲，所遇之人都受其教化，所以他每到一处，都能弘扬佛法。多年以后世人就都知晓，岭南山中有一得道高僧了，慧能的佛法也开始在世上传播开来。

12. 小不知大 下难论高

原　文

> 鹪①占一枝，反笑鹏心奢侈；兔营三窟，转嗤鹤垒高危。智小者不可以谋大，趣卑者不可与谈高。信然矣！

注　释

①鹪：鹪鹩。《庄子·逍遥游》："鹪鹩巢于深林，不过一枝。"比喻弱小、易于自足者。

译　文

鹪鹩仅占一根树枝巢穴，反而嘲笑大鹏心中奢侈；兔子营造三处洞穴，反倒嗤笑白鹤的巢又高又险。智慧浅小的人不能谋划宏图大业，志趣低下的人不可与之谈论高雅的道理。确实如此啊！

经典解读

一只住在浅井里的青蛙，对从东海来的大鳖夸口说："你看，我住在这里多快乐呀！高兴了，就在井栏边跳跃一阵；疲倦了，就回到井里，躺在壁洞里休息一会儿；要么只露出头和嘴巴，安安静静地把身子泡在水里，要么在没脚深的泥里散一会儿步；再回头看看那些孑孓、蟹和蝌蚪，谁也比不上我啊！而且，我独占这一坑水，独享这浅井的快乐，可算是达到顶点了。您为什么不常来这儿参观呢？"

海鳖听了青蛙的话，倒真想进去看看，但是它的脚还没有迈进去，腿就已经被井栏卡住了。于是它连忙把腿收回来，然后把大海的情形告诉青蛙说："你见过大海吗？那海呀，千里之远，不能够形容它的广阔；千丈之高，不能形容它的深度。夏禹的时候，十年有九年发大水，可是海水并没有因此而增加；商汤的时候，八年有七年闹旱灾，可是海岸也没有因此而减低。那海水并不因时间的长短而变化，也不因雨量的多少而增减。住在这样的大海里，才是真正的快乐呢！"浅井的青蛙听了这一番话，吃惊地呆住了，才觉得自己的见识实在是太渺小了。

荀子说："浅不足与测深，愚不足与谋知，坎井之蛙不可与语东海之乐。"世界无限广大，一个人的见识永远也不能将它穷尽。很多人，在一个小天地里，有所感悟，就觉得自己见宽广，了不起了，觉得世界就像自己眼中的一样，这和那生活在浅井之中的青蛙又有什么区别呢？人永远不要让自己的见闻变成思想的牢笼，不要让自己变为鄙陋浅薄、夜郎自大之的人。

13. 留分侠气 保全真心

原　文

贫贱骄人，虽涉虚骄，还有几分侠气；英雄欺世，纵似挥霍，全没半点真心。

译　文

贫贱却骄傲于人，虽然涉嫌盲目自傲，但还算有几分侠气；英雄如果骄傲欺人，纵然看似奔放洒脱，全然没有半分真切心意。

经典解读

贫穷的人最应戒绝的是阿附权贵，保持自己的独立性格，但有的人会做得过头些。如汉朝的灌夫，他对皇亲国戚及有势力的人，凡是地位在自己以上的，不但不表示尊敬，反而要想办法去凌辱他们；对地位在自己之下的许多人士，越是贫贱的，就更加恭敬，跟他们平等相待。这样虽然不符合君子恪守中庸之道，但尚且能有几分侠义之气，不致招致耻辱。

富贵的人应该普施恩惠，但如果仅仅为了欺世盗名而为善，自己觉得洒脱奔放，在他人眼中却是假惺惺的，令人厌恶至极。齐国田成子，以大斗借贷，小斗收入，但其完全是为了收买人心，最后弑君窃国，后世之人谈及他的时候，没一个人称赞他的善行，都指责其虚伪。

14. 莫贪钩饵 莫为笼鸟

原　文

糟糠不为彘①肥，何事偏贪钩下饵；锦绮岂因牺②贵，谁人能解笼中囮③。

注　释

①彘：猪。

②牺：牺牲，祭祀。

③囮（é）：笼中的媒鸟。媒鸟，捕鸟时用于引诱鸟的鸟。

译 文

糟糠不是为了让猪豚肥壮，为何要贪图钓钩上的饵食；锦绮不会因用作祭祀而更加珍贵，谁又懂得笼中媒鸟的感受。

经典解读

糟糠本是无用之物，可是猪豚却对其贪恋不已，吃得越多，变得越肥壮，被宰杀的也就越快。人不是无知的猪，却又为何贪恋那些钓钩之上的饵食呢？锦绮即使用作祭祀也不会变得更加珍贵，但很多人却贪恋那种受重用、得贵位的虚名，而像笼中的鸟一样失去了最宝贵的自由。

楚王听说庄子贤能，就派使臣去迎接庄子，对他说："愿意将整个国家托付给你。"庄子正在钓鱼，听到这话连头也不回，问使臣："我听说你们楚国有一个神龟，死了三千年了，楚王用很金贵的绫罗绸缎把它包裹起来，供在庙堂之上。如果你是这个乌龟，是愿意死了以后，把它的骨头留下来享受大富大贵呢？还是愿意活着在泥潭里面游来游去？"使臣回答："愿意活在泥潭之中。"庄子于是说："你们走吧，我也要活着在泥潭里游来游去。"

得到权力地位，往往要丧失自己的自由，真正的智者懂得什么才是自己最重要的，所以不会为此而失彼。

15. 物无定品 随识高下

原 文

琴书诗画，达士以之养性灵，而庸夫徒赏其迹象；山川云物，高人以之助学识，而俗子徒玩其光华。可见事物无定品，随人识见以为高下。故读书穷理，要以识趣为先。

译 文

琴书诗画，通达之人用它们来培养性情，而庸俗之辈只会欣赏它们的外在表象；山川景物，高雅的人可以从中学到见识，而粗俗的人只会赏玩它们的光彩华美。可见事物原本没有一定的品格，只是随着人们的见识不同而显出高下来。所以，研习读书、探求事理，最重要的是要识得其中的旨趣。

经典解读

高雅美好不仅仅在于外物，更在于人。一个人如果性情高雅，在普通的草木顽石中，也能获得独到的乐趣；一个人如果满腹庸俗，即使将最高雅的书画给他，他也看不出其和废纸有什么区别。高人观山水，能够感到其中蕴含的人生哲理，苏轼到赤壁而发出"人生如梦"的感慨；范仲淹见岳阳楼则作"不以物喜，不以己悲"的议论；王安石登山亦有"非有志者，不能至也"的见解。而俗人只能看到山水的外形，甚至连这种美都体会不到，只是哀怨山险水深，劳累筋骨。所以，要想得到美先要拥有能发现美的眼睛，要想从事物中得到性理，就要有一颗能够发现万物趣味的心。

　　清人沈复就是一个颇有趣味之人。他在《浮生六记·闲情记趣》中写道："夏日的蚊子声音像雷鸣，我心里把它们比作成群的仙鹤在天空飞翔。心里这么想，成千成百的蚊子果然变成仙鹤了。我抬起头看，脖子都硬了。我又让蚊子留在帐子里面，我慢慢地吸口烟喷出来，叫蚊子冲烟飞鸣，我把它当作青云中的白鹤观看，果然就象鹤唳云端一样，令人怡然称快。"

　　"我又常在土墙凹凸的地方，或是花台小草丛杂的地方，蹲下身子，与花台一般高，定神仔细观察，以丛草作为树林，以小虫和蚂蚁作为野兽，把泥土凸的作为山丘，凹的作为山谷，神游其中，怡然自得。"

　　人生若能如此"识趣"，又何须羡慕锦衣玉食的可贵，又何须厌恶固守淡泊的辛苦，又何须担忧不能体悟到生活的真谛，不能在行游之间悟到人生禅机呢？

16. 不尚铅华 不落空寂

原　文

> 姜女不尚铅华，似疏梅之映淡月；禅师不落空寂，若碧沼之吐青莲。

译　文

　　貌美女子不崇尚梳妆打扮，宛如稀疏梅花映衬淡雅明月；有道禅师不落入空洞枯寂之中，宛若碧绿水沼吐露出青翠莲花。

经典解读

　　浓妆艳抹，虽艳而不真，看多之后只会令人生厌。清新平实，简单却真实，看去恰似俗花之间的疏梅，让人怦然心动。汉武帝出游归来，到姐姐平阳公主家休憩，公主便将先前物色好留在家中的十几个美丽女子精心装扮，并令她们拜见武帝，然而面对这些精心打扮的女子，武帝毫无兴致。于是平阳公主只得令她们退下，继而酒菜开筵。这时，侯府的歌女上堂献唱，武帝望去发现浓妆艳抹的众人之中有一女子淡妆素颜，颇为美好，一眼便看中了。后来这个叫卫子夫的女子被武帝封为皇后。

讲道的禅师不能过于空寂,有些生活的趣味才能有更多禅意。历史上那些有名的高僧,如佛印、赵州和尚、马祖禅师并非一生枯坐,而是有血有肉的平常人,且多奇言妙语,所谓禅机正在那些看似平常的生活对话之中。有人问赵州和尚:"和尚今年多大年纪了?"赵州和尚回答:"一串数珠数不尽。"接着问:"和尚乘嗣什么人?"赵州和尚回答:"从捻禅师。"又问:"如果有人问:赵州说什么法,和尚你怎么回答呀?"赵州和尚说:"盐贵米贱。"修行不能脱离生活,求道不能完全空寂,立足于平常的柴米油盐,又多点智慧脱俗,这便是禅机,便是真道。

17. 廉而不刿 察而不激

原　文

> 廉官多无后,以其太清也;痴人每多福,以其近厚也。故君子虽重廉介,不可无含垢纳污之雅量。虽戒痴顽,亦不必有察渊洗垢之精明。

译　文

清廉的官员多没有后嗣,是因为他们太过清廉了;痴傻的呆人常常多福,是因为他们憨厚易亲近。因此,君子虽然重视清廉耿介,也不可以没有一点忍垢纳污的气度雅量。虽然要戒除痴拙顽劣,也不必有明察深渊之下、净洗丝毫污垢的精明。

经典解读

为官过于刚正廉直,要么其政策不能坚持长久,要么身陷囹圄,遭受刑戮。太过刚直容易得罪人,太过明察不能包容人,既有怨恨又无人亲近,想要长久也难了。所以君子在坚守正道之时,也要有含垢纳污的雅量,如果没有恢宏的大气度,爱在小事之上纠缠,是很难担负大任的。

管仲和鲍叔牙是好朋友,当管仲病危之时,齐桓公来到他的病床边上,问鲍叔牙是否可以在他去世以后接替齐国的相位。管仲摇摇头,桓公很疑惑,说:"您和鲍叔牙是最好的朋友,他又很贤能,为何您认为他不能接替您的位子呢?"管仲说:"鲍叔牙什么地方都好,就是为人过于分明,别人有一点小错误他就看在眼里,别人有点小不足他就念念不忘,容不得他人的缺陷和错误,怎么能居相位呢,鲍叔牙是一个君子,却不能担当这大任。"

人既要廉直,又不能过直而失人;既要洞察,又不能过察而偏激。故《荀子·不苟》中说:"君子宽宏大量,但不懈怠马虎;方正守节,但不尖刻伤人;能言善辩,但不做无谓争论;洞察一切,但不过于激切;卓尔不群,但不盛气凌人;坚定刚强,但不粗鲁凶暴;宽柔和顺,但不随波逐流;恭敬谨慎,但待人宽容。"

18. 人心之生 天真率直

原　文

密则神气拘逼,疏则天真烂漫,此岂独诗文之工拙从此分哉!吾见周密之人纯用机巧,疏狂之士独任性真,人心之生死亦于此判也。

译　文

过于周密则神气受到拘束,保持疏狂则禀性天真烂漫,难道只有诗文的工巧拙朴才以此为分界线吗!我见过周密的人为人处世纯用机巧,疏放的人为人处世任性率真,人们心灵是生是死也可以由此判别了。

经典解读

心机太密对于自己则压抑神气,有害生理,对于他人则显得严峻而难以接近;天真率性则不然,自己心胸坦荡无忧无虑,他人也喜欢与之交往。《红楼梦》中的凤姐,凡事都用尽心机,到头来却落得"机关算尽太聪明,反误了卿卿性命"。《水浒传》中的鲁达,凡事都率性而为,没有一点奸邪心机,最后竟是梁山英雄中少有的善终之人。

机巧深浅,不仅人心生死顿判,有时还会因为过于有心机而害了自己。汉武帝宠臣张汤就善于玩弄机巧,驾御他人。有个叫李文的人与张汤不和,张汤的一个属吏便指使他人上奏李文有奸邪之事,张汤知道此事为自己属吏所为,武帝询问他时却故意装作不知道的样子,惊愕地说:"这大概是因李文以前的熟人怨恨引起的。"张汤向武帝奏报提出建议,有个叫田信的商人事先就知道,以此囤积居奇以取利,与张汤平分。有人向武帝奏报了此事,武帝询问张汤,张汤不仅不谢罪,反而又故作聪明地惊讶道:"肯定是有人这样做!"通过这两件事,汉武帝于是认为张汤心中险诈,当面撒谎,派使臣指责他。看到自己完全失去了信任,辩解无效后,张汤只能自杀而亡。

张汤之所以如此,就是因为太重机巧了,若是他有一点诚实之意,能够坦然承认自己的错误,以其受宠之厚,何至于落得自杀而亡的下场。机巧只能隐瞒一时,朴拙的本性才是人们应该时时刻刻坚守的。

19. 竹傲严霜 莲媚秋水

原　文

翠筱①傲严霜，节纵孤高，无伤冲雅；红蕖②媚秋水，色虽艳丽，何损清修。

注　释

①筱：细竹。
②蕖：荷花。

译　文

绿竹傲立于严霜中，竹节纵然孤高，何伤其高雅之姿态；红莲媚放在秋水上，色彩虽然艳丽，何害其清洁之品位。

经典解读

人若能超脱世俗，坚守人格独立，即使显得有些孤高自傲，也无失高雅之姿态、清洁之品位。

北宋词人晏几道，虽为宰相之子，却不慕势利，从不利用父亲的权势谋取功名，他不受世俗约束，生性高傲，对于自己不了解、性情不相投的人从不主动交往。一次，名动天下的大文豪苏轼主动托请黄庭坚为自己引荐晏几道，晏几道却说："当今朝廷之上的显贵都是我家的旧宾客，还没闲工夫相见呢！"

好友黄庭坚说晏几道有"四痴"：做官连连受阻，却不愿意低声下气依傍权贵；文章自成体式，却从不用做晋升之阶；挥霍千百万，家人饥寒交迫，却面露傲慢之色；别人多次辜负自己却依旧始终相信别人。"四痴"的背后，折射出的是晏几道孤傲耿介、不合世俗的性格。人若能如此，虽清高不可接近也是令人欣赏的，又何损他的清修呢？

20. 贫而用情 富而好礼

原　文

贫贱所难，不难在砥节，而难在用情；富贵所难，不难在推恩，而难在好礼。

译 文

贫贱之人，砥砺自己、保持气节不是难事，难的是把握自己的感情；富贵之人，怜悯穷困、广施恩惠不是难事，难的是富而不骄，坚持礼义。

经典解读

子贡曾经问孔子："贫贱却不谄媚，富贵却不骄傲，怎么样呢？"孔子回答："可以了，但不如贫贱却乐于道，富贵却喜欢礼的人。"

砥节、推恩在于行，用情、好礼在于心。贫贱的人保持独立的人格，不谄媚权势已经不容易了，但更加难得的是能在贫贱之中把握住自己的内心，不奢求，不怨愤。处于富贵能够广施恩惠已经很不容易了，但更加难得的是能够在施恩之时不忘礼仪，不因给人恩惠而傲慢待人，不因自己富贵而骄纵懈怠。真正有修养的君子能够"固穷"，不去艳羡、奢求富贵之物，即使箪食豆羹，也能日日为仁，即使住在破陋茅屋之中，也心怀天下。真正有教养的君子，会像晏子对待越石父那样，恪守礼仪。

21. 浓艳损志 淡泊全真

原 文

簪缨之士①，常不及孤寒之子②可以抗节致忠；庙堂之士，常不及山野之夫可以料事烛理③。何也？彼以浓艳损志，此以淡泊全真也。

注 释

①簪缨之士：显达尊贵之人。
②孤寒之子：出身低微、孤苦贫寒的人。
③料事烛理：处理事务，明察事理。

译 文

显达尊贵之人，常常不如孤苦贫寒人家的子弟能够坚守节操、奉献忠诚；身处高位之人，常常不如山野匹夫更能处理事情、明察事理。为什么呢？前者由于奢华浓艳损害了心志，后者由于恬静淡泊保全了天性。

经典解读

显贵发达的人在智慧、节操之上，很多时候反而不如贫贱穷困的人，并不是因为其天性不如后者，而是后天的享乐磨损了他的意志，腐蚀了他的节操，对权位的欲望蒙蔽了他的眼睛，愚钝了他的头脑。所以，对于大多数人来所，富贵未必是一件好事，它是对人的一场严峻考验，端正自己的内心，不要被外界的诱惑所击倒，才能保全自身，不陷入危殆之中。

北宋名臣范仲淹很注重杜绝奢侈、保持勤俭的家风，他虽然身居高官，却生活简朴，以俭持家。他的二儿子范纯仁，娶妻王氏。王氏为朝廷重臣王质长女，在娘家舒适享受已成习惯，到范家后很不适应清贫生活。一天范仲淹看到这位儿媳从娘家拿来优质丝绸做帐幔，心里很不高兴，指责儿子和儿媳说："这样好的绸缎，怎么能用来做帐幔呢？我们家一贯讲究清素节俭，你们如果把这些奢华的坏习惯带到家里，搞乱了我的家法家规，我就要在庭院里用火烧了这些绸缎！"

22. 宠不扬扬 穷何戚戚

原 文

荣宠旁边辱等待，不必扬扬；困穷背后福跟随，何须戚戚。

译 文

荣宠之旁，常有羞辱相待，不必洋洋得意；贫穷背后，常有福气相随，无须悲悲戚戚。

经典解读

获得他人的荣宠用不着洋洋得意，其旁常常有耻辱相伴，他人能给你荣宠，也能让你遭受耻辱。汉文帝宠信宦官赵同，赵同因此恃宠而骄，常常轻视大臣。他与袁盎有过节，便经常在文帝面前说袁盎的坏话。一日文帝出行，赵同在车上服侍，面对跪在旁边的大臣洋洋得意，于是袁盎向文帝进言说："皇上，我听说能和您一起坐在马车上的人，都是英雄豪杰，可是您现在怎么和一个太监坐在一起呢？"文帝闻言哈哈大笑，立即让赵同下车。赵同只能羞愧地哭泣着下去了，从此再也不敢恃宠自大了。

居处在贫贱之中用不着悲悲戚戚，其后常常有福气相随，只要尽心安命，上天不会亏待任何一个人。明末时，河南有个叫李平的读书人看到天下将乱不肯出来为官，他的父母、妻子多次相劝无果，都埋怨他读了书却不能为家中带来富贵。李平却总是不以为然，说在乱世中富贵不如贫贱好。后来，爆发了轰轰烈烈的农民起义，当地做官的富贵人大多被起义军杀死，而李平却因为贫贱而未受波及。动乱过去以后，当地读书人大多死难，李平成为乡里翘楚，被朝廷特意征录，做了几十年的太平官。可见命运难测，祸福易变，人又何必为一时贫穷而悲戚呢？

23. 耽空逐妄 虚度人生

原　文

> 古人闲适处，今人却忙过了一生；古人实受处，今人反虚度了一世。总是耽空逐妄，看个色身①不破，认个法身②不真耳。

注　释

①色身：佛教语，即肉身。《楞严经》卷十："由汝念虑，使汝色身。"
②法身：佛教语，谓证得清净自性，成就一切功德之身。

译　文

古人清闲安适的地方，今人却忙忙碌碌度过一生；古人真实地生活的地方，今人却又白白地虚度一生。总是耽溺于空想、追逐虚妄，都是看不破色身，认不真法身的缘故啊！

经典解读

"忙"是一种心病，大多数忙因为欲望而引起：为了地位而忙于案牍，为了钱财而忙于舟车，为了权势而忙于鞍马……其实，这些都是让人迷惑的虚幻目标。人生真正值得珍惜的东西很多，比如亲情、友情、爱情、心灵、雅趣，然而这些都无需让人繁忙地奔波，只需要在平淡、闲静中享受它们。世人大多看不透什么才是值得珍惜的，什么是无需刻意追求的，所以作者说："古人闲适处，今人却忙过了一生；古人实受处，今人反虚度了一世。"

如今生活中的压力很多，很多人为了工作，为了房子，为了各种虚名让自己劳心劳身，我们在繁忙之余也应该静下来好好想想，自己要成为一个什么样的人，自己每天所忙碌的事是否真的需要？不要再让生命浪费在无用的"忙"上了，要及时受用那些生命中真正值得自己去珍惜的东西。

24. 志士奋翼 达人回首

原　文

> 芝草无根醴无源，志士当勇奋翼；彩云易散琉璃脆，达人当早回头。

译　文

香草无根，甘泉无源，志士应当勇敢地振奋羽翼；彩霞易散，琉璃易碎，达人应当及早清醒回头。

经典解读

《会稽典录》中虞翻寄其弟的书信中写道:"长子容,当为求妇,远求小姓,足以生子而已。天之福人不在贵族,芝草无根,醴泉无源。"故后人常用"芝草无根醴无源"来形容人的成就不在于家庭出身,孔子、孟子皆非出身于富贵权势之家,而成为千古圣人;石勒为奴隶,却统一了半个中国;朱元璋更是出身卑贱而得到天下。只要有一颗积极向上的心,即使出身再卑微,也一定能实现自己的人生价值。

"彩云易散琉璃脆",出自白居易诗《简简吟》,本形容佳人命促,人生苦短,这里指荣华富贵、功名利禄等如彩云、琉璃一般容易消失,达人无需在追求这些东西上耗费生命。

25. 少戒轻浮 老戒多意

原　文

少壮者,事事当用意而意反轻,徒泛泛作水中凫而已,何以振云霄之翮?衰老者,事事宜忘情而情反重,徒碌碌为辕下驹而已,何以脱缰锁之身?

译　文

少壮之人,事事当用心,有的人反而处事轻浮,只能做河水中随波逐流的鸭子,如何能够振翅凌云?衰老之人,事事当忘情,有的人反而用情深重,只能做车辕下忙忙碌碌的马驹,如何摆脱被缰锁萦系的身心。

经典解读

人在少壮之时,当努力进取,力争有一番作为,如果心浮气躁,干什么都马马虎虎,必将虚度光阴,无所作为。人生不同的阶段当有不同的心态,什么都没有感受过,就妄谈空虚,什么都没有取得过,就妄言淡泊,这样从头就陷入空寂的人生是不完全的。在被问及如何看待释怀与淡泊时,著名企业家王石说:"这需要足够的经历、挫折,不断的反思、学习,是一个慢慢成熟的过程。如果一个年轻人就释怀和淡泊是没有希望的。"此可谓真知灼见也!

人在年老之后,要学会放手,孔子说"君子有三戒","及其老也,血气既衰,戒之在得"。年老之后,时日不多,人应该将世事看淡一些,有些人越到晚年,贪心越盛,不仅得到的东西放不下,还变本加厉地贪婪,处处争名夺利,以权谋私，不仅晚节尽丧，更损害了本已虚弱的身心。

26. 五分安稳 十分取败

原　文

帆只扬五分，船便安；水只注五分，器便稳。如韩信以勇略震主被擒，陆机以才名冠世见杀，霍光败于权势逼君，石崇死于财富敌国，皆以十分取败者也。康节云："饮酒莫教成酩酊，看花慎勿至离披。"旨哉言乎！

译　文

帆只扬起五分，船便安稳；水只注入五分，器具便安稳。像韩信因为勇略震主而被擒杀，陆机因为才名冠世而被杀害，霍光家族因为权势过盛使君主不安而被灭，石崇因为家财敌国而身死，这些都是失败的例子啊。邵雍说："饮酒不要喝得酩酊大醉，看花不要赏到花瓣零落。"真是意味深长啊！

经典解读

古人云："日中必昃，月满必亏。"凡事太过盈满必然招致损害，所以智者强调"处下""不争""谦而无咎"。可惜身在权利富贵之中的人大多被奢华生活、所得的光耀而迷惑，不知及时退身，等祸患到了眼前，才幡然醒悟，可是已经晚了。

韩信为汉高祖夺取天下，功劳盖世，但为人骄傲不知收敛，最终受到猜忌被杀死。陆机为少有奇才，文章冠世，被誉为"太康之英"，后在八王之乱中卷入政治斗争，加之名高受妒而被处死。霍光为汉武帝托孤重臣，先后辅政昭帝、宣帝，功比伊尹，权倾天下，霍光死后，其家族受到宣帝猜忌而被以谋反罪灭族。石崇为晋武帝所器重，为荆州刺史捞取大量钱财，生活奢华，与皇亲斗富，后在八王之乱中因不肯将心爱美女赠与司马伦的亲信孙秀而被杀死。这些人之所以取祸，都是因为名声、权势太过盈满，引起他人嫉妒、猜疑。

石崇在被押往刑场的时候，还愤愤不平，抱怨道："这帮奴才就是贪图我的家财！"押送的小吏对他说："你知道家财会招惹祸患，为何不早点散掉？"石崇无话可说。霍光在权位最盛的时候，汉宣帝凡事都顺从于他，有人劝他早点将权力归还给皇帝，约束自家人的行为，霍光虽然知道为后世担忧，但终不能有所改变，依然将自己的儿子、侄孙、女婿都安排在权力的核心位置。霍家人仗势欺人、为非作歹，终于让汉宣帝忍无可忍，不念霍去病、霍光之功而将其家全部灭族。不知祸之所在还情有可原，知道祸患就在盛满之中，却贪恋财富、权势，不知及时引退，以致丧身灭族，真是可悲啊！然而，后人惜之而不鉴之，继续在"贪"字前倒下，就更加可悲可叹了。

27. 贪利害人 终将自毙

原　文

> 附势者如寄生依木，木伐而寄生亦枯；窃利者如蝾虰①盗人，人死而蝾虰亦灭。始以势利害人，终以势利自毙。势利之为害也，如是夫！

注　释

①蝾虰：蝾（yīng），本为龟名，传说中的一种能食蛇的龟；虰（dīng），蜻蜓。这里"蝾虰"指寄生于人体中的害虫。

译　文

依附权势的人犹如寄生植物依靠树木，树木砍伐后寄生植物也就枯死了；窃取利益的人犹如蝾虰咬食人体，人死了后蝾虰也就跟着死亡了。他们因贪图势利损害别人，最终又因贪图势利自我毙命。贪图势力的危害，就像这样啊！

经典解读

寄生植物依附树木，蝾虰咬食人体都是依附他人而生存，得到了一点利益，却丧失了自己的自由，将命运寄托在他人身上。而树木和被咬食的人也因这些窃利之物的依附而受到损害，所以"势利"误人误己，其危害深远而难测。

明朝末期，文人阮大铖很有才华，但他为人毫无操守，善于阿附权势，因此为后人所不齿。阮大铖开始为东林党人，后来看到东林党失势，立刻投靠了权势熏天的宦官魏忠贤，为了表达忠心，他大力打击反对魏忠贤的正直官员。后来崇祯皇帝铲除魏忠贤，将其视为奸党，终其朝不加起用。北京陷落之后，阮大铖又依附于南明奸臣马士英，南明势去后，立刻又投靠了清廷，为清军前驱，带兵南下。世人谈其名，无不破口辱骂，阮大铖也就在世人的耻笑与诟骂中死去了。观阮大铖的戏剧作品，颇有出众之处，然而其终究未能成为一个受人尊重的文人，就是因为他阿附权势，毫无节操，最后成为了奸佞的典型。

28. 贪杯失命 偷安丧志

原　文

> 失血于杯中，堪笑猩猩之嗜酒；为巢于幕上，可怜燕燕之偷安。

译　文

　　因喝酒而丧失血气，可笑猩猩太贪酒；在帷幕上筑窠巢，可怜燕子苟且偷安。

经典解读

　　猩猩嗜酒大醉而被人抓住，它的死亡是因为贪图美味而不知停止；燕子筑巢于幕上而巢毁蛋碎，它的罹灾是因为贪图安逸而不知早避祸患。本节还是告诫人们要远离"贪"字。

　　《贤奕编·警喻》中记载了一篇《猩猩嗜酒》的寓言：山中猩猩嗜好饮酒，为了捕捉它们，猎人在山路旁摆下很多美酒和大大小小的酒杯，还有连缀在一起的草鞋。猩猩很聪明，看到这些以后就知道是猎人的诱饵，还知道设圈套之人的姓名，甚至连他们父母、祖先的姓名都知道，于是坐在诱饵旁边破口大骂。可是骂完以后，猩猩感觉有些口渴，看着旁边的美酒，就建议同伴少尝一点，谨慎些，别喝多了就可以。于是，众猩猩先用小杯品尝，然后端起大碗，边喝边骂猎人，越喝越起劲，最后完全忘了防范，喝得酩酊大醉，相互挤眉弄眼，嬉笑玩耍，还把草鞋穿在脚上。猎人见状，从林里冲出追捕它们，猩猩大惊，但草鞋连在一起，乱成一团，最后全部被猎人捉住了。寓言结尾作者写道："猩猩聪明倒是聪明，知道那些都是诱饵，却不免死于其上，这都是贪心的原因啊。"

　　很多时候，人们知道危险的存在，但就是因为存着侥幸的心理，认为这次贪一点没有事，再多贪一点也没有事，最后底线越来越低，贪欲越来越盛，最终像饮酒的猩猩一样，被贪欲所摧毁。

29. 若无若虚　不矜不伐

原　文

　　鹤立鸡群，可谓超然无侣矣。然进而观于大海之鹏，则渺然自小；又进而求之九霄之凤，则巍乎莫及。所以至人常若无若虚，而盛德多不矜不伐也。

译　文

　　鹤站立在鸡群中，可以说是超然出众、无可匹敌了。但如果让它与大海上的大鹏相比，就一下子显得渺小了。再让它与那九霄之上的凤凰相比，则凤凰巍巍然无法企及。所以，至善之人常常虚怀若谷，高德之人大多不骄不伐。

经典解读

　　"若虚若无"出于曾子的言论："以能问于不能，以多问于寡；有若无，实若虚，犯而不校，昔者吾友尝从事于斯矣。""不矜不伐"出自《尚书·大禹谟》："汝惟不矜，天下莫与汝争能；汝惟不伐，天下莫与汝争功。"这两句都是告诉人不要自傲自满，要谦恭虚心。

《庄子·秋水》中说：秋天里洪水到来，百川注入黄河，河伯十分欣喜，认为自己是天下最广大的水流了。然而当他来到北海之边时，东面一望，看不见大海的尽头。于是对海神慨叹道："有句俗话说：'听到了许多道理，就以为没有人比得上自己'，说的就是我这样的人了。况且我曾听说有人认为孔子的见闻浅陋，伯夷的道义微不足道，开始我还不相信，如今我看见您的广阔无边，我如果不是来到您的家门前，那就危险了，我将永远受到修养高的人的耻笑。"

人外有人，天外有天，人们在自己的小群体中可能觉得自己了不起，如鹤立鸡群般出众，然而，到了更出众的人面前，往往就会觉得自己其实差得还很远。《易》曰："谦谦君子，卑以自牧。"一个有道德修养的人要懂得谦虚，如此才能知道自己的不足，不断增进自己的学问、德行，让自己变得越来越完美。

30. 贪心失察 疑心多事

原　文

> 贪心胜者，逐兽而不见泰山在前，弹雀而不知深井在后；疑心胜者，见弓影而惊杯中之蛇，听人言而信市上之虎。人心一偏，遂视有为无，造无作有。如此，心可妄动乎哉！

译　文

贪心过胜的人，只顾追逐野兽以致看不见泰山，只顾弹射鸟雀却不知深井就在脚后；疑心太强的人，看见弓影就惊疑酒杯中有蛇，听信人言就认为集市上有老虎。人心一有偏颇，就将有当做无，臆造无成为有。如此，人心岂可轻易妄动！

经典解读

贪心太盛，就会被欲望所蒙蔽，见其利而不见其害，逐兽而撞山，弹雀而坠井。疑心太盛，就会对什么都产生怀疑，闹出杯弓蛇影、三人成虎的笑话，畏首畏尾，陷入迷乱之中。所以说，人心正才能成事，心不正做什么都做不好。

如何保持内心的端正呢？就是要消除各种偏见，克制各种欲望。《大学》中说："身有所忿懥，则不得其正。有所恐惧，则不得其正。有所好乐，则不得其正。有所忧患，则不得其正。"不要让心被愤怒所蒙蔽，不要让心被恐惧所蒙蔽，不要让心被欲望所蒙蔽，不要让心被忧患所蒙蔽，时刻保持内心的宁静、淡泊，如此才能避开世上的各种陷阱，正确地处理各种事务。

31. 祸生有本 福至有因

原　文

> 蛾扑火，火焦蛾，莫谓祸生无本；果种花，花结果，须知福至有因。

译　文

飞蛾扑向火焰，火焰烧焦飞蛾，不要说灾祸的产生没有根源；果实种出花朵，花朵结成果实，要知道福气的到来有其原因。

经典解读

飞蛾扑火，看到了火的温暖而没有看到火的酷烈，其智蔽于多欲，其祸起于贪心。世上追求权势、利禄的人何尝不是飞蛾扑火？汉武帝时大臣主父偃早年贫困，父母、妻子都不待见他，后来忽然得到汉武帝的器重。为了谋求更多的富贵，保住权力，他不择手段，疯狂敛财，到处告发他人的隐私恶行，树敌无数。有人劝他收敛一些，他却说："我过的穷困日子太长了，且大丈夫生不能五鼎食，死则当五鼎烹。"最后他因犯法被下狱，大臣们纷纷对其落井下石，汉武帝将其族诛。钱财权势能让人摆脱贫贱的清苦，但若不知收敛，就会像投火的飞蛾一样，将自己烧成灰烬。

祸生于贪，福则生于善。一个人平时多做善事，多积德施恩，就像在地上种下果树一样，总有一天它们会结出甘甜的果实来回馈你的善行。

32. 争先有悔 富贵皆空

原　文

> 车争险道，马骋先鞭，到败处未免噬脐①；粟喜堆山，金夸过斗，临行时还是空手。

注　释

①噬脐：自啮腹脐，喻后悔不及。

译　文

驱驾车辆于险道争先，鞭策马匹驰骋先行，等到了失败的时候免不了后悔不及；稻粟堆成山峰而欢喜，金银用斗计量来炫耀，人在离开的时候还是两手空空。

经典解读

　　凡事都争强好胜、压倒别人的人，祸患一定不远了，若不及时悔改，等到灾祸到了眼前，即使省悟也来不及了。贪心太盛，积聚无数钱财，死亡之时，还是两手空空。所以人不能把生命都浪费在争强好胜、贪得无厌之中。

　　乾隆帝的宠臣和珅，大权在握，私欲膨胀，结党营私，聚敛钱财，打击政敌。朝中之人凡是谄媚他的，都得以提携，凡是清正不阿的，都遭到他的排挤打击，一时间他在朝中无人能比，连皇子都要让他几分。其家中聚敛的钱财达白银八亿两，所拥有的黄金和白银加上其他古玩、珍宝，超过了清朝政府十五年财政收入的总和。可惜乾隆帝刚刚去世，他就被嘉庆皇帝处死，家产也全部被查收，时人传言："和珅跌倒，嘉庆吃饱。"想想和珅，处处争强，聚财无数，不过是帮助他人看管钱财的守财奴而已，却因此而身遭刑戮，实为可笑。

33. 鲜花易凋　坚竹难摧

原　文

　　花逞春光，一番雨、一番风，催归尘土；竹坚雅操，几朝霜、几朝雪，傲就琅玕①。

注　释

　　①琅玕：神话传说中的仙树，亦是翠竹的美称。白居易诗云："剖劈青琅玕，家家盖墙屋。"

译　文

　　鲜花在春光中争奇斗艳，虽然美好，但经过一阵风吹雨打，便很快凋谢归入尘土；翠竹坚定高雅情操，虽饱经霜欺雪压，但仍然傲然屹立，更加美好。

经典解读

　　春花虽美，却经不起风雨，盛开一时便零落成泥；而翠竹品性雅静，操守坚定，虽历经风霜，也能傲然屹立。此言，为人不要做温室里的花朵，要学经得起霜雪的考验的坚竹，强大自己的心灵，培养高洁的品质；不要逞一时的绚烂，而要有长久的操守。

34. 富贵无情 贫贱可交

原　文

> 富贵是无情之物，看得他重，他害你越大；贫贱是耐久之交，处得他好，他益你反深。故贪商於①而恋金谷②者，竟被一时之显戮；乐箪瓢而甘敝缊③者，终享千载之令名。

注　释

①贪商於：楚怀王贪恋秦国商於六百里土地而被骗，身死异乡。

②恋金谷：石崇有园，名曰金谷，最后因奢华富贵而丧身。

③乐箪瓢而甘敝缊：箪瓢，粗粝之食；敝缊，破袍子。颜回居于陋巷之中，孔子说："贤哉回也，一箪食，一瓢饮，在陋巷，人不堪其忧，回也不改其乐。"

译　文

富贵是没有情义的东西，你把它看得越重，它伤害你也就越深；贫贱是值得长交的朋友，你与它相处得越好，它带给你的好处也就越多。所以，楚怀王贪恋商於之地，石崇贪恋金谷秀园，竟因此而身死受戮；颜回乐于一箪食、一瓢饮，甘于穿破衣敝袍，最终却享得千载美名。

经典解读

富贵而贪，祸患易至；贫贱而乐，令名不毁。本节还是告诫人们要戒除贪欲，固守淡泊。

战国时秦国想要攻打楚国，却顾忌齐国和楚国的联盟，于是派张仪欺骗楚怀王说，只要楚国和齐国断绝交往，就送给楚国商於地区六百里的土地。楚怀王一听，天上竟然掉下了馅饼，立刻派使者同齐国绝交。然而当楚国派人向秦国讨要土地之时，张仪却说当初只是答应给楚国六里的地方，哪来六百里？楚怀王大怒，举兵攻秦，结果两战皆败，韩魏等国趁机攻楚，齐国怨恨楚王绝交不去救援，楚国大窘。

后来，秦国又欺骗楚怀王说想要归还楚国土地，同楚国和好，希望两国国君举行会盟。屈原等大臣都劝楚怀王不要相信秦国，但怀王贪恋土地，还是赴约而去，结果被秦国扣留。秦国威胁怀王割让土地给秦国，怀王不肯，最终困死于秦。

楚怀王身为一国之君，却连续被很容易看穿的谎言而欺骗，结果身死异国，这都是贪心的结果啊！所以说，人不要贪图富贵、财物，一旦被"贪"字蒙蔽，灾祸就难以避免了。

35. 苦由心生 劳因欲起

原　文

> 鸠恶铃而高飞，不知敛翼而铃自息；人恶影而疾走，不知处阴而影自灭。故愚夫徒疾走高飞，而平地反为苦海；达士知处阴敛翼，而巉岩亦是坦途。

译　文

鸠子厌恶铃声而振翅高飞，它不知道收敛翅膀铃声就会消失；有人厌恶自己的影子就急速行走，他不知道走到阴地影子就会消失。所以，愚昧无知的人只知道急速行走、振翅高飞，将平地当成苦海；通达事理的人则知道走进阴地、收敛羽翼，看陡岩如同坦途。

经典解读

鸠子身上被绑了铃铛，飞翔时铃铛晃动而发出声音，鸠子为了躲开这种声音而拼命高飞，结果非但没有摆脱铃声，声音反而更剧烈了。其实，只要敛翅停飞，声音自然就会息止。愚人厌恶身下的影子而疾行，却不知道身子到哪儿影子就到哪儿。其实，只要进入阴暗的地方，影子自然便消失了。人们都知道鸠子和逃避影子之人的愚昧，却不知道在很多时候自己也像他们一样，生活在想躲避却躲避不了的苦海之中。

有人爱慕虚荣，却害怕他人拆穿自己、嘲笑自己；有人贪慕权力，却担忧权力之后的祸患；有人聚敛财富，却担忧有人图谋，担忧强盗惦记；有人为自己修建豪华的墓室，准备丰富的陪葬品，却害怕有盗墓者光顾……这些自己追求危险又害怕危险的人，岂不和逃避铃声的鸠子，逃避影子的愚人是一样的？危险、祸患往往来自于自己的欲望，要想从根本上消除祸患，莫过于放下欲望，固守淡泊、节俭了。

36. 悲喜之心 庸人自扰

原　文

> 秋虫春鸟共畅天机，何必浪生悲喜；老树新花同含生意，胡为妄别媸妍。

译　文

秋虫春鸟都能畅扬天机，何必无端生出悲喜之情；老树新花同样满含生意，人不要胡乱判别孰好孰坏。

经典解读

　　万物新陈代谢，天时四季交替本是自然现象，但很多文人感物生情，伤春悲秋，看到春天飘零的落花便思青春已过，年华易逝，看到深秋飘下的落叶，又哀叹嘉时已矣，盛衰无常。诗人多情虽可激发灵感，酝酿出动人的篇章，但人生若过于执着其中，就会陷入不尽的苦恼，反而于身有害。

　　人之所以被悲喜之情左右，说到底还是心胸不够开阔豁达，不能用超脱的态度看待世间万事。若是将心胸放宽一些，不以物喜，不以己悲，人生会少很多烦恼；若是将眼光转换一下，体会一下"晴空一鹤排云上，便引诗情到碧霄"的意蕴，诗意没有少，情感却欢快了许多。与其悲情自扰，不妨用平等、洒脱的眼光去看待世上每一处景物，以平和、淡泊的心境去体会生命中的每一段时光。

37. 多开福路 少筑祸基

原　文

> 多栽桃李少栽荆，便是开条福路；不积诗书偏积玉，还如筑个祸基。

译　文

　　多栽种桃李，少栽种荆棘，就是开辟一条幸福的道路；不积累诗书，只积累珠玉，好比构筑一个灾祸的基础。

经典解读

　　桃李利人，荆棘伤人，"多栽桃李少栽荆"，就是要告诉人们多做善事，多做贡献，这样便能为自己开辟幸福的道路。诗书修身，珠玉养欲，"不积诗书偏积玉"，即告诫人们不要被欲望驱使而忘记修身养性，否则只能为自己招致祸端。

　　明代初期政局多变，每次变动无不伴随着无数人倒台，无数人陨落地。但大臣胡濙却安然度过无数变局，从建文二年（1404年）考中进士，到天顺元年（1457年）才光荣引退，在朝廷之上整整度过了半个多世纪。无论是靖难之役、土木事变，还是英宗夺门复辟，每次他都平安度过，甚至从中获益。

　　胡濙为人节俭宽厚，喜怒不形于色，时常屈尊待人，若遇到能够救人的事情，则尽力而为。一次谏官林聪得罪了权势煊赫的大臣王文，被王文网罗罪名而下狱，将要被处死。胡濙知道林聪无罪，但又不愿得罪王文，就佯装有病，不能上朝，景帝派人去探病，胡濙说："老臣本没有病，听说要杀林聪，受到惊吓而已。"林聪因此得被释放，时人因此对胡濙大为赞赏，称其为厚德长者。晚年有人向他请教为官之道，胡濙只说了八个字，就是："多栽桃李，少种荆棘。"

38. 迷真逐妄 自设坎坷

原 文

> 万境一辙，原无地著个穷通；万物一体，原无处分个彼我。世人迷真逐妄，乃向坦途上自设一坷坎，从空洞中自筑一藩篱。良足慨哉！

译 文

所有境地都是一样的，原本就没有什么穷困通达之分；万物都是一体的，原本就没有彼此之辨。世上之人迷失真性而追逐虚妄，在平坦的道路上自设坎坷，在空旷的天地间自筑藩篱。真令人感慨啊！

经典解读

孔子弟子宓子贱未做官时生活贫苦，做了官以后，很多人前来恭维他，说："曾经饱受贫贱之苦，如今终于通达了，可喜可贺！"宓子贱很不高兴，从此疏远了这些人。有人问他原因。宓子贱说："贫穷时每天坚持操守，修养自己的道德，虽然吃着粗糙的粮食也不觉得困苦；如今坚持的还是以前的操守，修养同样的道德，还要处理公务，哪有时间为通达而感到高兴呢？那些人眼中只看到变化了的地位和富贵，却没有看到不变的操守和道德，怎么能将其当成朋友呢？"

世俗之人生活在贫贱之中便戚戚切切、怨天尤人，一旦获得了富贵便喜形于色、得意忘形；真正的君子则不然，贫穷和富贵、困窘和通达在他们眼中本没有什么区别，贫穷的时候能够坚守节操、践行道义，富贵的时候他们依然保守节操、践行道义。所以说，君子不以穷苦、富贵而或悲或喜，不以窘困、通达而或忧或乐。行于道义之上，其路也广，居于仁德之间，其居也阔。世俗之人追逐富贵而厌恶贫穷，追求奢华而厌恶平淡，实在是自寻苦恼、自找劳苦啊！

39. 大智若愚 小智若察

原 文

> 大聪明的人，小事必朦胧；大懵懂的人，小事必伺察。盖伺察乃懵懂之根，而朦胧正聪明之窟也。

译 文

具有大智慧的人，在小事上必然能保持糊涂；真正糊涂的人，在小事上则伺察得很清楚。细究穷察乃是大糊涂的根源,而糊涂则蕴藏着聪明智慧。

经典解读

有一次,信陵君正跟魏王下棋,而北边边境传来警报,说"赵国发兵进犯,将进入边境"。魏王大惊,立即放下棋子,准备召集大臣商议对策。信陵君面色平静地对魏王说:"这不过是赵王打猎罢了,不是进犯边境。"接着继续和魏王下棋,仿佛无事一般。魏王惊恐,坐立不安,全无心思下棋。过了一会儿,又传来消息说:"赵王正在打猎,不是进犯边境。"魏王听后很惊讶,问道:"公子是怎么知道的?"信陵君答道:"我的食客中有个人能探到赵王的秘密,赵王有什么行动,他就会立即报告我,我因此知道这件事。"魏王听了以后,沉默不语,从此越来越疏远信陵君,在国事之上对他小心提防。

信陵君之所以受到疏远,就是因为太过于明察,而触犯了魏王的禁忌。没有人希望身边有个能窥伺自己心思的人,明察过头,必遭人厌,也必然会给自己带来祸患。当我们在听和氏璧的故事时,都会赞叹卞和的明察,殊不知正是因为他有这种明察的能力才导致自己失去了双足。明察的名声难道比自己的两条腿还宝贵吗?人们常说:"聪明容易糊涂难。"很多人就是因为不知收敛一下自己的聪明,而受尽苦难。北宋大文豪苏轼就有感于此,而在饱经沧桑后题诗一首:"人皆养子望聪明,我被聪明误一生。唯愿孩儿愚且鲁,无灾无难到公卿。"这虽然是苏东坡对当朝的讽刺,但也说明,一个人徒逞聪明才智,如果不懂得圆融收敛,就很难立身处世!甚至还会四处碰壁、郁郁终生!

40. 不必忙忙 何须琐琐

原 文

大烈鸿猷①,常出悠闲镇定之士,不必忙忙;休徵景福②,多集宽洪长厚之家,何须琐琐。

注 释

①大烈鸿猷:伟大的功业。
②休徵景福:吉祥的征兆,洪大的福泽。

译 文

伟大功业,常由悠闲镇定的人来完成,做事何必要匆匆忙忙;洪福大运,多集聚在宽厚人家,做人何必要猥琐鄙俗。

经典解读

有悠闲镇定的大气度，才能做成不同寻常的大业绩；有宽厚仁慈的大心胸，才能享受常人难享的大福分。一个人是否志存高远，可以从他的涵养、度量上看出来。有远大抱负的人不会计较眼前的得失，他不会因暂时的成败而大喜大悲、惊慌失措。所以说胸怀大志，必然胸襟开阔——唯度量广大者，能成就不世之功。

个人如此，家庭也是如此。如果一个家庭之中的所有成员都宽宏大量、恭谨谦顺，那么家庭氛围一定和睦安康，所有人都能够相互关爱，其家庭也必然兴旺发达。相反，如果家中所有人都鄙俗卑琐，那么无论干什么都会有人掣肘，骨肉之间相互疏离，甚至反目成仇，这样想要求得福分是不可能的。所以古人常说："家和万事兴""忠厚传家久"。

41. 贫能济人 闹能学道

原　文

> 贫士肯济人，才是性天中惠泽；闹场能学道，方为心地上工夫。

译　文

贫寒的人肯救济他人，这才是人本性中的惠爱恩泽；热闹场合能够静心学道，这才是心性上的修养功夫。

经典解读

人在富贵的时候能行善不难，难的是在贫穷的时候还能舍己为人。富人捐献的往往只是九牛一毛，出于一时好心即可做到，贫士济人往往要倾尽囊中所有，非出于仁善的天性不能做到。如《水浒传》中的鲁达，当他听到金老汉父女的遭遇后，毫不犹豫地将身上的所有银子给了他们，还向一同吃酒的史进、李忠借钱。能够如此慷慨济人，若无真性情，如何能够做得到？难怪金圣叹将鲁智深评为水浒中的上上人物。

人在清净的时候能够静心学道不是难事，难的是在喧闹场中还能保持内心的宁静，保持自己的操守。东汉末年，华歆和管宁在一起学习，窗外忽然传来锣鼓之声，原来有做官的人衣锦还乡，管宁恍若未闻，依然专心读书，而华歆则心神动荡，忍不住跑到窗前去看。管宁看到华歆充满艳羡的神情，心中很是鄙夷，于是隔断席子，声称要与华歆绝交。后来管宁果然一生为学，淡泊自守；

华歆虽然做到了三公之位，但其阿附权势，逼迫献帝让位，为世上君子所不齿。

很多人在学校中勤奋好学、品学兼优，但到了充满各种诱惑的社会上后，很快就失去了曾经的纯真，忘记了从前老师的教导，开始与世俗同流合污，变得虚荣慕利，这便是在心性上功夫不到家啊！

42. 一念清明 淡然无欲

原　文

人生只为"欲"字所累，便如马如牛，听人羁络；为鹰为犬，任物鞭笞。若果一念清明，淡然无欲，天地也不能转动我，鬼神也不能役使我，况一切区区事物乎！

译　文

人生如果被一个"欲"字所拖累，就如马牛被人羁绊，如鹰犬任人鞭打。如果能够做到心念清静明白，淡泊无欲，那么天地也不能改变他，鬼神也不能差使他，更何况那些微不足道的事物呢！

经典解读

人生太累就是源于多欲，为了欲望而盲目追逐，就会像牛马那样受尽劳苦，身陷羁络；为了欲望而阿附他人，就会像鹰犬那样，任人鞭打羞辱，丧失人格的独立。反过来，只要意念清明，淡泊无欲，那么谁还能羁绊他，谁还能羞辱他？

孔子曾经感慨道："我就没有见到过刚强的人啊！"有人说："申枨不是很刚强吗？"孔子说："申枨欲望太多，如何能够做到刚强呢？"欲望多，顾忌就多，必然无法处处坚守自己的原则，无法保存人格的独立。所以君子宁可淡泊自守，也不去追求过多的欲望。

汉高祖刘邦取得天下以后，想要广求贤才，听说有四个隐者"商山四皓"很有德行，就派人去请他们。商山四皓谢绝了皇帝的邀请，对使者说："出去做官，虽然可以得到荣华富贵，但这样就将受到各种朝廷制度、世俗人情的束缚，哪如隐居在山间更逍遥自在呢？"他们还做了一首《紫芝歌》以明志向："莫莫高山，深谷委迤。晔晔紫芝，可以疗饥。唐虞世远，吾将何归？驷马高盖，其忧甚大。富贵之畏人兮，不如贫贱之肆志。"

43. 知足心安 处下神逸

原　文

> 贪得者身富而心贫，知足者身贫而心富；居高者形逸而神劳，处下者形劳而神逸。孰得孰失，孰幻孰真，达人当自辨之！

译　文

贪图钱财的人生活富有但心灵贫瘠，知足常乐的人生活贫困但心灵富足；身居高位的人形体安逸但精神劳累，居下自守的人身体劳顿但精神闲逸。何为得，何为失，何为幻，何为真，通达事理的人应当自己去分辨！

经典解读

贪心的人汲汲于富贵，虽然可以生活得富有，但内心却是贫瘠且劳累的；知足常乐的人，虽然生活贫穷却能静下心来，抽出时间来体会生活中的美好，清贫中自然孕育着充实。身处高位，看似风光无限，但却不得不战战兢兢，夹着尾巴做人，一有小错就会引起君主暴怒，同僚怨恨，轻则失位，重则身死。如此风光，又怎如守着下位而获得精神上的闲逸呢？

得到是什么？获得再多，死时也不会带走分文。失去是什么？人生之初本来就不着一物。真实是什么？眼见之物可以消失，而闻之音不过须臾，口中味道能存几时？虚幻是什么？人知黄粱、南柯之可笑，又怎知自己此时未处于梦幻之中，追着虚妄之物？

竹林七贤之一的刘伶，生性放达、洒脱不羁。别人积攒钱财，他却穷尽家财买酒喝；别人都看重名誉，他却行为放荡，任性而活；别人都期望着做官，他听闻使者来征召，连忙喝醉酒，光着身子装出疯态来逃避。人人都视其为酒鬼，笑其痴顽，刘伶却不以为然，在文章中将那些王孙公子、守德处士比喻成果蝇和螟蛉。人生如此洒脱，虽不得公卿之位、千金之富，谁又能说他不快乐？

44. 忧乐以理 保身不殆

原　文

> 众人以顺境为乐，而君子乐自逆境中来；众人以拂意为忧，而君子忧从快意处起。盖众人忧乐以情，而君子忧乐以理也。

译　文

常人喜欢顺境，而君子的欢乐却从逆境中寻来；常人因事不顺心而忧愁，而君子却在称心如意中发现忧愁之处。这大概是由于常人的忧愁、欢乐源于情绪感受，而君子的忧愁、欢乐基于他所追求的义理吧。

经典解读

常人都喜欢顺境，却不知"生于忧患，死于安乐"。逆境中虽然生活困苦、清贫，但最能培养德行、磨砺节操，君子所看重的不是安乐、享受，而是自己的品德，所以他们能够在逆境中寻找到快乐。顺境万事如意，但人如果长期生活在顺境之中，就会沉溺于享乐，忘记自己的志向，从而沦于庸俗，所以君子在快意之时尤其警觉。

祸福相生，得失相伴，我们身处顺境之时，无需骄傲自满，而应谦恭警惕；身处逆境之时，也无需自怨自艾，而应砥砺自强。

45．人不知悔　徒如死灰

原　文

谢豹①覆面，犹知自愧；唐鼠②易肠，犹知自悔。盖愧悔二字，乃吾人去恶迁善之门，起死回生之路也。人生若无此念头，便是既死之寒灰，已枯之槁木矣。何处讨些生理？

注　释

①谢豹：虫名。唐·段成式《酉阳杂俎·虫篇》："虢州有虫名谢豹，常在深土中，司马裴、沈子常治坑获之。小类虾蟆而圆如毯，见人，以前两脚交覆首，如羞状。能穴地如鼩鼠，顷刻深数尺。或出地听谢豹鸟声，则脑裂而死，俗因名之。"

②唐鼠：传说中的鼠名。《艺文类聚》卷九五引《梁州记》："筭水北筭乡山……山有易肠鼠，一月三吐易其肠。束广微所谓唐鼠者也。"

译　文

传说中的谢豹自己覆盖脸面，就像知道羞愧一样；传说中的唐鼠自己吐出肠子，就像知道懊悔一样。"愧"、"悔"二字，是人去恶迁善的门户，起死回生的道路。人生如果没有这个念头，就是已经死灭的寒冷灰烬，已经腐朽的枯槁树木了。哪里还说得上有生存之理？

经典解读

虫子、老鼠都懂得羞愧自省，人如果不知道岂不是连它们都不如了吗？"知错能改,善莫大焉",人都会犯错误,但犯错误不可怕,执着于错误而不悔改,才是真的可怕;相反,有改过自新之意,便是槁木回春,死灰复燃。大家也许都看过《西游记》,《西游记》的主旨是什么?就是让人们修养心性,悔过自新。孙悟空大闹天宫犯下弥天大罪,猪八戒好色触犯天条,沙和尚在流沙河中以吃人为生,都是大罪恶之人,但他们能够悔过自新,最终都修得正果,这便是作者对世人的最大的劝谏。

人无论有什么罪过,只要能知悔过,便可得到新生,罪过也就随旧躯而去了;若不能诚心悔过,逃避罪过,掩饰罪过,那罪过会永远背在身上,而且越来越重。

46. 完浑噩之真 享和平之福

原　文

异宝奇琛①,俱民必争之器;瑰节奇行②,多冒不祥之名。总不若寻常历履易简行藏,可以完天地浑噩之真,享民物和平之福。

注　释

①琛:珍宝。
②瑰节奇行:出奇的思想和不平常的行为。

译　文

奇珍异宝都是人们必定争夺的器物;瑰节奇行大多承载着不祥的名声。总不如平常的履历、平易简约的行为举止,可以成就天地间淳朴的真性,享受民情风物、和美平安的幸福。

经典解读

奇珍异宝,人人都会争夺,一个人拥有它们,就会给自己带来无妄之灾。古人云:"匹夫无罪,怀璧其罪。"与其占有奇珍异宝无福消受,还不如两手空空,以穷保身。明初的沈万三富可敌国,民间甚至传说他有一只聚宝盆,沈万三以此沾沾自喜,没想到这个传闻被明太祖朱元璋听说了。朱元璋本来就对他利用钱财到处博取名声很不满,于是立刻找了个借口,将其流放到云南去了,不久,沈万三就在颠沛流离中死去了。谣传的奇珍异宝尚且祸患如此,更何况真正拥有呢!

瑰节奇行,引人注目,能让自己出尽风头,也能引来嫉妒、厌恶,给自己招来祸患。汉武帝刚刚登基之时,非常宠信韩嫣,赏赐比拟于文帝时的邓通。韩嫣恃宠骄傲自大,经常做一些瑰奇炫耀的举动。据《西京杂记》里记载,他喜爱弹丸游戏。在长安的时候,以黄金为丸,射击猎物,每天都会失去十多枚金丸。长安有语:"苦饥寒,逐金丸。"儿童们每闻韩嫣出弹,都辄随之,望着弹丸落地的地方奔跑争抢。韩嫣还傲视大臣，甚至与皇帝嬉戏，无礼于诸侯王。后来，江都王刘非因为韩嫣无礼，向王太后哭诉，王太后从此对其不满，不久韩嫣与宫女私通事泄，太后立刻派使者将其赐死。

沈万三、韩嫣之所以死亡，就是因为过于出众，以财、以行，引起他人怨恨，为自己招致了祸患。所以为人，一定要"寻常历履易简行藏"。

47. 天人相通 福祸非幽

原　文

福善不在杳冥，即在食息起居处牖其衷；祸淫不在幽渺，即在动静语默间夺其魄。可见人之精爽常通于天，天之威命即寓于人，天人岂相远哉！

译　文

人生福善不在杳冥难见的地方，就在饮食起居处显露其踪迹；人生灾祸不在幽渺难知的地方，就在言谈举止间夺人精魄。可见，人的精气神通连着上天，天的威严命令实存于人心，天和人难道相隔很远吗！

经典解读

有人问慧海禅师："禅师，您是如何修道的呢？"

慧海答："饿的时候就吃饭，疲倦的时候就睡觉。"

"这也能算是修道？每个人都是这样的，有区别吗？"

慧海答："当然有区别！"

"有什么区别？"

慧海答："他们吃饭总是想着别的事情，不专心吃饭；他们睡觉时总是做梦，睡不安稳。而我吃饭就是吃饭，什么也不想；我睡觉的时候从来不做梦，所以睡得安稳。这就是我和他们的区别。"

慧海禅师继续说道："世人的心往往是不宁静的，他们在利害得失中穿梭，囿于浮华的宠辱，产生了'种种思量'和'千般妄想'。他们为这种思量而驱使，盲目地追求这些妄想，因此迷失了自己，人生命中的各种福分就是在这般迷失之中丧失的，各种祸患就是在这种迷失之中渐渐产生的。"

福善、祸淫并非杳冥难测的，它们都来源于平常的生活之中。饮食起居间多种善因，减少心中的欲念、妄想，安守宁静淡泊，多行正道，自然会福来祸去；饮食起居中放荡无度，作恶多端，要想远离祸患，获得福泽，又怎么可能呢？所以，最大的生活智慧就是好好对待饮食起居这些小事，生活正是由它们构成的。

闲 适 篇

1. 鸟语悠扬 云光舒卷

原　文

> 昼闲人寂，听数声鸟语悠扬，不觉耳根尽彻；夜静天高，看一片云光舒卷，顿令眼界俱空。

译　文

　　白昼清闲，人声寂寥，听几声宛转悠扬的鸟鸣，不由得耳根完全清净了；夜晚宁静，天空高远，看一看舒展缩卷的云光，顿时觉得眼界完全空旷了。

经典解读

　　人生中应该时时保持一个好心态，不要让生命被喧嚣、繁杂所充满。在奔波劳碌之后，在身体疲乏之时，静心听几声鸟叫，仰头看看天上的云卷云舒，就会发现生活中并非全都是烦恼，那里一直都有很多美好的东西，只是我们自己在世俗中沉迷太久，以至于自己的心被厚厚的尘埃覆盖了。

　　古人云："流水之声可以养耳，青禾至绿可以养目，观书绎理可以养心，弹琴学字可以养脑，逍遥杖履可以养足，静坐调息可以养骸。"每个人都应用心去体会生活中的美，细心呵护自己的心灵。

2. 世事如棋 人生似瓦

原　文

> 世事如棋局，不着的才是高手；人生似瓦盆，打破了方见真空。

译　文

　　世上之事犹如一场棋局，能不执着的才是高手；人的一生好似一个瓦盆，打破了才见到真的境界。

经典解读

　　若问一个问题：下棋是为了什么？相信大部分人立刻会回答：为了消遣，为了娱乐。是啊，下棋是为了娱乐，可在生活中，我们在棋盘之上能够看到多少宁静、欢乐的面孔？人们或眉头紧皱，或战战兢兢，或尽心竭虑，或面红耳赤。人们为了追寻娱乐而拿出棋盘，可是拈起棋子的时候，却又将所有的精力都放在了输赢之上？最后为了一个赢的目标，将娱乐变成了煎熬和痛苦。所以说，真正懂棋的高手，不是一直能赢棋的人，而是能够在棋局中获得快乐的人。纷纷世事亦如棋，真正懂得生活的高手，不是一直比他人强、得到很多的人，而是能够快乐地生活、无所执着的人。

　　一个和尚搬着瓦盆走过庭院，一不小心，瓦盆掉在地上摔碎了，和尚连忙蹲下查看。这一幕恰好被四海禅师看到了，禅师问："瓦盆中装的是什么？"和尚答："瓦盆是空的。"禅师又问："瓦盆中是什么？"和尚不解，只得再次回答："瓦盆中什么也没有，是空的。""既然是空的，盆已碎了，你还在看什么？"和尚听后大悟，立刻走开了。人生也如一个瓦盆，本来就是两手空空而来，何必为了没有得到什么而遗憾，何必为了生命终将结束而悲哀，何必为了那些已经失去的人和事而感到悲哀？

3. 淡然无欲　飘然远引

原　文

　　龙可豢①非真龙，虎可搏非真虎，故爵禄可饵荣进之辈，必不可笼淡然无欲之人；鼎镬②可及宠利之流，必不可加飘然远引之士。

注　释

　　①豢：豢养从而观赏为乐。
　　②鼎镬：烹煮的刑罚，比喻酷刑。

译　文

　　可以豢养观赏的不是真龙，可以养来搏戏的不是真虎，所以说，爵位俸禄可以诱惑爱好荣耀、希图仕进之辈，必然不能笼络淡然而无欲求的人；鼎镬酷刑可以加在追名逐利的人身上，必然不能加在飘然远去、脱俗归隐的人身上。

经典解读

龙之所以可贵，就是因为其潜于大渊之下，幽隐难见；虎之所以可贵，就是因为其伏于深山之上，神出鬼没。若是寻常可见，如牛马猪犬，那龙和虎还有什么稀罕的？所以说，真正的龙不是豢养在笼子之中的，真正的虎不是被人圈养在苑囿之内的，真正的隐士、高人也不是随便可以被人请出来做官的。

春秋之时，楚惠王听说蒙山之中有一个隐者叫老莱子，见识非凡，于是派人请他出来做官。使者往返几次，老莱子都避而不见，楚王以为老莱子这是认为他诚意不够，就亲自驾车前往。老莱子正在编簸箕，楚王上前行礼说："听说先生是得道高人，我愿意将楚国托付给您。"老莱子头也不抬地对楚王说："大王从哪里听说我是高人的？我平时不与外人交游，不和他人谈论治国、治民之事。有人认为我得道一定是见我隐居山间、安守贫贱吧。您为了这个来请我做官，如果我去做官了，那就丧失了这些洁行，那还怎么能配得上您的期望呢？我只是一个山野之人，不足以委托政事。"楚王无奈，只得回去。老莱子的妻子问他："楚王如此诚意，为何不出去为官呢？"老莱子说："当权者可以给人富贵，也可以随时打击他；可以给人高官厚禄，也可以用铁斧砍掉他的脑袋。与其受制于人，何如在山间逍遥自在？"老莱子觉得自己的行踪已经暴露，怕楚王再次派人来请，就带着妻子迁徙到更荒僻的南方大山中去了。

4. 富贵不足争 光阴莫虚度

原　文

一场闲富贵，狠狠争来，虽得还是失；百岁好光阴，忙忙过了，纵寿亦为夭。

译　文

一场无关紧要的富贵，拼尽全力争夺得来，虽然得到了，却失去了更为宝贵的东西；百年的好光阴，却在忙忙碌碌中虚度了，纵然长寿也如夭折。

经典解读

孔子说："不义而富且贵，于我如浮云。"君子之于富贵，可以道得之，则得之，不可以道得之，亦不强求。若是贪慕富贵，并费尽心机、不择手段地得到了，那么可能会违背很多做人的原则，失去的东西往往比富贵更多。

生命的意义并不以长短来衡量，一个人最重要的是将生命用在最有意义的地方，雷锋活的时间虽短，但他的生命永远放射着光芒，而有的人忙碌一生，毫无作为，有的人追名逐利，匆匆忙忙，这样的人纵然长命百岁也是毫无价值的。在此，我们应好好思量《钢铁是怎样炼成的》小说中的那句名言："人最宝贵的是生命，生命对每个人来说只有一次。一个人的生命应当这样度过：当他回首往事的时候，不因虚度年华而悔恨，不因碌碌无为而羞愧。在临死的时候，他能够说：'我整个的生命和全部精力，都已献给世界上最壮丽的事业——为人类的解放而斗争！'"

5. 鱼鸟亲人 莺花避俗

原 文

> 高车嫌地僻，不如鱼鸟解亲人。驷马喜门高，怎似莺花能避俗。

译 文

　　高大的马车嫌弃偏僻的处所，不如鱼儿、鸟儿知道亲近人；华丽的马车喜欢门楣高大的宅院，怎如飞莺、花朵让人摆脱世俗。

经典解读

　　汉时下邳翟公官至廷尉，家中宾客盈门，车水马龙好不热闹。等到丢了官，门外再无车马到来，冷清得门可罗雀。后来他官复原职，那些曾经的宾客又来求见，翟公感慨不已，在大门上写道："一死一生，乃知交情。一贫一富，乃知交态。一贵一贱，交情乃见。"从此养花种草，固守清寂淡泊，不再与权贵交游。

　　高车、驷马皆是富贵之物，富贵之物最为势利，当你发达之时，它们便追随在你的左右，当你惨淡之时，它们便离你而去；鱼鸟莺花皆是淡泊之物，无论你发达还是穷困，它们都相伴在你的身边。与其将生命花费在追逐那些无情的高车、驷马之上，不如多花些心思好好珍惜那永远和你相伴的鱼鸟莺花。

6. 万念厌冷 身似浮云

原 文

> 红烛烧残，万念自然厌冷；黄粱梦破，一身亦似云浮。

译　文

红烛烧尽后，万种念想逐渐冷淡；黄粱梦醒后，一身轻松仿佛云浮。

经典解读

喜庆欢闹场所，遍燃红烛，其中之人无不欢喜得意。红烛烧尽，欢声过后，归于平静，人心中的念头也就冷寂了。黄粱梦中尽得荣华富贵，人生得意不过如此，然而梦醒之后，才觉得万事皆空，想到人生如梦，万般欲念便消减，身心自然就轻松了。万般欲念本就是虚妄，富贵荣华本就要归于空虚，只不过大多数人没有得到过，才觉得生活的目标就在于此。得到过、感受过，自然会体悟到万般皆空，平实淡泊才是生活的真味。

大多数人往往不甘默默无闻，渴望在世俗之中得到他人的认可，于是追逐地位、名声、富贵，来证明自己的才华、能力。其实，这些追逐不过镜中花、水中月，只是虚幻的绚烂，倏忽而灭。

有这样一首诗，和本文颇相契合："何事退耕沧海畔？闲看富贵白云飞。门前种稻三回熟，县里官人四考归。"它的作者是唐代诗人刘商。刘商青年时多才好学，希望在仕途之中能有一番作为，最后官至礼部侍郎。一天，他在街上遇到一位道士，其讲起秦汉时候的事非常逼真，都像亲眼所见一样，于是刘商非常惊异，像对待老师那样尊敬道士。通过和这个道士的交谈，加之看惯了官场上的尔虞我诈、争权夺利，刘商遂辞官而去，归隐山间，逍遥一生。

7. 好书良友 碗茗炉烟

原　文

千载奇逢，无如好书良友；一生清福，只在碗茗炉烟。

译　文

千年难逢的机遇，也不如有好书相伴、良友相交；尽享一生清福，就只在品茶熏香中获得。

经典解读

苏格拉底还是单身的时候，和几个朋友一起住在一间狭小的房子里，但他却总是乐呵呵的。有人问他："屋子这么简陋，连转个身都困难，有什么可高兴的？"

苏格拉底说："朋友们在一起，随时都可以交流思想，交流感情，难道不是值得高兴的事情吗？"

不久，朋友们都成了家，先后搬了出去，屋子里只剩下苏格拉底一个人，但他仍然很快乐。那人又问："一个人孤孤单单的，还有什么好高兴的？"

苏格拉底说："我有很多书啊，一本书就是一位老师，和这么多老师在一起，时时刻刻都可以向他们请教，怎么不令人高兴呢？"

后来，苏格拉底也成了家，但他的家在大楼的最底层，环境非常差，既不安静，也不卫生。那人见到苏格拉底便问："住这样的房子里，你还快乐吗？"

苏格拉底回答："当然快乐了！进门就是家，出入方便，朋友经常来坐坐，门前空地上还可以养花种草，这样的生活不幸福吗？"

又过了一段时间，苏格拉底搬到了楼房的最高层。那人又问他："如今你还有哪些快乐呢？"

苏格拉底说："我的快乐多着呢！这里光线好，写字不伤眼睛，看书安静不受打扰，上楼、下楼还可以锻炼身体……"

生活之味便在平淡，再多的奇遇也不如找一段闲暇时光，静下心，捧起一本好书，喝口淡淡的清茶。一生如果能常如此，便是最大的福分。有一颗品味平常的心，生活中处处都是幸福，何必去劳心费力地追求那些不必要的欲求呢？

8. 贫不是病 醉岂非禅

原 文

蓬茅①下诵诗读书，日日与圣贤晤语，谁云贫是病？樽罍边幕天席地，时时共造化氤氲②，孰谓醉非禅？兴来醉倒落花前，天地即为衾枕。机息③坐忘盘石上，古今尽属蜉蝣。

注 释

①蓬茅：茅屋蓬户，喻贫陋的住所。

②氤氲：阴阳二气交会和合之状，这里指与天地自然神合。

③机息：机心止息，与世无争。唐·戴叔伦《将巡郴永途中作》诗云："机息知名误，形衰恨道贫。"

译 文

在简陋茅屋内诵诗读书，天天与圣人、贤哲会晤交谈，谁还能说贫穷就是病？在野外幕天席地痛饮美酒，时时与天地造化神交，怎么能说醉酒不是禅？兴趣来了酣醉卧倒在飘花之前，天地就是衾被枕席；机心止息坐在盘石上面，忘记一切世俗，古今人物都不过是蜉蝣小虫而已。

经典解读

歌德说过："读一本好书，就是在和高尚的人谈话。"日日在书中体会圣贤的思想，与圣贤神交，即使居住在简陋的茅屋之中，吃着粗糙难咽的食物，又何尝不是一件快乐的事情？在美景之中，饮酒作乐，神游于天地之间，"悠悠乎与颢气俱，而莫得其涯；洋洋乎与造物者游，而不知其所穷"，又何尝不超脱于尘俗？醉卧花间，机息盘石，心胸可包罗天地万物，却又不留丝毫尘埃，佛陀道祖也不过如此，得此乐趣，得此体悟，岂不胜于乘高车驷马、享锦衣玉食？

乐趣常从自然中至，参悟常从平淡中来，人当知此道。

9. 君子守节 如鹤如松

原　文

昴藏①老鹤虽饥，饮啄犹闲，肯同鸡鹜之营营而竞食？偃蹇②寒松纵老，丰标自在，岂似桃李之灼灼而争妍？

注　释

①昴藏：昴，星名，二十八宿之一，位于西方，昴宿中，则冬天至。昴藏，指冬天里躲藏起来。明朝的许赞有诗云："昴藏野鹤来僧榻，扑簌岩花落鸟声。"

②偃蹇：高耸貌。

译　文

冬日隐藏的老鹤即使饥饿，饮水啄食也会悠闲镇静，怎么会同鸡鸭之辈抢争食物？高耸傲立的寒松纵然苍老，丰采标态依然保持，怎么能像桃树李树竞相开花争奇斗艳？

经典解读

鹤胜于鸡鸭，不在于外形，而在于其风骨之高，即使寒冬饥饿之时也不失高贵优雅，绝不与庸俗之禽鸟抢夺争斗；松不同于桃李，不在其枝干，而在于其操守之坚定，即使衰老偃卧也不失清高绝俗之气，绝不像桃李那样以姿色媚人。

中国文人自古重风骨气节，故在鸟多称高洁的鹤，在树多赞安傲雪的松。如王勃《涧底寒松赋》写道："惟松之植，于涧之幽。盘柯跨岭，沓柢凭流。寓天地兮何日？沾雨露兮几秋？见时华之屡变，知俗态之多浮。故其磊落殊状，森梢峻节。紫叶吟风，苍条振雪……"苍松之傲骨跃然纸上。如今文人，无论处于什么样的环境之中，处于什么样的氛围之内，都要保持着先人传下来的这份傲气、傲骨，而不应媚俗屈膝、阿附权贵。

10. 喧哗出幻境 清静得真道

原　文

> 吾人适志于花柳烂漫之时，得趣于笙歌腾沸之处，乃是造化之幻境、人心之荡念也。须从木落草枯之后，向声希味淡之中，觅得一些消息，才是乾坤的橐籥①、人物的根宗。

注　释

①橐籥：古代鼓风吹火用的器具，老子《道德经》中有："天地之间，其犹橐籥乎？虚而不屈，动而愈出。"故以"橐籥"指万物运动之本源。

译　文

我们在鲜花杨柳绚烂的时候舒适自得，在笙歌喧腾鼎沸的地方获得乐趣，这不过是大自然造出的幻境，是人心的放荡意念而已。只有在树木凋零、花草枯萎以后，在声静味淡的清静之中寻觅得一些真谛，才是天地运动的根源，人与物的存在根本。

经典解读

热闹场中的得意不过是一时幻境，只有安宁之后的感触才是生命真正的滋味。《道德经》中说："致虚极，守静笃"，诸葛亮《诫子书》中说的："非淡泊无以明志，非宁静无以致远"，都是告诉人们要在静中修心，要在淡泊里磨砺自己的志向。

红花绿柳、笙歌艳舞，都会扰乱人的心性，消损人的志气，长期沉溺其中，必为俗物所累，人不可不慎戒之。

11. 静处观人事 闲中玩物情

原　文

> 静处观人事，即伊吕①之勋庸、夷齐②之节义，无非大海浮沤；闲中玩物情，虽木石之偏枯、鹿豕之顽蠢，总是吾性真如。

注 释

①伊吕：伊尹、吕尚。伊尹辅佐商汤，灭亡夏桀；吕尚辅佐周武王，灭亡商纣，都是有大功之人。

②夷齐：伯夷、叔齐。二人为孤竹君之子，坚守名节，不食周粟，饿死于首阳山，是后世有节气之人的典范。

译 文

静下心来观察人与事，即使伊尹、吕尚那样的功勋伟绩，伯夷、叔齐那样的节操义行，也不过是海中的泡沫；清闲之中玩味事物之情，虽是树木山石的偏斜枯败，麋鹿豕豗的顽劣愚蠢，无一例外，都是我本性的真实显现。

经典解读

心中淡泊，再大的功勋富贵也都如海中泡沫，转瞬而逝，不值得人去苦苦追求；心中有趣，草木鹿豕这些平常小物，也都有可爱趣味，都能从中参悟人性大道。这是说，人既要将心放轻，回归于淡泊，勿以功名利禄而损害心性，又要在生活中善于发现乐趣，不使自己陷入到空寂枯燥之中。

12. 花开春不管 水寒鱼自知

原 文

花开花谢，春不管，拂意事休对人言；水暖水寒，鱼自知，会心处还期独赏。

译 文

花开花谢，春天是不管的，不如意的事情休要对别人倾诉；水暖水寒，鱼儿自己知道，会心合意的地方尽可以独自欣赏。

经典解读

花儿凋落，春天不会在乎，失意的事在你眼里可能很重要，在他人的眼中往往轻如鸿毛；得意的事在你眼中可能值得庆幸，在他人眼里也许根本不值一提。经常对他人唠叨失意，要么惹人厌烦，要么让人轻视；经常对人絮叨得意，要么惹人厌烦，要么让人嫉妒。所以，无论得意还是失意，放在自己心中就足够了，何必常常对人说呢？

13. 痴人自设碍 杰士空逞强

原　文

闲观扑纸蝇，笑痴人自生障碍；静觇竞巢鹊，叹杰士空逞英雄。

译　文

闲观扑打纸窗的苍蝇，笑那些愚痴之人自设障碍；静观争抢巢窠的喜鹊，感叹豪杰之士也都是凭空自逞英雄。

经典解读

人都知扑打纸窗的苍蝇可笑，知道为了巢穴而争斗的喜鹊无知，可细细思量，那些追逐名利富贵，争抢钱财利益的人何尝不是愚蠢的"苍蝇"、"喜鹊"？他们不也是正将生命耗费在虚妄、无用的东西身上吗？

白云守端禅师曾做过一首《蝇子透窗》的偈子："为爱寻光纸上钻，不能透处几多难；忽然撞着来时路，始觉平生被眼瞒。"人生苦恼多来源于贪慕，放下心中的执念，才能得到解脱。

14. 勘有尽身躯 悟无怀境界

原　文

看破有尽身躯，万境之尘缘自息；悟入无怀境界，一轮之心月独明。

译　文

看破有限的身体，各种尘世因缘自然就熄灭了；悟到无牵怀的境界，心中犹如明月照耀，清澈敞亮。

经典解读

吃喝享乐都得之于身体，权势利禄也都是身体来承担，可这承受一切的身体也终会归于土灰，人若能想到这一点，尘俗的追求、欲望自然淡泊了；思量能改变什么，牵挂能改变什么？既然什么都没有改变，心中带着那么多杂思、欲念又有什么用呢？不如将所有的思绪都放下，让平静的月光普照心田。

多欲看似为身，实际害身；多思看似有心，实则伤心。与其沉溺在世俗的欲望、思绪之中，不如清心寡欲，以空虚自守。

15. 宿俭梦魂爽 餐淡齿留香

原　文

木床石枕冷家风，拥衾时魂梦亦爽；麦饭豆羹淡滋味，放箸处齿颊犹香。

译　文

木床石枕，家中清冷，拥着被衾之时，魂梦也同样酣爽；麦饭豆羹，滋味清淡，放下筷子细品味，齿间仍留有余香。

经典解读

卧木床、睡石枕，虽没有绫罗锦帐那么舒服，但只要心中安稳坦荡，睡觉之时也同样酣爽；食麦饭、饮豆羹，虽没有大鱼大肉那么甘浓，但只要心中没有奢望，同样能在其中品味出香美。故《战国策》中云："晚食以当肉，安步以当车，无罪以当贵，清静贞正以自虞。"

南宋爱国词人辛弃疾曾写道："一葛一裘经岁，一钵一瓶终日，老子旧家风。"词人青年时满怀报国热情，也曾建立过一番功业，也曾扬名于四海之间，可世事难测，壮志不酬，晚年归隐之后，在田园之间想到昔日种种，于是生出此番感慨。繁华得意，一时风光，万般热闹留不住，人生最真还是淡。

16. 扫除偏见 灭却俗情

原　文

谈纷华而厌者，或见纷华而喜；语淡泊而欣者，或处淡泊而厌。须扫除浓淡之见，灭却欣厌之情，才可以忘纷华而甘淡泊也。

译　文

说起繁华而满口厌倦的人，或许见到了繁华就会喜欢；谈论淡泊而满口欣喜的人，或许处在淡泊之中就会厌恶。必须扫除浓烈或淡雅的偏见，消灭欣喜或厌恶的情绪，这样才可以忘却繁华富丽而甘于淡泊超脱。

经典解读

谈到繁华、富贵就满口厌恶的，其实是心中还没有放下富贵；谈到清净、淡泊就满口欢喜的，其实真正的淡泊还未浸入其内心深处。没有了浓淡之见，忘却了繁简之别，又怎么会或喜或悲、若惊若宠呢？

东晋诗人谢灵运罢官以后，沉浸于山水之间，到处求胜景、访贤人。在上虞山中遇到一个叫孔淳之的隐士，孔淳之看到谢灵运的曲柄笠，觉得它很像是达官贵人出行时仪仗中的曲柄伞，于是讥讽道："你既然向往远离尘世的隐居生活，到处访问隐士，为何还要背着官吏的曲柄伞盖呢？"谢灵运反讥道："莫非先生就是那个厌恶影子，却忘不掉影子的人？"这是借用《庄子》之中的典故，喻我心中没有富贵，所以根本不去想什么富贵之物，曲柄笠在我眼中只是一个普通的斗笠，而你却将其看成了富贵者的伞盖，到底是谁心中不清净呢？孔淳之听了以后，很是羞愧。

17. 认清自我 摆脱虚幻

原　文

鸟惊心，花溅泪，怀此热肝肠，如何领取得冷风月？山写照，水传神，识吾真面目，方可摆脱得幻乾坤。

译　文

闻鸟鸣而心惊，见飞花而落泪，胸怀这样的满腔热情，怎么能够领悟清风明月的淡雅闲情？山川写实映照，流水传神表达，认清自己的本真面目，才可摆脱虚幻的世俗乾坤。

经典解读

杜甫"感时花溅泪，恨别鸟惊心"之诗句，写的是花鸟，表达的却完全是自己的感情，爱国惜民、悲天悯人之肝肠虽热，但却未能超脱尘世情感，不能看穿盛衰兴亡的规律。这种深沉的感情是杜甫值得尊敬之处，是他的诗歌魅力所在，但另一方面来看，这种对兴亡的执着，也是其一生凄苦的根源。

在书画艺术中，人们提倡为山水写照，做传神之笔，可什么才是真正的山水？人心愉悦则见春山繁华，人心苦闷则见秋水萧瑟，真正能够传递山水之情的人，要超越这种得失之念，勘破心中妄念，勘破世间幻。然而，又有多少人能真正勘破这一切，"不识庐山真面目，只缘身在此山中"，生活在人世之中，却要勘破人间万事，这也许只是作者作为生活在压抑的晚明社会中的知识分子的一个梦想吧。

18. 回贪恋之首 舒愁苦之眉

原　文

富贵得一世宠荣，到死时反增了一个"恋"字，如负重担；贫贱得一世清苦，到死时反脱了一个"厌"字，如释重枷。人诚想念到此，当急回贪恋之首而猛舒愁苦之眉矣。

译　文

富足尊贵得到一生荣宠，到死的时候，反而增添了一个"恋"字，犹如负上了重担；贫穷卑贱得到一生清苦，到死的时候，反而摆脱了一个"厌"字，犹如打开了枷锁。人如果真能想到这些，就会立刻回转贪恋的念头，猛然舒展愁苦的眉头了。

经典解读

有人说，死亡是最公平的，它既降临到贫困之家，也降临到富贵之家。不管是街头的乞丐，还是紫禁城中的皇帝，最后都将归于死亡，古今多少人妄求长生不老？纵有秦皇汉武般雄才伟略，最终还是要到地下受尽蛆虫啃噬。

真正通达的人，无论富贵贫贱，对生死的态度都是一样的。贫贱能固守道义，不奢求、不厌生，富贵能恪守礼节，不骄纵，不怕死。所以他们能坦然地面对未知的生活，面对生老病死，坦然地说："死生有命，富贵在天。"

19. 人生如幻 悲欣交集

原　文

人之有生也，如太仓之稊米，如灼目之电光，如悬崖之朽木，如逝海之巨波。知此者如何不悲？如何不乐？如何看他不破，而怀贪生之虑？如何看他不重，而贻虚生之羞？

译　文

人的生命，如巨大粮仓里的一粒米，如耀眼夺目的电光，如陡峭山崖上的枯朽树木，如滚滚大海中的一个波浪。知道这些的人，怎能不悲伤？怎能不快乐？怎能不看破生命而怀着贪生的念头？怎能不看重生命而去虚度一生？

经典解读

　　人生要看淡些，世上之人千千万万，我处于其中如沧海一粟，平淡岂不也是应然，何必有那么多欲望？百年生命于万古之中恍如电光一闪，其中得又如何，失又如何？甘守贫贱也是一晃而过，享受富贵也是一晃而过，又何必为了这些劳神苦心？

　　人生又要看重些，生命如流星，我为何不加把劲，让它变得更灿烂一些；生命如沧海一粟，为何他人能名扬天下，建千古功绩，而我就默默无闻、流于平庸？尧舜也是人，孔孟也是人，我也是人，为何我的人生不能像他们那么有价值？

　　看淡人生让人少些奢欲，平静淡泊；看重人生让人多些进取，立志高远。在不同的人生阶段，不同的处境之中要有不同的取舍，这样，人生才能更加完美。

20. 消除猛气 抛却心机

原　文

　　鹬蚌相持，兔犬共毙，冷觑来令人猛气全消；鸥兔共浴，鹿豕同眠，闲观去使我机心顿息。

译　文

　　鹬和蚌相争持而渔人得利，猎犬追逐兔子却一起累死，冷眼看这些事，让人心灰意冷、猛气全无；鸥鸟和野鸭共同沐浴，麋鹿和豚麑一起睡眠，闲观它们和睦相处，使我争名夺利的心机顿时止息。

经典解读

　　鹬蚌相争、兔犬共毙的典故都出于《战国策》。《齐策三》中写道：韩子卢是天下跑得最快的猎犬，东郭逡是天下最灵敏的狡兔。韩子卢追逐东郭逡绕山三圈，翻山五座，最后兔子累死在前面，猎犬累死在后面。《燕策》中写道：河蚌出来晒太阳，鹬鸟想要啄它的肉，蚌闭合蚌壳夹住鹬鸟的嘴，鹬说："今日不下雨，明日不下雨，就有死蚌了。"蚌也说："今日不放你，明日不放你，就有死鹬了。"最后渔夫路过，将它们一起抓住了。

　　这两个典故告诉人们，逞强好胜，坚持无谓的争斗，只会损人损己，两败俱伤。路窄处不如让一步，遇冲突不如忍一时。若能懂得这些道理，胸中怎么还会有那么多争强好胜的勇猛之气？消除猛气，能与他人和谐相处，包容万物，便会立刻出现一幅"鸥凫共浴，鹿豕同眠"的和谐画面，这才是人生的幸福所在。

21. 迷如苦海 悟涣寒冰

原　文

> 迷则乐境成苦海，如水凝为冰；悟则苦海为乐境，犹冰涣作水。可见苦乐无二境，迷悟非两心，只在一转念间耳。

译　文

过于执迷，乐境也会变成苦海，就像水凝结成寒冰；大彻大悟，苦海就会变成乐境，就像寒冰融化成水。可见，苦与乐不是完全分割的两个境界，执迷与觉悟都由一个心所决定，一切都看你能否能转变念头。

经典解读

生活中，我们可能遇到各种苦难、挫折，这些遭遇本身不可怕，最可怕的是我们内心的迷失。心不迷失，换个角度看待苦难，往往会将其变成乐境；心迷失了，即使苦难并不可怕，我们也会永远陷入其中，难以解脱出来。

鉴真禅师晚年不断受到各种打击，先是日本来接他的僧人染疾去世，接着他的大弟子也死去了，更可悲的是本来身体就不好的鉴真禅师在晚年失明了，身边的人都认为他东渡的计划不可能实现了，他一定会就此消沉下去的，但鉴真禅师却从未忘记过微笑，当别人提起他的不幸时，他笑着说："眼睛看不见，我更能用心去体会这个世界了。"身边人因此备受鼓励，最后鉴真禅师终于历经千辛万苦，万里迢迢渡海来到日本，受到了人们隆重的接待。

人生的痛苦和快乐，一半来自生命里的境遇，一半来自自己的心态。命运对每个人都是公平的，凡事有得必有失，就看你如何看待。人可以没有名利、没有金钱，但必须拥有一份美好的心境。看淡了，是是非非也就无所谓；放下了，成败得失也就那么回事。

22. 疏狂足贵 淡泊为真

原　文

> 遍阅人情，始识疏狂之足贵；备尝世味，方知淡泊之为真。

译　文

阅遍人情世故，才明白率性疏狂最为珍贵；尝尽人生滋味，才知道恬静淡泊最为真实。

经典解读

心机再多，不如率性疏狂；享乐再美，不如恬静淡泊。这是一种历经了冷暖、世态炎凉的磨难之后的感悟，更是一种境界。只有把功名利禄、地位权势、欲望置之度外，才能得到如此的洒脱和恬静。

喧嚣的社会中充满了各种各样的诱惑，我们到底需要什么？别人的追逐难道就是对的吗？那都是执迷啊，坚守恬静淡泊的本性才是最好的生活方式。浮躁的社会里充斥着各种各样的人，我们选择什么样的处世方式？一切虚伪、机巧都不如率性坦诚更珍贵，只有真诚，才能获得他人的最终认可，才是最好的待人之法。

23. 鹏程天窄 鹤梦林宽

原　文

地宽天高，尚觉鹏程之窄小；云深松老，方知鹤梦之悠闲。

译　文

纵然地宽天高，仍然觉得大鹏能够飞行的路程很窄小；体味云深松老，才知道鹤梦般隐居的生活是如此悠闲。

经典解读

《庄子·逍遥游》中说："鹏之徙于南冥也，水击三千里，抟扶摇而上者九万里，去以六月息者也。"天地虽然广大无垠，但欲做鹏程之飞，没有三千里的水面，九万里的高风便无法施展。君子当立志高远，待时而动，不可敷衍此生，做篱间鸠雀，"决起而飞，抢榆枋而止"。

云深松老之处，皆是仙鹤悠闲隐居的地方。生命不必过于奢求浓艳，安静淡雅的地方才是最佳的安身之所。

此节，上联言怀志当高远，不可虚度此生；下联言立身当淡泊，不可贪求浓艳。观诸葛亮一生，恰为此处注解。诸葛亮志向高远，心怀天下，非刘备之主诚心相邀，不展其鹏翼，非得鱼水之信不能尽其大才；然而其生活则淡泊简朴，躬耕于南阳，居住于草庐之中，并以"淡泊以明志，宁静以致远"来教育后人。

24. 还当放手 也要息肩

原　文

> 两个空拳握古今，握住了还当放手；一条竹杖挑风月，挑到时也要息肩。

译　文

两个空拳可以握住古今万事，但握住了还应当放开双手；一根竹杖可以挑起清风明月，但挑到时也需要息息肩头。

经典解读

巴尔扎克在《欧也妮·葛朗台》中生动地描述了一个吝啬鬼临死时的情景：当葛朗台病重，本区的教士来给他做临终法事的时候，十字架、烛台和银镶的圣水壶一出现，他似乎已经死去几小时的眼睛立刻复活了，目不转睛地瞧着那些法器。神甫把镀金的十字架送到他唇边，给他亲吻基督的圣像，他却作了一个骇人的姿势，想把十字架抓在手里，这最后一下努力送了他的命。

有些人总是想把东西抓在自己的手中，然而要了他们命的恰恰就是这种"抓住一切"的欲望。东西拿久了要放下它们，然后活动活动手脚，担子挑久了要放下担子，然后松快松快肩膀，富贵、权力也当如此。生命有限，攥着再大的权力终将失去，攥着再多的财富终要放手，恋恋不舍，欲求无度，只会让自己永远劳苦，得不到休息。

25. 生活即诗 细处皆禅

原　文

> 阶下几点飞翠落红，收拾来无非诗料；窗前一片浮青映白，悟入处尽是禅机。

译　文

台阶下几点飞舞的翠叶、飘落的红花，收拾起来没有不是做诗的材料；窗户前一片浮现的青山、辉映的白雪，细悟起来处处都是禅法玄机。

经典解读

古人的诗歌越是平常所见越能打动人心，如"床前明月光""离离原上草"，所以，生活乐趣当从平常中寻来。人生也当多几分趣味，用诗意的眼光去看待生活。

禅机佛道同样蕴藏在平常的生活之间，智者在生活中得到禅机，乐者以睿智的佛心去对待生活。

香严智闲禅师曾问师父沩山禅师什么是真实的人生。沩山反问道："父母未生之前的自己的面目是什么？"香严不知，请求师父赐教。沩山禅师说："我所说的一切都是由我悟得的，都不是你的东西。"香严苦恼之极，对明心悟道感到很沮丧、灰心，于是便去南阳守慧忠国师之墓，以求积德养性，明心悟道。有一天，在山中割草时，他捡起一颗小石子，无意中向外扔去，正巧碰在修竹上，"泠泠"的回声响彻耳边，长久不断，香严闻之豁然大悟。他在平常的劳动之中得到了开启心门的钥匙，最终成为一代高僧。禅机便是如此，只要悟到了，或许它就在吃饭、睡觉、平常劳动之间。

26. 好事易虚 闲人多福

原　文

忽睹天际彩云，常疑好事皆虚事；再观山中古木，方信闲人是福人。

译　文

忽然目睹天边彩云，常怀疑美好的事情皆为虚幻；仔细观看山中古木，才相信清闲之人方是有福。

经典解读

天上彩云变幻无常，人生中荣华富贵、兴衰得失也是如此，所以不必执着于此。山中古木得以保存，故良才高智未必是福，平庸无能未必是害。

在《庄子·逍遥游》中，惠子对庄子说："我有一棵大树，它那树干上有许多赘瘤，不合绳墨，它那枝杈弯弯曲曲，不合规矩。它长在路边，木匠都不看它一眼。现在你说的那段话，大而没有用，大家都不相信。"庄子说："现在你有一棵大树，担忧它没有用处，为什么不把它种在虚无之乡，广阔无边的原野，随意地徘徊在它的旁边，逍遥自在地躺在它的下面；这样大树就不会遭到斧头的砍伐，也没有什么东西会伤害它。它没有什么用处，又哪里会有什么困苦呢？"

历史上因才而死的人数不胜数。陆机无才何至于族灭？嵇康无才何至于身死？抱朴守拙方为安身之道。

27. 无须扼腕 且自舒眉

原　文

> 东海水曾闻无定波，世事何须扼腕？北邙山①未省留闲地，人生且自舒眉。

注　释

①北邙山：洛阳之北有邙山，东汉、魏、晋的王侯公卿多葬于此。

译　文

东海水多，却从来没有听闻过有静止不动的波浪，世上事何必扼腕叹息？邙山地广，却未曾知道存留有空闲的土地，人生间只管舒展眉头。

经典解读

本节来自白居易的《放言五首》诗之一：
"谁家第宅成还破，何处亲宾哭复歌？
昨日屋头堪炙手，今朝门外好张罗。
北邙未省留闲地，东海何曾有定波？
莫笑贱贫夸富贵，共成枯骨两如何？"

波浪时起时伏，人生也是如此，有起有伏才是常态，在得意之时无须洋洋自喜，在失意之时也无须扼腕叹息。广阔的北邙山之上，墓碑横列，那些土中之人，谁不曾得意一时，但如今都躺在那里，与尘土化而为一，任狐兔奔逐于墓上。

对于变幻无定的人生，只需淡然处之，得之失之都不必放在心上，荣华富贵都不必费心追求，生前再奢求，死后不过一抔黄土而已，正所谓"长陵亦是闲邱陇，异日谁知与仲多！"

28. 忙里偷闲 缺处知足

原　文

> 天地尚无停息，日月且有盈亏，况区区人世，能事事圆满而时时暇逸乎？只是向忙里偷闲，遇缺处知足，则操纵在我，作息自如，即造物不得与之论劳逸、较亏盈矣！

译 文

　　天地尚且运转无停息，日月尚且有盈有亏损，更何况区区人世，如何能事事圆满、时时安逸呢？只不过要学会忙里偷闲，遇到欠缺的地方也要懂得满足，如此则能让人生由我做主，劳作休息自如，即使造物主也不能计较你是劳累还是安逸，是亏损还是盈满了！

经典解读

　　天地尚且不能停下来休息，人何必贪求安逸呢？日月尚且有盈亏，人又何必妄求圆满呢？"知足常乐"，人对于外物、环境不要奢求太多，只需保持一个"忙里偷闲"、"缺处知足"的心态，自然能够获得快乐了。

　　曾有人问李嘉诚："君以为一生之中，最快乐的赚钱一刻是何时？"李嘉诚说："开一间临街小店，忙碌终日，日落打烊时，紧闭店门，在昏暗灯下与老伴一张一张数钞票。"他回答时，一脸真诚。一旁聆听之人也无不动容，纷纷点头称是。

　　其实，人生的快乐就是如此简单！

29. 乾坤清纯 宇宙活泼

原 文

　　"霜天闻鹤唳，雪夜听鸡鸣"，得乾坤清纯之气。"晴空看鸟飞，活水观鱼戏"，识宇宙活泼之机。

译 文

　　"霜天闻鹤唳，雪夜听鸡鸣"的境界具备了大自然清净、纯洁的气息；"晴空看鸟飞，活水观鱼戏"的境界识得了天地活泼的生机。

经典解读

　　本节中，作者品味了两句诗，"霜天闻鹤唳，雪夜听鸡鸣"，读之即让人感受到霜雪清洁，鹤鸣高雅，天地间充斥着清纯之气。"晴空看鸟飞，活水观鱼戏"，飞鸟、游鱼的活泼神态跃然纸上。之所以能够得到这种境界，都是来自于诗人内心的淡泊平静，霜天雪夜，人人都能遇到，然而大多数人白日忙于生计对此视而不见，夜里酣然睡过，根本不解此中雅趣；飞鸟、游鱼更是常见，可又有几个人能静下来细细品味这一飞、一游中的乐趣呢？

　　所以说，尘俗之中从来就不少清纯之气，烦闷之中也从来不缺活泼之机，只不过人心被尘埃掩埋，不能感受到罢了。

30. 烹茶识阴阳 观棋悟生杀

原　文

闲烹山茗听瓶①声，炉内识阴阳之理；漫履楸枰②观局戏③，手中悟生杀之机。

注　释

①瓶：茶壶。宋·杨万里《豌豆》诗："砂瓶新熟西湖水，漆榼分尝晓露腴。"
②楸枰：棋盘。
③局戏：下棋。

译　文

悠闲时烹煮山茶听着茶壶里的声响，从炉火中悟得阴阳的妙理；漫步时去观看别人棋枰对弈，从棋局交手中领悟生死的玄机。

经典解读

烹茶时茶壶响动，便是阴阳；下棋时交手落子，便是生杀。可见生活中处处都能明见事理，处处都可悟出禅机。正如英国诗人布莱克在《天真的预言》中所写："一沙一世界，一花一天堂。掌心握无限，刹那是永恒。"

人要有禅意，去细细品味一花一叶、一草一木之中的韵味。这样人生才会充满诗意，充满趣味。

31. 看蜂觑世态 观燕起幽思

原　文

芳菲园林看蜂忙，觑破几般尘情世态；寂寞衡茅观燕寝，引起一种冷趣幽思。

译　文

群花盛开的园林中见蜜蜂忙着采蜜，忽然看破了那些尘世人情、世间情态；寂寞的衡门茅屋里观看燕子寝息，陡然引起一缕清冷意趣、幽寂思绪。

经典解读

蜜蜂采蜜辛苦一场，但到头来却是空忙，所有辛劳为他人做了嫁衣裳。所以诗人罗隐吟道："不论平地与山尖，无限风光尽被占。采得百花成蜜后，为谁辛苦为谁甜?"简陋的衡门茅屋里,一窝燕子从容闲适地生活,叽叽喳喳,尽是合家欢乐之态,还有什么生活能比这更加幸福快乐?

看到空忙一生的蜜蜂和享受闲适的燕子,作者仿佛看到了人生百态:有人欲求不满而四处奔波,到头来却还是两手空空;有人守着恬静淡泊,享尽天伦之乐……万般世情流过眼前,所有奢求都化做冷趣幽思。衡门之下,可以栖迟。泌之洋洋,可以乐饥。与其汲汲求索,让自己形神劳累,何如甘于淡泊,及时享受美好的人生?

32. 会心不在远 得趣不在多

原　文

> 会心不在远,得趣不在多。盆池拳石间,便居然有万里山川之势,片言只语内,便宛然见万古圣贤之心,才是高士的眼界、达人的胸襟。

译　文

会心会意不在远近,获得志趣不在多少。盆子大小的水池、拳头大小的石块间,便蕴含着万里山川的气势,片言只语内,便能看出万古圣哲、贤人的心怀,能做到如此才是高士的眼界、达人的胸襟。

经典解读

东晋简文帝司马昱曾到华林园游玩,对身边的人说:"令人心领神会的地方不一定在很远,林木蔽空,山水掩映,就自然会产生濠水、濮水上那样悠然自得的想法,觉得鸟兽禽鱼自己会来亲近人。"一个人若心中有趣,心意与自然相同,无论在哪里都能发现佳境,都能得到具有禅意、诗意的体悟;一个人若是心中鄙俗无趣,即使置身于再有意境的地方,他的心中也都是庸俗的想法。

所以说,修身养性不必非得去那些旅游胜地、清净之所,扩展胸襟不必非得登山观海、求非常之观。我们身边就有很多东西能培养自己的性情,陶冶自己的情操,关键是我们要有善于发现诗意的眼睛。于丹老师曾说过:只要不是玩物丧志,建立些业余爱好都可以调节自己的身心,如听歌弹琴画公仔,种花养鱼学烹调,总有一样可以玩玩吧。关键当然还是自己的那颗心……

33. 心与竹空 貌偕松瘦

原　文

> 心与竹俱空，问是非何处安脚？貌偕松共瘦，知忧喜无由上眉。

译　文

　　心与竹子一样虚空，是与非如何能侵入胸间？貌与苍松一样清瘦，忧与喜就没缘由跃上眉梢。

经典解读

　　竹子心虚而静，故古人认为它是君子的化身。白居易《养竹记》中写道："竹心空，空以体道；君子见其心，则思应用虚受者。"中心空虚则能接纳万物，中心空虚欲望无由而生，世间君子亦当像竹子一样以空养德、以空纳物。心中空了，胸襟也就宽广了，对世间之事也就放得开、看得破了。松是人间隐士，也是长寿的化身。一个人若能像深山之松一样，远离世俗喧嚣，悲喜都不放在心上，何患不如苍松一般长寿呢？

　　一位信徒问禅师如何养身，禅师将他带到一片山坡上，让他看看眼前的大片竹林，又指了指山下大片的甘蔗地。信徒不解，禅师对他说："几天后你再来这里看看。"

　　数天之后，信徒跑到禅师面前，气喘吁吁地对禅师说："禅师，山下的甘蔗都被人砍倒了！可这又能说明什么呢？"

　　禅师说："甘蔗和竹子外表类似，它们所不同的地方就是竹子中心虚空，而甘蔗里面却充满了甘甜汁液。就是因为这区别，它们一个可以成为栋梁之材，一个只能用来嚼着吃；一个可以长期存活，一个却长大就被人砍倒。修身之人当如心空之竹，不可似满欲之蔗！"

　　信徒恍然大悟。

34. 养志清修 栖心淡泊

原　文

> 趋炎虽暖，暖后更觉寒威；食蔗能甘，甘余便生苦趣。何似养志于清修而炎凉不涉，栖心于淡泊而甘苦俱忘，其自得为更多也。

译　文

　　趋近火焰虽然暖和，但温暖过后更觉严寒的威力；食用甘蔗口中生甜，但甜味过后便更觉苦涩。何不以清修保养志向而炎热凉冷都不涉及，以淡泊安定心志而甘甜苦涩一同忘却，那样他的自得会更多些。

经典解读

　　靠近火焰取暖，但离开火焰后就会更觉寒冷难耐；嚼着甘蔗虽然甜，但甜味过后再吃其他东西便会生出苦涩之感。暖和甜只能得于一时，而失去后的落寞却要长久存在，既知如此，何不一开始就不去靠近火焰、不食用甘蔗呢？

　　功名富贵也是如此，人不接触时对它们还不是那么在意，一旦尝过了其中的乐趣，便很难再将它们放下了，所以君子应安于普普通通、平平淡淡的生活，不要让富贵、虚名扰乱自己本来平静的心。

35. 席拥飞花 炉烹白雪

原　文

　　席拥飞花落絮，坐林中锦绣团祸；炉烹白雪清冰，熬天上玲珑液髓。

译　文

　　席地拥抱飞花落絮，便如同坐在山林中的锦绣褥垫上；生炉烹煮白雪清冰，便如同在熬炼天上的琼浆玉液。

经典解读

　　淡泊者席地坐在飞花落絮之中，便如世俗者拥坐在锦绣团祸上一般逍遥；喝着炉上烹煮的雪水，便如饮啜琼浆玉液般自得。所以说，得意并不在于身外之物，而在于自己的内心。心中淡泊知足，即使饭疏食饮水，曲肱而枕，也心满意足；心中贪欲无度，即使锦衣玉食，山珍海味，也不能让他安心。

　　弘一大师便善于在淡泊的生活中寻找乐趣。一件衣服穿了几载，缝补再缝补，有人劝他换件新的，他却说："旧的衣服穿起来格外舒服。"出外时住在小旅馆里，环境又脏又差，有人说："换一间吧！到处都是臭虫。"他却说："没有关系，如此便不太寂寞。"平常吃饭只有一碟萝卜干佐饭，他却吃得很高兴，别人问："法师！太咸了吧！"大师恬淡知足地说："咸有咸的味道。"

　　真正洒脱之人，心中已有悟境，早已超脱于物质享受之外，不会被各种世俗的奢欲所束缚，贫不改其乐道之心，富不损其向道之志，甘甜也好，清淡也好，无论身处何境，都能愉快、淡泊地面对生活。

36. 不修边幅 不尚打扮

原　文

逸态闲情，惟期自尚，何事外修边幅；清标傲骨，不愿人怜，无劳多买胭脂。

译　文

安逸的神态，悠闲的情趣，只是期待自我欣赏，何必要处处修饰打扮？清新的标格，高傲的风骨，不必祈愿他人爱怜，无论购买胭脂花粉。

经典解读

太过于重视外表的人往往轻视内在道德的建设，一个真正有修养、有品位的君子，不会在乎自己外表如何，不会将时间浪费在修饰打扮之上。道德高尚，具有清标傲骨，即使没人欣赏，也能怡然自得；内心充实，自然流露出闲逸神情，他人因服饰而轻视自己，又何必放在心上？

战国虞卿游说赵孝成王的时候，脚蹬草鞋，肩挂雨伞，第一次拜见，孝成王便赐给他黄金百镒，白璧一对；第二次拜见，就担任了赵国的上卿。魏晋名士嵇康，旷达狂放，自由懒散，他曾形容自己"头面常一月十五日不洗，不大闷痒，不能沐也"，然而天下人都称赞他清高雅致。前秦宰相王猛，去见桓温的时候，披着破烂的袍子，一面扪虱，一面纵谈天下大事，滔滔不绝，旁若无人，桓温见此，暗暗称奇，认为整个江南都没有如此人物。

"诚于中，形于外"，一个人内心具备了高尚的道德情操，闲逸儒雅的风度自然会从外表上流露出来，真正的智者自然能够知道其人可贵，其才可敬，何必要去涂脂抹粉，修饰打扮而讨好重外不重内的世俗之人呢？

37. 半幻半真 最足动人

原　文

天地景物，如山间之空翠，水上之涟漪，潭中之云影，草际之烟光，月下之花容，风中之柳态，若有若无，半真半幻，最足以悦人心目而豁人性灵。真天地间一妙境也。

译 文

天地之间的景物，比如山间空旷处露出的翠绿，水面风起时扩展的涟漪，深潭静止时倒映的云影，碧草边缘处腾起的烟光，月光照耀下雅致的花朵，微风轻拂里摇摆的柳枝，若有若无，半幻半真，最能让人赏心悦目，性灵豁开。这真是天地间绝妙的境界啊！

经典解读

天地景物，半真半幻、若有若无处最悦人目。有幻才能更显其真之可爱，有真才能更显其幻之有趣。万事都是相生相成的，一幅画有了留白之处，才能见其颜色之绚烂，一处景有了虚幻模糊之处才能显得实处更佳。《世说新语》中记载这样一条：徐孺子九岁的时候，在月下嬉戏，有人说："假如月中无物，应该会更加明亮吧！"徐孺子说："不然，月中有阴影就像人眼中有眸子一样，没有必然不明。"

人生亦是如此，世间情感，若有若无时最牵人心；若真若假时最难割舍。"有"让人企盼，"无"让人怜惜；"真"让人出执着，"空"让人释怀，人生便不断地在这些情感之间徘徊，在它们交汇之处得到最佳的体验。

38. 无彼无此 彻上彻下

原 文

"乐意相关禽对语，生香不断树交花"，此是无彼无此得真机。"野色更无山隔断，天光常与水相连"，此是彻上彻下得真意。吾人时时以此景象注之心目，何患心思不活泼，气象不宽平！

译 文

"乐意相关禽对语，生香不断树交花"，这是不分彼此而得真正的生机。"野色更无山隔断，天光常与水相连"这是上下透彻而得真正的意趣。我们如果常常欣赏这类景致，怎会担心心情不开朗活泼，气度不宽宏大量！

经典解读

"乐意相关禽对语，生香不断树交花"，出自石延年《金乡张氏园亭》，诗人达到了忘我之境，消除了人与禽鸟、自然之间的隔阂，真正用心体会到了春景之美，禽鸟之乐。"野色更无山隔断，天光常与水相连"出自滕元发《月波楼诗》，诗人消除了自己胸襟的界限，眼中景物上彻于天，下彻于地，天地万物都在胸襟之内。

柳宗元在《始得西山宴游记》中写道："悠悠乎与颢气俱,而莫得其涯;洋洋乎与造物者游,而不知其所穷。引觞满酌,颓然就醉,不知日之入。苍然暮色,自远而至,至无所见,而犹不欲归。心凝形释,与万化冥合。然后知吾向之未始游,游于是乎始。"只有消除内外之隔阂,与万化冥合,心胸囊括天地万物,才算是真正得到了景物的真谛。

我们常常用无此无彼的心境去观景,常常用彻上彻下的景物来陶冶性情,心胸自然就发生变化了。

39. 暖景怡情 寒景砺节

原　文

鹤唳、雪月、霜天,想见屈大夫醒时之激烈;鸥眠、春风、暖日,会知陶处士醉里之风流。

译　文

鹤唳、雪月、霜天,这些意象让人想见屈原清醒之时的激烈情怀;鸥眠、春风、暖日,这些意象让人感知陶渊明饮酒而醉后的风流。

经典解读

若非心怀天下之人,如何能见鹤唳、雪月、霜天,就想到屈原对于国家衰弱、国君昏庸的激愤之情?若非逍遥淡泊之士,如何能见鸥眠、春风、暖日,就感悟到陶渊明饮酒大醉后的风流?世间万般景物皆有奇趣,皆含义理,人既要用它们来陶冶自己的性情,又要提高自己的内在素养,去感受天地万景中蕴含的妙谛。

40. 黄鸟情多 白云意懒

原　文

黄鸟情多,常向梦中呼醉客;白云意懒,偏来僻处媚幽人。

译　文

黄鸟多情,常常走进醉酒人的睡梦中;白云懒散,偏偏飘到僻静处陪伴幽居之人。

经典解读

若有一颗闲适的心,叽叽喳喳叫唤的黄鸟,也是多情的;懒散飘扬的云朵,也似专门来僻静处与人相会。若逢孤独寂寞之时,连白云飞鸟也是不近人情的,如李白《独坐敬亭山》云:"众鸟高飞尽,孤云独去闲。"故只有保持淡泊闲适的心境,才能体会到幸福惬意的生活。

41. 栖迟蓬户 结纳山翁

原　文

栖迟蓬户,耳目虽拘而神情自旷;结纳山翁,仪文虽略而意念常真。

译　文

栖息淹留在蓬庐陋室,耳朵眼睛虽然拘梗但神情自然旷逸;结交迎纳山间老翁,礼仪文采虽然简略但心意念头常常真切。

经典解读

"静以修身,俭以养德",栖迟蓬户,结纳山翁,生活虽然简单朴实,但却能达到自然旷逸,真心却能得到保全。

贪恋于荣华富贵,只知道追名逐利的人生是最痛苦、最不幸的,可惜大多数人都执泥于世俗之中,拼命地去追求、争取一些不必要的东西,与其沉迷于其中,不如守护淡泊真性,空出少许时间来追寻生命的意义!

42. 坐里参禅 行时悟道

原　文

满室清风满几月,坐中物物见天心;一溪流水一山云,行处时时观妙道。

译　文

清风充盈屋中,月光铺满几案,坐卧处物物都尽显天然趣味;一溪清澈的流水,一片雪白的云,行止处时时都能会晤自然妙道。

经典解读

清风、月光中都是天然趣味,行云、流水里尽是自然妙道。诗意、禅意,就在身边,只需我们拂尽心上尘埃,去细细品味。

大诗人黄庭坚经常去拜访祖心禅师，他见禅师日日轻松安稳，处处安详自在，总觉得一定有什么处世秘术未曾传授，于是向禅师请教，禅师多次笑而不语。

　　一日，两人一起走在山坡之上，路旁开满各种野花，姹紫嫣红，散发出阵阵香气。祖心禅师问道："你闻到花香了吗？"

　　黄庭坚望了望山路两旁盛放的花朵，忍不住称赞："当然，这里的花太香了！"

　　祖心禅师点点头，笑着说："所以我并没有对你隐瞒什么呀！"

　　黄庭坚一怔，忽然了解了禅师的意思——禅，并不在什么幽深难见之处，它就是我们平常的生活，就是眼前每一刻的洒脱、当下每一处的自在。

43. 精糙何异 金瓦无殊

原　文

炮凤烹龙，放箸时与盐齑无异；悬金佩玉，成灰处共瓦砾何殊。

译　文

　　即使烹炒龙凤而食，放下筷子之后也觉得与粗茶淡饭没有什么差异；即使悬挂美玉黄金，人死之后它们同破贱瓦砾又有何区别？

经典解读

　　美味佳肴，放下筷子之后和粗茶淡饭并没有什么区别；黄金美玉，人死之后和砖块瓦砾也没有什么区别。老子说："五味令人口爽""难得之货令人行妨"。美味佳肴只会败坏人的胃口，黄金美玉只会妨害人的行为。

　　社会上有很多人追逐于口腹享乐，贪慕奢侈品带来的虚荣，这些行为并不能表现出一个人的高贵、可敬，相反这种扭曲的价值观，恰恰显露出一个人的浅薄、鄙俗。与其追求这些，不如去除浮华、抱朴归真，将生命用在更有价值的地方，多增进学识道德，多帮助他人、造福社会。

44. 消除心障 空明境界

原　文

"扫地白云来"，才着工夫便起障。"凿池明月入"，能空境界自生明。

译 文

"打扫地面白色的云到来",刚刚下点工夫马上产生魔障。"开凿池塘明朗月亮映入",空明境界自然产生明朗。

经典解读

刚把地面扫干净,看到白云投下的影子又觉得脏了,人常能扫净地上的杂物,却扫不掉自己心中的杂念,这都是修行不到家的缘故。凿开池塘,得到一轮明月,有去才有得,静心修炼达到无我境界,自会心生光明。

梦窗国师诗云:"青山几度变黄山,世事纷飞总不干;眼内有尘三界窄,心头无事一床宽。"境由心造,心即主人。心中无物,方寸之间皆海阔天空,又怎会有阴影杂秽;胸怀坦荡,着眼之处尽是万里青天、皓皓明月,又何畏世途险仄?

45. 造化为小儿 天地一大块

原 文

造化唤作小儿,切莫受渠戏弄;天地丸为大块,须要任我炉锤。

译 文

造物主不过就是个小孩子,千万不要遭受他的戏弄;天地不过是一个巨大的弹丸,我们尽可任意锻造锤炼。

经典解读

"造化"即命运,人们常说"造化弄人",就是形容命运无常,难以揣测,人处于其中只能任其拨弄。作者在这里却说造化只是一个爱戏弄人的小孩,虽然他多变难测,但人只要守定真心,做自己的主人,造化也不能奈你何。天地就像一个大弹丸一样,是我们去锤炼、锻造命运,而不是命运来主宰我们。这是一种非凡的气概,是一种极大的自信,只有内心坦荡、立志高远之人,才能做出如此言论。

一次,孔子在匡地遭人围困,弟子们都很害怕,劝孔子快点逃亡。孔子却神态自若,对弟子们说:"周文王死后,文化传统岂不都在我这里?如果天要弃绝这文化传统,那后世的人没有机会再学到它了;如果天还不要弃绝这文化传统,那眼前这些匡人又能对我怎样呢?"

可见,孔子就是一个知"天命"、不屈服于命运的人,他为了克己复礼的政治理想，知其不可而为之。他内心坦荡，无论遇到荣耀还是困窘都坦然面对。这都来自于他崇高的理想和深厚的道德修养。

46. 白骨冷肝肠 清溪闲胸次

原　文

想到白骨黄泉，壮士之肝肠自冷；坐老清溪碧嶂，俗流之胸次亦闲。

注　释

①胸次：胸襟、心胸。

译　文

想到人生莫不归于白骨黄泉，心怀壮志者自然肝肠冷落；常常对着碧溪青山静坐，情趣庸俗者也会心胸闲逸。

经典解读

人生无论获得多少，有多么荣耀，终将要变成一堆白骨，魂归黄泉之下，能想到如此，壮士拼命进取、无度奢求的心自然冷静下来了；坐在碧溪青山之前，也能得颇多情趣，怡然自乐，若再想到青山不变、绿水长流，而人生匆匆，盛衰无常，胸中繁杂的欲望自然消去了。

灵云志勤禅师回福州灵云山传法，其座下曾有僧问："如何得出离生老病死？"

志勤禅师道："青山原不动，浮云任去来。"

人生如浮云，得失皆是过眼云烟，那么多奢求，那么多欲望，到头来都是一场空幻。不如消除杂念，好好守护清澈的本心。

47. 莫多计较 常思清闲

原　文

夜眠八尺，日啖二升，何须百般计较；书读五车，才分八斗，未闲一日清闲。

译　文

夜晚横卧不过八尺之地，白日饮食不过二升之粮，又何必百般计算较真；

论读书才富五车,看天分才高八斗,却未听闻有一日清闲。

经典解读

住在千里阿房宫中,也不过占八尺之地;坐在百盘大餐的满汉全席前,也不过吃几碗食物,人真正的需求很容易满足,不满足的是贪求的心,学会控制自己的贪欲,就不会对吃住享乐之事斤斤计较了。

《庄子·养生主》中说:"吾生也有涯,而知也无涯。以有涯随无涯,殆矣!已而为知者,殆而已矣!"人的生命是有限的,但知识却是无限的,以有限的生命去追求无限的知识,势必劳神伤体,危及本性。所以,即使在为学之上,也要懂得有度,不能贪得无厌、过分追求。

一个富翁到海边度假,他看到一个奇怪的渔夫,这个渔夫不像其他人那样早出晚归、整日劳作,他每天捕一会儿鱼就歇下来晒太阳。富翁很好奇,就问渔夫:"为什么你每天只捕一会儿鱼就休息了呢?"

渔夫说:"够吃够用了。"

"为什么不每天多劳动一些,那样就可以赚更多的钱了。"

"赚更多的钱有什么用呢?"渔夫不解。

"赚更多的钱,你就可以买一艘渔船,然后捕更多的鱼。这样过不了几年,你就可以拥有好几艘船,那时你可以雇人去深海捕鱼,赚大钱。"

"然后呢?"

"然后,你就可以像我这样,不用劳动,躺在这里晒太阳了!"富翁见渔夫如此愚钝,心中都有些急了。

"可我现在不就躺在这里晒太阳吗?"渔夫回答。

人们在追求外物的时候,脑袋中想的往往是为了让自己活得更舒服,为了让生活更加美好,殊不知,真正的舒服、美好并不来源于外界的物质条件,而是来自于自己的心。只要心中懂得"知足",生活就是幸福的。放下奢求,幸福就在身边。

概 论 篇

1. 心事不可隐 才华不可彰

原　文

> 君子之心事，天青日白，不可使人不知；君子之才华，玉韫珠藏，不可使人易知。

译　文

君子的心胸应像青天白日一般光明正大，不应该对人有所隐瞒；君子的才学应该像珍珠美玉一样秘密地珍藏，不可轻易让人知道。

经典解读

"君子坦荡荡"，有德之人不应藏有什么不能见人的想法，不会有什么不可让人知道的心事，他们外不欺人，内不欺己；他们的心如青天白日，天地可鉴，世人可见。

但是君子的才华却应该像明珠美玉一样秘密地珍藏，不可到处炫耀，不可轻易使人得知。《格言别录》中说："自家有好处，要掩藏几分，这是涵育以养深。别人不好处，要掩藏几分，这是浑厚以养大。"不彰显自己的才华，不恃才傲物，不恃才凌人，才是有涵养的君子。他们懂得含蓄、谦虚才是处世为人的好方法，他们明白山外有山，人外有人，三人行必有我师，不会像鄙陋、浅薄的俗人一样，有了点小聪明、小技巧就四处炫耀，自鸣得意。

杨子带着弟子去外地，住在一个旅舍中，旅舍主人有两个妹妹，一个很美，一个很丑。杨子发现旅舍主人很喜欢那个长得丑的，而不喜欢那个长得美的，很奇怪，就询问原因。

旅舍主人说："那个美的自以为很美丽，总是炫耀，这使她变得很丑；而那

个丑的意识到自己很丑,十分低调、谦虚,这使她变得很美。"

杨子十分感慨,对弟子们说:"看吧,一个人如果骄傲自大,总是夸耀自己的优点,他就会让人厌恶,在别人眼中他是丑陋可憎的;一个人如果谦虚低调,即使他的缺点再多,在他人眼中他也是可爱可敬的!你们平时学了一些学问,就喜欢到处炫耀,这和那个自以为很美丽的妹妹又有什么区别呢?这样不仅不会使学识增长,反而引起他人的厌恶,以后要牢牢地记着这道理啊!"

2. 忠言逆耳 悦言害生

原 文

耳边常闻逆耳之言,心中常有拂心之事,才是进德修行的砥石。若言言悦耳,事事快心,便把此生埋在鸩毒中矣。

译 文

耳边经常听到逆耳的言语,心里经常有点不顺心的事情,才是增进道德修养品行的磨刀石。若是每句话都好听,每件事都称心,那就等于把自己的一生埋葬在毒药中了!

经典解读

常言道:"良药苦口利于病,忠言逆耳利于行。"真正好的建议往往不是顺着听者的心意去说的,它们一定有所指,有所拂逆,起到振聋发聩的作用。它们可能听起来像泼冷水,甚至像讥讽、嘲笑,但听者如果能够仔细思量,虚心接受,就可以改正错误,发现危患,完善自己的品行。

善为事者,都善于择取良言,选择良臣、良友。晋国大夫赵简子有一个直臣名叫周舍,经常不惜忤逆他而进谏正言,赵简子对其十分看重,在周舍去世的时候,赵简子痛哭不已。后来在与大臣们论事的时候,他常常感叹,大臣们问何故。赵简子回答:"现在我说什么,你们都赞同我,我怎么知道自己的对错呢?千人唯唯诺诺,不如一个耿介之士的谔谔直言,我是叹息再也没有周舍那样的直臣了啊!"众大臣惭愧不已。

在生活中,我们不要总是觉得谁总说好话就是对自己好,自己就去和他们亲近,谁总给自己"泼冷水",就是对自己坏,就厌恶他们。父母对我们经常批评教育,可他们对我们是最好的。真正的好不在于言论顺耳与否,而在于其是否有道理,是否利于行、利于德。要多听些不同的意见,多听些逆耳的忠言,这才可以帮助我们吸收好的建议,及时发现自己的不足。

3. 天地祥和 人心喜乐

原　文

> 疾风怒雨，禽鸟戚戚；霁月光风，草木欣欣，可见天地不可一日无和气，人心不可一日无喜神。

译　文

疾风暴雨中，禽鸟戚戚不安；风和日丽里，草木欣欣向荣。由此可见，天地之间不可一日没有祥和之气，人心之中也不可一日没有喜庆之意。

经典解读

天气恶劣，鸟兽不安；风和日丽，草木欣欣。对于个人来说，情绪就像变化多端的天气一样，心灵就像鸟兽、草木等生灵一样，我们要呵护心灵，使其健康成长，就要给它创造一个良好的天气环境，多调整自己的情绪，保持一种平和的心态。

人的感觉是由情绪支配的，心情好时，就是霪雨霏霏也风情独到，心情不好时，即使万里阳光也难以释怀。心情好时，做什么都带劲，干什么都充满趣味，心情不好时，做什么都没精打采，干什么都沮丧失意。所以，乐观的情绪，豁达的心胸，有助于事业、生活的成功；偏激的思想，狭隘的心胸，则会成为前进中最大的阻碍。心情平和才能得到快乐的人生，才能体验快乐的生活。

4. 真味清淡 至人平常

原　文

> 酽①肥辛甘非真味，真味只是淡；神奇卓异非至人②，至人只是常。

注　释

①酽：通"浓"，指酒味醇厚。
②至人：道家指超凡脱俗，达到无我境界的人。

译　文

浓烈、肥美、辛辣、甘甜不是真正的味道，真正的味道只是清淡；神妙奇特、卓越优异不是至高的完人，至高的完人只是常人。

经典解读

平平淡淡才是真的味道，就像白水淡茶一样，初尝时毫无特色，细品来余味不绝，那是任何饮料、烈酒所不能代替的。生活也是如此，大风大浪能有几时？翻云覆雨的能有几个？平平淡淡才是它的本质。做人也是如此，平凡朴实才最为可贵，标新立异，哗众取宠，张罗显摆，事后思来都不过滑稽台上的粉墨小丑，博得他人一时欢笑而已。

路遥写的《平凡的世界》为何那么受人欢迎，经久不衰，就是因为它讲的是平凡的世界，平凡的人。我们一直崇拜英雄，一直期盼奇遇，一直幻想着自己忽然变得与众不同，生活久了才发现，世上没有那么多奇遇等着自己，遇仙遇道都是传奇幻想，段誉、虚竹的奇遇都只能存在于武侠故事里，生活中都是平常人，那些伟人、英雄也都是从平凡开始的。

所以，我们不要厌恶平凡，不要逃避平凡，认识到自己的平凡，踏实地拥抱平凡，在这种平凡中创造出不平凡，才是真正的达人、真正的智者。

5. 夜里观心 真妄俱见

原　文

夜深人静，独坐观心，始知妄穷而真独露，每于此中得大机趣①；既觉真现而妄难逃，又于此中得大惭忸②。

注　释

①机趣：天趣、风趣。清朝李渔《闲情偶寄·词曲上·词采》云："'机趣'二字，填词家必不可少。机者，传奇之精神；趣者，传奇之风致。"

②惭忸：惭愧、不好意思。

译　文

夜深人静之时，独自静坐观察自己心性，方才感觉到妄见穷尽而真性显露，每次都能从中得到很多机趣；继而感觉自己真心显现而妄念却难以逃脱，又从中感受到极大的惭愧内疚。

经典解读

白日里，繁忙奔走，人很难静下来观照一下自己的心，于是被繁华的身外之物所诱惑，被世间纷扰的名利所驱使。当夜幕降临，万物归于宁静之时，细想白日种种，于是开始反思，自己为何而纷争，为谁而奔走；仰观星汉灿烂，太空无垠，又不禁感慨，天地浩渺，此身不过沧海一粟，喜怒哀乐、得失兴亡，又何足挂齿；看到流星坠下，又想到千古悠悠，此身不过电光火石，又生哀叹：人生苦短，奔逐劳心到底为何？于是，一切贪求之心就淡了，一切虚妄都消失了，真心流露出来，精神畅爽，自在之感油然而生。

可惜，当再次进入生活时，各种繁杂欲望又起，各种虚妄之心又现，灵魂再次被尘俗所蒙蔽。夜里想到自己，再次反省，却不知何去何从，只能在红尘之中沉而浮，浮而沉，时光消逝，不知所从，如何不大加惭愧、羞赧！

古人讲求宁静以致远，淡泊以明志，可惜真正能够做到者太少了，大多世人都是省悟而沉迷，沉迷而省悟，在徘徊沮丧中匆匆度过一生。所以我们在现实生活中，应努力克制自己的欲望，彻底地消除妄念，在静夜观照得到真心之后加以细心呵护，不要让它再蒙尘埃。

6. 恩里生害 败后成功

原　文

恩里由来生害，故快意时须早回头；败后或反成功，故拂心处切莫放手。

译　文

恩宠中历来容易产生祸患，故得意的时候须尽早回头；失败后有时反能成功，故失意之时切莫轻易放手。

经典解读

祸患往往从恩宠中得来，很多人认为他人对自己宠幸，自己对他人有恩惠，便自鸣得意，不知收敛，最后这种恃恩放纵换来的往往是惨烈的祸患。文种辅佐勾践可谓尽心竭力，但就是在取得功绩以后不知收敛，最后被勾践赐死；韩信辅佐刘邦，可谓功盖天下，但就是因为功高震主而惨遭杀戮。相反，与他们同时的范蠡、张良却知道及时退身，早早回头，从而逃过了灾祸，得到了善终。所以，人在得到恩宠之时，要"见好就收""急流勇退"。

成功往往来自于失败之后，所以人在失败之时不要轻言放弃，遇到打击之时也不要沉沦。

19世纪初，一位将军被打得落荒而逃，为了逃避追捕，他躲在一个山洞之中。想到耻辱和对手的强大，他就想自杀，但在动手的时候，他忽然看到了山洞里的一只蜘蛛。蜘蛛努力地结网，可是每次刚要结好时，蛛网就被风吹破了。蜘蛛并没有放弃，失败之后就再一次开始，最后终于结成了一张圆圆的大网。将军很受启发，于是站起身来，历尽艰辛逃回本国。几年以后，他终于击败了自己的对手。

这位将军就是英国名将威灵顿公爵，而他的对手就是几乎征服了整个欧洲的拿破仑。无论生活多么惨淡，无论道路多么坎坷，只要我们有一颗坚定的心，总会等到获得成功的那一天的。所以说，不要轻易放手，坚持就是胜利。

7. 淡泊明志 安逸丧节

原　文

> 藜口苋肠①者，多冰清玉洁；衮衣玉食者，甘婢膝奴颜。盖志以淡泊明，而节从肥甘丧矣。

注　释

①藜口苋肠：藜，藜草，嫩叶可食；苋，草生植物，叶和茎常作蔬菜食用。藜和苋，泛指贫者所食之粗劣菜蔬。

译　文

安于粗茶淡饭的人，人品大多冰清玉洁；贪图锦衣玉食的人，大多甘愿作奴颜婢膝之态。因为志向以恬淡寡欲而显明，而节操都在安逸享乐中丧失殆尽了。

经典解读

《朱子家训》中说："饮食约而精，园蔬愈珍馐。"越是简朴的食物、平常的菜蔬，越能养护人的德行。一个人生活简朴，他的欲望就少，欲望少，奢求少，就不会为了太多的欲望而违背名节、违反原则，他的品性也就得到了保全。

相反，那些锦衣玉食、生活奢华的人，则往往为了满足自己的奢求，满足各种欲望而做一些有悖德行、损害名节的事。很多人未发达的时候，能修善德行，坚持道义，可一旦做了官，发了财，享受到了锦衣玉食、山珍海味，就逐渐堕落，为了能得到更高一层的享受，不惜采用一切手段去钻营，甚至卑躬屈膝，人格丧失殆尽，此即为"节从肥甘丧矣"。

范仲淹年轻的时候，在山里读书，每日只以稀粥、咸菜度日。有同学看到他如此刻苦，生活如此简朴，就请他吃饭，范仲淹谢绝了。同学又给他带来很多好吃的，范仲淹不好拂人美意就收下了，几天后，同学来看他，发现之前带来的食物放在那里已经坏掉了，范仲淹一动未动。同学很不悦，说："我好心给你带来吃的，你却一动不动，是不屑与我交朋友吗？"范仲淹回答："不是，我平时吃稀粥习惯了，如今你带来这么多好吃的，我怕我的肠胃一旦习惯了美味就不想再吃稀粥了,那样的话,还怎么为学修德呢?"

真正的智者就应像范仲淹一样,明白奢华容易导致德行败坏的道理,坚守节俭,淡泊自守,不要让贪图奢华坏了自己的品行。

8. 利益放宽 惠泽流长

原　文

> 面前的田地①要放得宽,使人无不平之叹;身后的惠泽要流得长,使人有不匮之思。

注　释

①面前的田地:指自己的心田、心胸。

译　文

做人心胸要宽厚些,不要让人有不平之感;身后留给别人的恩泽要长远些,如此才会让人长久地怀念。

经典解读

做人心胸宽广,多为他人着想,身边的人才不会有怨言;处世要多种善因,多播福泽,别人才会对你感恩,才会怀念你。

范蠡隐退之后,在陶地做起了生意,因为经商有道,善于理财,他很快就发了一笔大财。他将这些财物购买了很多东西,赠送给左邻右舍,家人都不解,问他:"经商就是为了赚钱,既然赚到了钱,不改善自己的生活,不收起来以备急用,为何要分散给这些交往不深的人呢?"范蠡笑着说:"厚重的恩泽才是立世的根本,一个人所施与的恩德越多,他的品德便越高尚,也就越安稳。周围的人都贫穷,而你却独独富贵,羡慕、嫉妒、怨恨都将聚集在你的身上,若是这样我们恐怕连住下去都不可能,又怎么能继续求财呢?"

心胸有多广,一个人就有多大的格局,就能造成多大的影响;福泽有多厚,一个人就能让他人怀念多久,就有多深远的影响。所以,求有为者莫过于放宽自己的心胸,求名节者莫如多播种福泽,多造福他人。

9. 路留一步 味减三分

原　文

> 路径窄处留一步,与人行;滋味浓的减三分,让人嗜。此是涉世一极乐法。

译　文

　　道路狭窄的地方，留下一步给他人行走；滋味鲜美的食物，拿出三分让别人品尝。这是一个人立身处世的极其快乐的方法。

经典解读

　　路窄处与人行，是谦恭退让；味浓的让人品尝是懂得分享。立身处世，懂得这两方面才会得到真正的快乐。

　　早上坐公交地铁，经常会看到发生争吵的场面，互相埋怨，大声喝骂，以致大打出手。高峰时期，一点点摩擦本来一声道歉、一个微笑就过去了，就是因为人们不懂得谦让，所以事态不断恶化，最后一发不可收拾，给双方都带来麻烦，更可悲的是破坏了整整一天的心情。生活中与人冲突是不可避免的，不通情理的人也是存在的，何必要斤斤计较，与之争斗呢？

　　老子说："上善若水，水善利万物而不争。"谦让不争才是最高的处世智慧。生活如此美妙，世界如此广大，人生匆匆，何必要将时间放在那些无所谓的争斗上，何必为了一点无足轻重的小事而浪费青春呢？

10. 摆脱俗情　减除物累

原　文

　　做人无甚高远的事业，摆脱得俗情便入名流；为学无甚增益的工夫，减除得物累便臻圣境。

译　文

　　做人并非要干什么不凡的大事业才行，只要能摆脱尘世俗情就可以跻身名流；为学并没有什么特别的秘诀，只要能排除外物的拖累就可以超凡入圣。

经典解读

　　如何才能算是名人、名流？难道非得建功立业，名扬天下吗？不必，只要能够摆脱尘世俗气就可以步入名流之列。为学一定要取得什么大成就吗？不须，只要能够减少对外物的过多欲望，就是一个脱却俗情、臻于圣境的人。

　　北宋诗人隐士林逋就是这样一个脱去俗情、减少物欲的高士。他性格孤傲，喜好恬淡，不趋名利，别人都急着去做官，他却漫游于湖山之间，结交世外名士，最后结庐西湖之畔，常驾着小舟游于西湖诸寺庙间，与高僧论道，与隐者谈机。虽然没有官位、没有财富，世之贤者无不称其有道，赞其高行。他去世之时，宋仁宗亲自赐他"和靖先生"的谥号。

如今千年过去，宋时权贵、豪强早已湮没在红尘之中，而林逋"梅妻鹤子"的美名还传于耳边，悠悠放鹤亭还矗立在西子湖畔，供人瞻仰。此等名流岂不比那些钻营于官场之中、得意于朝堂之上的人要长久得多，要高洁得多？

11. 利毋居前 德毋落后

原　文

宠利毋居人前，德业毋落人后，受享毋逾分外，修持毋减分中。

译　文

取宠求利不要赶在他人的前面，进德修业不要落在他人的后面，享受安乐不要超过自己的本分，修持节操不要缩减分内标准。

经典解读

不争并不是什么都不争，处后也并非什么事都落在后面。在取宠求利上要有不争之心，甘于处在人后；在进德修业上要不甘居后，唯恐不能争在人前。

颜渊是孔子最得意的弟子，孔子曾经称赞他不求生活的安逸："一箪食，一豆羹，在陋巷，人不堪其忧，回也不改其乐！"颜子为人仁和谦逊，从来不邀取老师的宠爱夸赞，别人学好了都争着去做官，他却从来没有动过这个念头。可在德行之上，他却孜孜以求，不知停息。他说："舜是什么样的人？我是什么样的人？有作为的人难道不应该像他那样吗？"连舜那样的先贤，都不甘落于其后，又何况是现实生活中的凡人呢？

所以说，有德者有争有不争，有退有不退。在利禄享乐上，他们不争，退让；可在道德建设上，他们却一定要努力争取做得最好，不肯退让半分。我们今人也应以先贤为榜样，树立正确的价值取向，知道什么该去努力争取，什么不值得浪费精力，把精力用在提高品德、求学致知上，而不是炫耀奢侈、攀比富贵上。

12. 让以处世 宽以待人

原　文

处世让一步为高，退步即进步的张本[①]；待人宽一分是福，利人是利己的根基。

注 释

①张本：基础。

译 文

处理世事让一步就是高明，退让是前进的基础；待人接物宽厚一分就是福泽，利人是利己的根基。

经典解读

本节还是说处世知退，待人宽厚的。退一步就给自己留下了足够的空间，也为进步创造了条件；宽厚一点就给别人留下了足够的空间，也为自己种下了善因。生活中人们常说"吃小亏占大便宜"，懂得为他人着想，宽厚对待他人，才能最终成就自己。

汉武帝时丞相公孙弘生活简朴，吃饭时从来只有一个荤菜，睡觉时也都是普通棉被，世人都对其称道有加。唯独大臣汲黯对他很有意见，竟上书汉武帝参了他一本。汲黯称公孙弘位列三公，俸禄可观，却生活简朴，这是沽名钓誉，是为了骗取清廉俭朴的美名。

汲黯的指责显然有些过分，若是别人一定要争论一番，或是凭借丞相身份打压他，但公孙弘却什么都没有说。汉武帝就此事询问他："汲黯说的是真的吗？"公孙弘答道："是真的，满朝大臣中他最了解我，他的指责正切中了我的要害。我位列三公而只盖棉被，生活水准和普通百姓一样，确实是有些沽名钓誉。如果不是汲黯忠心耿耿，陛下怎么会听到对我的这种批评呢？"

汉武帝听了公孙弘这番话，觉得他胸怀坦荡，并没有沽名钓誉，且以大度包容触犯自己的人，不仅没有治他的罪，反而对其更加尊重了。

13. 功不可矜 罪应当悔

原 文

盖世的功劳，当不得一个矜字；弥天的罪过，当不得一个悔字。

译 文

盖世的丰功伟业，只要骄傲自满，便会前功尽弃；弥天的罪行过错，只要一深刻反省，便可改过自新。

经典解读

功劳再大也不应自夸自伐，那样不仅功劳会前功尽弃，还会为自己带来祸患。

三国时,曹操与袁绍相持于官渡,曹操粮草将尽,命运悬于一线。此时袁绍的谋士许攸前来投奔,告诉他袁绍的军粮都屯于官渡,献上了计谋,令曹操偷袭袁军粮草,使曹操扭转败局,最终战胜了袁绍。建得此大功以后,许攸本应受到重用,可惜不久就被杀了,为何?就是因为他太居功自傲了。战后他处处以功臣、恩人自居,经常直呼曹操的名字,让曹操很没面子。

一次在酒宴之上,众人饮酒作乐,许攸大大咧咧地对曹操说:"阿瞒,你没有我,不会得到冀州。"曹操一听哈哈大笑道:"你说的一点不错。"曹操嘴上虽这么说,心里却非常不高兴。后来,许攸率随从出邺城东门,指着城门得意地对人说:"他们曹家没有我,不可能出入此门!"此话传到曹操耳中,他终于忍无可忍,借许褚之手将许攸杀死了。

功当不起矜,罪当不起悔。"浪子回头金不换",犯了罪只要能够忏悔,并痛改前非就是灵魂上的救赎,就可以得到解脱。佛偈云:"罪从心起将心忏,心若灭时罪亦亡。心罪二俱不可得,彻见自性大法王。"罪孽起于人心,人心如果能改过忏悔,放空昔日虚妄的追求,那么罪也就随之而灭了。所以犯了罪的人,要及时回头,进行反省、忏悔。

14. 清高害身 守辱养德

原　文

完名美节,不宜独任,分些与人,可以远害全身;辱行污名,不宜全推,引些归己,可以韬光养德。

译　文

完美的名声和节操,不宜一个人独享,分一些给别人,才能远离祸害、保全自身;污秽的行为和名声,不宜全推到他人身上,揽一些在自己身上,才能韬光养晦、健全德行。

经典解读

好的名节都聚集在自己的身上,不如分一些给别人,大家一起分享荣耀,既传播了善意,又远离了嫉妒、不满。污行秽名,不应全推到他人身上,揽一些给自己,既承担了责任,又免除了猜忌、怨恨。

屈原可谓忠臣直士了,可他就是因为过于洁身自好,不愿与世人同流合污而饱受排挤、打击。屈原为楚国制定法令,文辞华美,还未发布就被上官大夫看到了，他希望自己能占有制定这份法令的美名，屈原不愿，以致受其谗言诟害。在屈原的文章中，经常可以看到"举世皆浊我独清，众人皆醉我独醒"之类的文辞，虽然他自身高洁，行为端正，但这样标榜自己，在其他楚国大臣看来，难免会不舒服，对他的厌恶、打击也就可想而知了。

所以说，名节太高洁，未必是大智慧，真正的智者应懂得含污揽垢，韬光养晦，以保全自身，远离灾祸。

15. 事事有余 鬼神不损

原 文

事事要留个有余不尽的意思，便造物不能忌我，鬼神不能损我。若业必求满，功必求盈者，不生内变，必招外忧。

译 文

事事都能保留余地，不去做绝，天地便不能忌惮我，鬼神便不能损害我。如果事业必求圆满，功绩必求极致，即使不在内部发生动荡，也会在外部招来忧患。

经典解读

日中则昃，月盈则亏，物极必反，盛极必衰。智者做事一定要掌握分寸，保有余地，不要断绝自己的退路，不要将他人逼上绝路。如此，事业才能圆满，功绩才能不衰，天地鬼神也无法降灾相害了。

《道德经》中说："持而盈之，丈不如其已；揣而锐之，不可长保。"史书曰："满招损，谦受益。"绞尽脑汁追求完美，殊不知顶峰的背面一定是万丈深渊，与其临渊而危，何如处中而安。可惜，很多人就是不明白这些道理，凡事追求完美，什么都不知放手，最后功名震主，财富惹妒，得意之时遭人算计，后悔不迭。

16. 诚心和气 愉色婉言

原 文

家庭有个真佛，日用有种真道。人能诚心和气、愉色婉言，使父母兄弟间形骸两释、意气交流，胜于调息观心万倍也。

译 文

家庭成员应有一个共同的信仰，日常生活应遵循一定的原则。人如果能够真心诚意、心平气和、颜色愉悦、言辞委婉，使父母兄弟之间消除隔阂，意气相通，这远胜过坐禅调息、静修观心万倍了。

经典解读

家庭兴旺、生活幸福的秘诀在哪里？求神拜佛不如自己心平气和！"家和万事兴"，家人之间和睦，首先要做到自己心气平和、神色平和，父母兄弟之间隔阂消除了，意气相通了，心情自然好了，万事自然顺利了。

做学问强调"独学而无友，则孤陋而寡闻。"修道同样也不能一味独坐静观，要在和他人交往之中，才能体悟到最精深的处世守则——这就是"和"，能够与万物和谐共处，才是真正的"和"，与万物和同，最简单的是从自己的家庭开始，家人是最亲近的人，若家人之间都不能和睦共处又如何去度物度人？

所以，儒家要先齐家再治国，并指出"礼之用，和为贵"。

17. 攻恶勿过 教善勿高

原　文

攻人之恶毋太严，要思其堪受；教人以善毋过高，当使其可从。

译　文

攻讦别人的过错不要太过严厉，要考虑到他人的承受能力；教育他人为善不要太过求高，要确保其能够做到。

经典解读

生活中，每个人都存在一定的过失，指出他人的过错，让其改正错误是一种美德、善行。但做这件事时，一定要有一定的方法原则，要根据其接受能力来劝谏，不应过于苛责，如果一下子提出太多的要求，不仅不会得到振聋发聩的效果，还会让人以为你故意刁难，让他难堪，从而招致怨恨。

教育别人也一样，要因材施教，对领悟能力高的人给予高深的教育，对领悟能力低的人，要给予他能够听得懂的教育，而不应该盲目求高，让人无法理解。

达尔文环球旅行的时候，在非洲丛林中发现了一个食人部落，看到这些人还过着茹毛饮血的原始生活，达尔文决心改造、教育他们。在征得他们的同意后，达尔文选择了一个年幼的孩子，将其带到英国接受西方文明教育，经过十余年，这个孩子终于成为了一个完全意义上的文明人。于是达尔文将其送回老家，称其为"文明使者"，希望他能用自己所学得的文化知识改变自己的部落。

几年后，达尔文再次来到这个部落里，发现这里没有一点改变，那个文明使者也不见了，他很奇怪，就问："那个文明的孩子哪去了？"部落人回答说："我们将他吃了。"达尔文大惊，忙问原因。部落人说："他什么都不会，他说的道理我们都理解不了，留着他有什么用？"

达尔文之所以失败，就是没有考虑到原始部落中人的接受能力，在教育他们时，给了一个太高的要求，他们达不到，老师也就失去了价值，只能变成他们口中的食物了。

18. 洁从污出 明自暗生

原　文

粪虫至秽变为蝉①，而饮露于秋风；腐草无光化为萤②，而耀采于夏月。故知洁常自污出，明每从暗生也。

注　释

①粪虫变蝉：古时人们认为蝉餐风饮露，志趣高雅，但其由粪土之间污秽的蛴螬变化而来。如《史记·屈原贾生列传》云："蝉蜕于浊秽。"

②腐草化萤：古时人们认为萤火虫是腐烂野草变化而成。如《礼论·月令·季夏》："季夏三月，腐草为萤。"

译　文

粪土里的虫子最为肮脏，可一旦蜕变为蝉，就在秋天清风中吸饮露水；腐败的野草污秽无光，可一旦孕育出萤火虫，就在夏夜明月下闪耀光芒。由此而知，清洁的东西常常从污秽中产生，明亮的事物常常在黑暗中出现。

经典解读

粪土最为肮脏，却能孕育出餐风饮露的蝉；腐草最为污秽，却能变化为晶莹闪耀的萤火虫。很多人也像高洁的蝉、闪耀的萤火虫一样，出身卑贱却持身高洁，出身泥淖却身清如水。故孟子说："舜发于畎亩之中，傅说举于版筑之间，胶鬲举于鱼盐之中，管夷吾举于士，孙叔敖举于海，百里奚举于市。"不要因为一个人暂时处于贫贱卑污之中而轻视他，不要因为一个人的出身而亵渎其人品、情操。

从前，耕田的农民被视为贱民，连出家做和尚的资格都没有。有一个农民一心要皈依佛门，于是假冒士族之姓，了却了自己的心愿。他就是有名的无三禅师。

无三禅师被拥戴为住持，在举行就职仪式时，一个人忽然从大殿中跳出来，指着法坛之上的无三大声嘲弄道："出身贱民的和尚也能当主持，这究竟是怎么回事啊？"众人都被眼前的一幕惊呆了，却又无法去阻止那个人，不禁为无三捏了一把汗。

面对忽如其来的发难，无三禅师从容地笑着回答道："泥中莲花。"在场之人，听其睿语，不禁喝彩叫好，那个刁难之人也自知浅薄，灰溜溜地逃走了。人们的出身各不相同，但却无高低贵贱之分，富贵者不修德砺节，则无一可看之处；贫贱者能够崇德守道，亦可脱尽污浊，散发夺目之光。

19. 消杀妄心 降伏客气

原　文

矜高倨傲，无非客气①，降伏得客气下，而后正气伸；情欲意识，尽属妄心，消杀得妄心尽，而后真心现。

注　释

①客气：并非出自真诚的一时意气，偏激情绪。

译　文

矜持高傲，不外乎是一时偏激情绪，能够降伏这种偏激情绪，然后浩然正气才能伸张；感情欲望，全都属于虚妄之心，能够消杀尽这种虚妄之心，然后真心诚意才会显现。

经典解读

"人之初，性本善。"所有的美德都能在人心之中找到源头，孟子说人人都有是非之心、恻隐之心、羞恶之心、辞让之心，恻隐之心就是施行仁的开始；羞恶之心就是施行义的开始；辞让之心就是施行礼的开始；是非之心就是智的开始。也就是说仁义礼智等美德都包含在我们的本心之中——孟子将其称为良心，只要能够发扬良心，一个人就能防止被各种恶行所蒙蔽，就能成为一个有德君子。

所以说，人并不需要去外界寻求太多的东西，只要能消除偏激的客气，保持原初的正气；消除虚妄之心，保持真诚的本心，就能成为一个道德高尚、操守坚定之人。这也正应了前面的那句话："做人无甚高远的事业，摆脱得俗情便入名流；为学无甚增益的工夫，减除得物累便臻圣境。"

20. 以后思前 勘破痴迷

原　文

饱后思味，则浓淡之境都消；色后思淫，则男女之见尽绝。故人当以事后之悔，悟破临事之痴迷，则性定而动无不正。

译　文

酒足饭饱之后再回想酒菜味道，则浓淡之思已消失殆尽；交欢之后再回想淫欲之事，则男欢女爱的念头已尽数断绝。因此，人应当以事后的悔恨，来悟透临事之时的痴迷，这样就会心性安定而行为无不端正了。

经典解读

古人云："食色，性也！"喜欢美食美女是人之本性，但是世俗之人在满足欲望之时常常没有节度，不知用理性加以克制，所以，因美食而丧志，因女色而伤身。如何来克服自己的这些欲望呢？本节就给了一个好的方法："以事后之悔，悟破临事之痴迷"。食欲、性欲，往往出于一时冲动，在没有得到它们的时候，思之欲狂，得不到则辗转反侧，夜不能寐。事情过后，其吸引力就大打折扣，让人发狂的不是外物本身，而是我们自己内心难以操控的欲念。

人如果能够克制这些欲念，在事前就想到事后的索然无味，再去思量暴饮暴食、沉湎美色对自己造成的伤害，那么对欲望的抵抗力也就自然增强了，就不会有那么多执迷、悔恨了。

21. 意寄林泉 胸怀廊庙

原　文

居轩冕之中，不可无山林的气味；处林泉之下，须要怀廊庙的经纶。

译　文

身居高官显贵之位，不可没有隐居山林淡泊名利的闲情趣；身处僻林清泉之间，也需要怀有治国平天下的大志向。

经典解读

出仕之时，身处名利场中，受到各种官场事物的牵萦，身心不得半点自由，这时就要有些隐逸山林的从容闲适的情趣，如此才能超然物外，维持内心的平衡，不至于在权力和地位的洪流中迷失方向、丧失本性。

"山林之气"也是古代文人身上不可或缺的一种气质，是一种显示人高雅脱俗的元素。东晋名士王徽之起初为桓温参军，一次桓温对他说："卿在府中已经很久了，应该料理一些事情了。"王徽之不做回答，只是仰头高视，以手支着脸颊说："西山朝来，致有爽气。"后人对王徽之的淡泊胸怀、闲情雅致大加赞赏。

当归隐之后，处于山野田园之中时，也不能完全放弃对社会的牵挂，要身处林泉，心怀天下，承担起自己应承担的社会责任，即"位卑未敢忘忧国""处江湖之远，则忧其君"。

22. 无过为功 无怨是德

原　文

处世不必邀功，无过便是功；与人不求感德，无怨便是德。

译　文

身处世间不必邀求功绩，没有过错便是功绩；与人交往不必要人感怀恩德，没有怨恨便是恩德。

经典解读

功劳容易让人忘记，过错却被记得牢牢的；恩情容易让人忘记，怨恨却像刻在心中一样。所以人们常说："一过掩百功，一怨消百德。"萧何对刘邦的功绩可谓大了，数十年勤苦操劳，在后方为其苦心经营，然而有一点小小的过错，就被捆绑下狱，承受狱吏的侮辱；文种对于勾践的恩义可算是大了，保其性命，治其国家，帮助他兴国复仇，然而有一点猜疑怨恨，便身受刑戮。

世间多见利忘义、以怨报德之辈，作者看惯了人间冷暖、世态炎凉，于是发出了"无过便是功，无怨便是德"的感慨。我们在理解这句话时，一方面要认识到其中的智慧，努力希求无过无怨；另一方面，我们也要看到其中的消极因素，无论外界如何，人都应对社会、对他人怀着积极的想法，努力去作为、去施加恩惠，虽然不一定受到表彰、回报，但总比消极无为要好得多。

23. 忧勤勿苦 淡泊勿枯

原　文

忧勤是美德，太苦则无以适性怡情；淡泊是高风，太枯则无以济人利物。

译　文

忧劳勤恳是美好的德行，但太过劳苦就无法适从心性，怡悦情操；恬静淡泊是高洁的风气，但太过枯寂就无法接济别人，利惠万物。

经典解读

忧劳勤恳、恬静淡薄，都是好的行为方式，但它们都应有一个度，在这个度内可以怡心养身，过了这个度反而有害身心。过分忧劳勤苦，就会使人心力交瘁，使精神得不到调剂而丧失生活乐趣；过分清心寡欲，像苦行僧那样，自己可能得到了安心，但却没有对国家、社会做贡献，也不是可取的。

我们生活在当今社会之中，要有忧患之心，勤恳努力，为自己创造更美好的未来，但也不能给自己太大的压力。整日埋头在工作之中，整天在钢筋水泥丛中度过，整天对着程序发愁，最后精神吃不消，身体也吃不消……其实这些都是可以避免的。时常出去看看青山绿水，关心一下身边有趣的人和事，给自己找点感兴趣的娱乐活动，不要让自己终日陷入勤苦之中，也不要让自己陷入枯寂之中，如此生活才能变得更加美好，身心才能更加健康。

24. 原其初心 观其末路

原　文

事穷势蹙之人，当原其初心；功成行满之士，要观其末路。

译　文

对于事业穷困、形势蹙迫的人要还原他的初始心意；对于功绩达成、行事圆满的人要观察他的最终归路。

经典解读

对于陷入穷困、蹙迫中的人，不要轻视他、责备他，而要思量他开始时的心意，看看他为何失败，他是否虽败犹荣，是否可以东山再起。对于功绩圆满的人，不要急着赞美他，更不要谄媚他，看看他的成功是否建立在道义的基础之上，是否能够长盛而不衰。

有些人虽然陷入贫困、遭受失败，但这却不是他们自己的过失，相反，正是因为他们坚守正道，所以才受到挫折，正是因为他们"知其不可而为之"才遭受了磨砺。孔子为了克己复礼的理想，奔走天下而不得重用，穷困潦倒于陈蔡之间，断食绝道，进退不得，可谁又有资格轻视他、嘲笑他？荆轲刺秦王，事不成而被杀于秦廷之上，天下勇士虽多，谁又能轻视他、嘲笑他？

相反，有些人虽然功成志满，得到了权位名声，但他们的富贵由阿谀奉承而来，他们的权利靠诈谋欺骗而得，他们的地位是踩着无辜之人的鲜血而取得的。这样的人虽有一时荣耀，终将受到千古冷落，与其亲附、阿谀他们，不如早早离开他们，以免祸患及身。

25. 富贵当宽 聪明宜藏

原　文

富贵家宜宽厚而反忌刻，是富贵而贫贱，其行如何能享？聪明人宜敛藏而反炫耀，是聪明而愚懵，其病如何不败！

译　文

富贵之家应当行事宽厚，若舍却此道，而猜忌刻薄，是有富贵之实，却取贫贱之行，其富贵如何能够长久呢？聪明之人应当处世收敛，若舍却此道，而炫耀张扬，是有聪明之实，却行愚昧之道，他如何能不招致败亡呢！

经典解读

人们常说："家有余德，然后可以有余财。"富贵之家应以德义作为立家之本，有多少德义就承载起多少钱财。如果有财而不修德，不知道宽厚待人，博施恩惠，反而对人刻薄严酷、骄傲欺辱，那在内不会有人为其分忧，在外则人人对其心怀怨恨，这家的富贵也就不会长久了。

聪明的人应该懂得收敛含藏，如果到处炫耀，就会流于浅薄，亲故因此而疏远你，敌人则更容易看到你的缺陷。所以说，要小聪明是大愚蠢，这样的人必然会招致败亡。

春秋之时，晋国六卿专权，他们之间的斗争十分激烈，一日，范氏的三个儿子到赵简子家做客，赵简子因为家里园林长满了树木不能骑马驰骋而忧心。于是范氏的大儿子说："贤明的君主不经过讨论的事情，便不会去做，昏乱的国君不经过讨论，什么事情都敢做。"次子说："爱惜马脚就无力顾及民力，顾及民力就不会爱惜马脚。"最小的那个儿子说:"可以下令让百姓到山上砍伐树木,然后开放园林,百姓见到别的山远而园林里的山近,就会感到高兴;然后再将平地开放,百姓见到平地上的树更好砍,又会高兴一次;最后将这些砍下来的树卖给百姓,他们又高兴一次,这样既做了事,又让百姓连续高兴三次。"赵简子听从了这个建议,果然让老百姓高兴了三次。小儿子为自己的计谋而沾沾自喜,回家后把这件事情告诉了母亲。他的母亲听完后,感叹说:"最后让范氏灭亡的人,一定是你这个儿子。他好大喜功而让百姓劳苦,却不会去施行仁义,凭借虚伪而喜欢炫耀,一定不会太久长。"最后这个聪明的小儿子继承了范氏的家业,范氏家族果然被赵简子灭掉了。

26. 难行知退 可行知让

原　文

人情反覆,世路崎岖。行不去,须知退一步之法;行得去,务加让三分之功。

译　文

人间情分反复无常,世间道路崎岖难测。行不通时,须知退让一步的方法;行得通时,务必添加谦让三分的功德。

经典解读

人情复杂易变,世路崎岖难测,一味争强好胜只会给自己埋下祸患,不知道什么时候得罪了一个人,就可能让你坠入万丈深渊。所以,智者立世当知"退让"之可贵。俗话说"忍一时风平浪静,退一步海阔天空""与人方便,于己方便""强梁霸道,麻烦不断;忍让退却,一路平安",懂得谦让才能一帆风顺,懂得退却才能不断前进。

一个青年,毕业于名校,才华横溢,走到哪儿都充满自信,带着一股"舍我其谁"的气势。工作时他都以自我为中心,行事时从来不考虑他人的感受,认为自己是天才,他人是蝼蚁,自己是主角,他人是陪衬。面对这个事事抢头功、骄傲自大的人,部门里的同事都心怀不满。青年虽然能力出众,但在工作,却处处碰壁,处处遇刁难,最后只能愤然甩袖而去。

现在是靠团体、靠合作的时代,任何一个人都不能完全凭借自己取得宏伟大业,一个人在社会之中不仅仅是为了把事做好,还要照顾到其他人的感受,懂得退才能进,懂得让才能得。

27. 不弃小人 礼于君子

原　文

> 待小人①不难于严，而难于不恶；待君子不难于恭，而难于有礼。

注　释

①小人：此句中的小人、君子并非就道德高下而言。小人指缺少文化素养、只具小体的人，如孔子所说："小人哉！樊须也。"君子，指有地位、受过教育之人。

译　文

对于小人严厉苛责并不困难，困难的是不厌恶他们；对于君子恭敬顺从并不难，难的是始终坚持礼节。

经典解读

对待身份低微、才轻德薄的人，大多数人都能指出他们的缺陷，进而在知识、道德的高度上，对其严厉苛责，而能够不厌恶他们，真正做到"爱人"的却很少；对待地位高、有才德的君子，大多数人都能对其恭敬仰慕，而能够做到恪守礼节的却很少。真正有仁德的人，不会因为他人才学不足而轻视他们，不会因为他们粗俗无礼而厌恶鄙视他们；真正有操守的人，不会因为他人的才华出众而阿谀奉承，不会因为他人地位卓越而趋炎附势。

孔子就是一个能够不弃小人的人。在他和弟子游历的途中，路过一个叫互乡的地方，那里的人都不通礼义，难以为言。这时有一个童子，听闻了孔子的名声，前来拜访。孔子接见了他，并给了他指导，弟子们都不解，问："这个地方的人都这样，您为何还要见一个小孩子呢？"孔子说："现在他想洁身自好，改过自新，这不是很好么？我是肯定他的这个洁身的态度，对于他以往的过失，就不要抓住不放了。我们要肯定他人的进步，何必要牢记别人过去的错误呢？"可见，君子对于任何人，都不会轻易放弃，都不会求全责备，他们善于在人身上发现美好的一面，并循循诱导，使其改过自新，而不是因为他们有缺点而厌恶他们。

28. 淡泊守拙 名清气正

原　文

> 宁守浑噩而黜聪明，留些正气还天地；宁谢纷华而甘淡泊，遗个清名在乾坤。

译 文

宁可守护浑浑噩噩而罢黜聪明智慧,保留一些正气充盈于天地之间;宁可辞却纷扰奢华而甘于宁静淡泊,遗留一个清白名声在乾坤之内。

经典解读

聪明智慧是每个人都追求的,但对于君子来说,在聪明之上还有美德,为了美德,他们宁可守着糊涂,去做他人认为愚蠢的事情,所以贤者说:"难得糊涂。"繁华富贵是人人都期望的,但对于君子来说,富贵之上还有原则,为了维护原则、守住名节,他们宁可远离富贵、甘受淡薄,所以孔子说:"不义而富且贵,于我如浮云"。

一家工厂中有一个老会计,他来得比厂里所有的领导都要早,几乎没人了解他的过去。在他退休的时候,人们翻出了以前的档案,才知道他竟然是一个大学生。在他入厂的那个年代,大学生还是很少见的,一起进来的人早就升迁,到别处做了老总、厂长了,可他却一直在此默默无闻。

了解的人说,这个人太不会来事,太"木"了。有人和老人聊天的时候,谈到此处,老人只是"嘿嘿"一笑,说道:"世人都说我笨,其实笨的不一定是谁呢?我进工厂的时候,从事财务工作,很多领导拿一些不符合规范的条子来,很多同事拿着不合格的报销单,我都给退回去了。有人劝我要懂得变通,我却装作糊涂,不知道如何变通。虽然得罪了人,被人认为笨,但是我坚持了原则,心里踏实。这么多年守在这,生活简朴,那些知道'变通'的人都做了官、发了财,可是他们有谁能像我这样心中无愧疚?他们喝着红酒、吃着美味,但心里却害怕被人看到,住着大房、睡着大床,夜里却因为被查的噩梦而惊醒。与其整日担惊受怕,何必当初那么聪明,何必贪图那些前途、地位。"

生活中很多人爱耍小聪明,爱追求繁华富贵,却不知道他们的这些行为,是以丧失正气、损害名节为代价的。获得了一点点好处、虚荣,却让自己的人格腐朽、堕落,看似成功,其实祸患正在到来。这真可谓是不知孰重孰轻啊,智者笑其真愚昧,他们还沾沾自得,如此聪明要来何用,如此繁华真该早早抛却!

29. 心伏魔退 气平横消

原 文

降魔者先降其心,心伏则群魔退听;驭横者先驭其气,气平则外横不侵。

译　文

降伏魔障的人首先应降伏自己的内心，内心平伏了，一切魔障也就退息了；控制横逆的人首要控制自己的心气，心气平和了，一切横逆也就难以入侵了。

经典解读

外在的魔障，都是因为自己内心不清净而引起的。心满则有失误，心骄则招嫉妒，心傲则引怨恨，心狭则生烦闷，只要降伏自己烦躁的内心，外界的一切怨恨、嫉妒、失意、不满也就不存在了，故曰："心生，种种魔生；心灭，种种魔灭。"

生命中最难战胜的就是自己，千万不可忽略隐藏在你内心的邪念，必须先制服这种内心的邪念，才能踏上进德修业的光明坦途；只要能够克服这种内心的邪念，就能做到"外横不侵"。所以《六祖坛经》说："菩提只向心觅，何劳向外求玄。"《道德经》中说："自制者强""强行者有志"。儒家也讲："仁者无敌""仁者不忧不惧"。

30. 养育弟子　谨其交游

原　文

养弟子如养闺女，最要严出入，谨交游。若一接近匪人，是清净田中下一不净的种子，便终身难植嘉苗矣。

译　文

培养弟子犹如养护闺阁中的女儿一样，最要严格其出入，谨慎其交游。一旦他们接近品行不端之人，就像在清净的田地里种下了不洁净的种子，一辈子都很难成嘉美的禾苗了。

经典解读

"近朱者赤，近墨者黑"，人都会受到身边环境的影响，接近贤人就会重视道德、向往学问，接近小人就会爱慕虚荣、贪图名利。孩子幼小之时，可塑性最强，最容易受到污染，这时尤其要重视其所见闻，应力图在他们的心田里播种下善良、洁净的种子，保持他们的良知不受世俗的玷污。

春秋之时，卫庄公宠幸幼子州吁。可州吁不好道义，偏偏喜欢与一帮奸邪小人在一起。于是大夫石碏就劝谏庄公说："爱护孩子，就应该用道义和礼节来教育他们，不应让他们接近奸邪之人，沾染奸邪的习惯。"可惜卫庄公并未采纳他的劝谏。石碏见到自己的儿子石厚也经常和州吁交往，就将其关在家中，但石厚不知悔改，跳墙逃出去与州吁厮混。石厚很忧心，却又无可奈何。卫庄公死后不久，州吁之党果然作乱，杀死了卫国新君，妄图自己做卫君，结果被石碏等大臣们诛杀，石厚也因此而死。

"蓬生麻中，不扶而直；白沙在涅，与之俱黑"，生活中无论是养育孩子还是自己修身，都要谨慎交游。近贤者，不知不觉受到潜移默化，道德学问不断增长；近小人，不知不觉受到沾染玷污，品行操守不断损毁。虽然可以努力，但学问品行已有天壤之别，所以孔子说："里仁为美，择不处仁，焉得智！"

31. 欲不可进 理不可废

原　文

> 欲路上事，毋乐其便而姑为染指，一染指便深入万仞；理路上事，毋惮其难而稍为退步，一退步便远隔千山。

译　文

欲念上的事情，不要因为便习易行而轻易染指，一旦沾染便如坠入万丈深渊；义理方面的事，不要害怕它的困难而稍稍退却，一旦退却便与真理远隔千山万水了。

经典解读

人的欲望是客观存在的，但不能放纵。一旦放纵欲望，就会被各种诱惑所淹没，迷失自己的本性，丧失志气，丧失节操，丧失原则，犹如坠入万丈深渊。在欲望中堕落都是从细微开始的，有的人总以为自己自制力强，偶尔放纵一下没有事。殊不知，欲望犹如被大坝拦住的水，不破则安如泰山，有一点豁口，大坝就会轰然倒塌，再也无法控制。所以说，抵制欲望最好的时刻就是开始之前，最好的办法就是根本不去染指。

在义理的路上，很多人觉得很困难，自己永远达不到圣贤的高度，所以干脆不去追求。这种想法是不对的，求道之路虽然充满困难，甚至是枯燥乏味的，但只要从身边的小事做起的，只要坚守好最基础的孝悌等美德，不在任何一件小事上违背义理，义理也就充实在我们身上了。所以，孔子说："仁远乎哉？我欲仁，斯仁至矣！"（仁的境界很远吗？只要我立志为仁，仁就到来了！）

故对于欲望，我们切莫有一丝松懈之心，"勿以恶小而为之"；对于义理之路，我们要如行千里之路，莫有一丝畏难之心，"勿以善小而不为"。

32. 不可浓艳 不宜枯寂

原　文

> 念头浓者①自待厚，待人亦厚，处处皆厚；念头淡者自待薄，待人亦薄，事事皆薄。故君子居常嗜好，不可太浓艳，亦不宜太枯寂。

注　释

①念头浓者："念头"出自佛经的"前念已灭，后念未起"，就是心里注意到、所盼到的。所谓"念头浓"，就是思绪过多、感情过重。

译　文

念头过浓的人，对自己厚重，对他人同样厚重，处处都厚重；念头过淡的人，对自己淡薄，对他人淡薄，事事都淡薄。所以君子平常居住喜好，不可以过于浓艳，也不应该太过枯寂。

经典解读

所有事都有一个度，过犹不及，处事待人也是如此。对自己过厚就会近于奢侈，对他人过厚就会近于阿谀谄媚、趋炎附势；对自己过薄，就会流于枯寂，对他人过薄就会流于吝啬、冷漠。所以君子时时要恪守中庸之道，既要有情又不能被情所羁绊，既要有欲又不能为欲所迷惑，既要爱人又不能因爱而生出邪曲。

要养成这种中和的处世方式，就要在平日的生活中处处遵守一个"度"字，防止奢华，防止鄙陋，防止纵欲，防止绝情。

33. 居仁行义 自强不息

原　文

> 彼富我仁，彼爵我义，君子故不为君相①所牢笼；人定胜天，志一动气，君子亦不受造化之陶铸。

注　释

①君相：国君和宰相，这里指权贵势力。

译　文

别人有他的富贵，我有我的仁德；别人有他的爵禄，我有我的道义，所以君子不为权势所牵系桎梏。竭尽人力定可胜天，意志专一则可以改变自己的气质，君子也不会接受命运的陶冶铸造。

经典解读

一个真正的君子，一定会有一股傲气、一身傲骨，他们不会受到权势的笼络桎梏，不会因为爱慕富贵、害怕权威而丧失自己的原则、尊严；他们也不会随波逐流，接受所谓的命运安排，向生活中的坎坷、挫折低头臣服。

孟子在齐国之时，齐王派使者告诉他说："我本应该来看您，但染了寒疾，吹不得风。明早我将上朝处理政务，不知您能否到朝廷上来，让我见您？"孟子心中很是不高兴，认为齐王怠慢了贤人，于是对使者说："我也生病了，不能上朝相见。"

第二天，孟子去一个大夫家吊丧，齐王打发人来问候孟子的病，并且带来了医生。身边的人都劝孟子赶紧去拜见齐王，孟子却对此毫不在意。他的弟子景丑也认为孟子的行为过分了，不尊重齐王。孟子回答："曾子曾经说过：'晋国、楚国的财富，没有人赶得上。他有他的财富，我有我的仁德；他有他的爵位，我有我的道义。我有什么自惭形秽的呢？'天下最尊贵的东西有三种：一是爵位，一是辈分，一是德行。在朝廷上最尊贵的是爵位；在乡党间最尊贵的是辈分；至于治世安民，最尊贵的是德行。他怎么能够凭爵位就来怠慢我的辈分和德行呢？！"

俗人往往看重权势地位，对于拥有这些的人就低声下气，对于没有这些的人就高傲欺辱，在君子眼中，他们的低声下气、高傲自大无不显出了内心的鄙薄低俗。做人一定要做一个坚守道德仁义的君子，保持人格的高洁独立，而不要做贪慕权势的小人，让自己身陷牢笼桎梏之中。

34. 立身当高 处世知退

原　文

立身不高一步立，如尘里振衣、泥中濯足，如何超达？处世不退一步处，如飞蛾投烛、羝羊触藩，如何安乐？

译　文

立身涉世不能高一步立足，就像在灰尘里抖振衣服，在泥水中清洗双脚，如何能超达于世俗？为人处世不知道退一步居处，就像飞蛾投烛火，公羊撞篱墙，如何能够得到安乐？

经典解读

持身立志要高。人生活在世上,给自己选一个高的起点、高的目标,和那些高雅脱俗的人交往,这样才能超脱尘俗,达到高远的境界。处世做人要低,即放低身段,放平姿态,懂得谦让退却。这样就不会总与他人冲突,不会因清高、自大而招致嫉恨祸患。

晋朝左思曾吟诗:"振衣千仞岗,濯足万里流。"他本人就是一个志存高远人。左思相貌丑陋,资材平平,连他的父亲都不看好他,曾当着他的朋友说:"思儿所知道的、懂得的,不如我小时候。"左思因此受到刺激,他开始勤奋学习,立志做一番大事。当时都城赋十分流行,左思决定写一篇《三都赋》,了解他的人都认为他写不好,对他进行嘲笑。才子陆机到了洛阳,想写三都赋,听说左思也在写三都赋,就拍着手直笑,在给弟弟陆云的信中说:"这里有一个粗鄙之人,想写《三都赋》,等他写成之后,我将用它来封盖酒瓮。"面对这些嘲笑,左思并没有放弃,而是更加努力研究文章、学问,他苦思十年,多次删改,终于写成了著名的《三都赋》,一时之间为天下传阅,"洛阳纸贵"一词就是如此来的。曾经嘲笑他的陆机也从心底里叹服,认为自己无法超过左思,于是就搁笔不写了。

35. 修德忘誉 读书入心

原　文

学者要收拾精神并归一处。如修德而留意于事功名誉,必无实谊;读书而寄兴于吟咏风雅①,定不深心。

注　释

①吟咏风雅:读书流于浅薄,吟诗作赋,附庸风雅。

译　文

为学之人要收敛精神,用心专一。如果修持德行而留意于功绩名誉,必然不会有什么真实的收获、造诣;如果读书却寄兴于吟诗作赋,附庸风雅,一定不会深入内心。

经典解读

读书为学之人要用心专一,不能因为追求外在的虚名而使自己治学行为流于浅薄,不能因为沉浸于吟风弄月的雕虫小技而忽略圣贤留传下来的大道理。

为学首先要树立正确的目标，古人强调"修身、齐家、治国、平天下"，圣贤读书是为了增长自己的见识，追求更高的德行修养，从而投身于社会、造福人民。然而从古至今，每个时代都有一些人并不是怀着这样的理想而治学的，他们读书完全是为了博取名声，将知识当成获得他人尊重，获得权力、地位的阶梯。所以圣贤哀叹"古之学者为己，今之学者为人！"

其次，为学之道不应急功近利、半途而废。很多人学了一点东西就到处卖弄，吟几句风雅，说几个妙句，就沾沾自喜，以为自己了不起了。如此做学问一定不能深入人心，不能在求道之路上登堂入室。

白云禅师道法高深，很多人闻名而来，与他探讨禅道。一天，他问弟子法演："你看这些禅客修为如何？"法演回答："我看他们都是得道脱俗的高人。"禅师笑着摇了摇头。法演不解，问："听他们的言辞都极其高雅，观他们的行为都十分高洁，师父为何认为他们修为不够？"白云禅师说："他们看起来悟道极深，唱经讲法有板有眼，谈起公案滔滔不绝，见地甚是精到，偈子写得也精彩。然而，他们却没有达到忘我的境界。一位名禅曾经说过：'身心尚未饱参佛法的人，总觉得法悟已经足够了，而那些身心都充满佛意的人，什么时候也不会满足，所以释迦和达摩终身修行不殆！'这些禅客修行自然不如释迦和达摩，却每天得意洋洋地到处讲禅说法，不好好清修，他们的修行能有多高呢？"

36. 慈悲天生 真趣本存

原 文

人人有个大慈悲①，维摩屠刽②无二心也；处处有种真趣味，金屋茅檐非两地也。只是欲闭情封，当面错过，便咫尺千里矣。

注 释

①大慈悲：爱人利人叫做慈，怜悯恻隐叫做悲，大慈悲就是有大爱众生之心。

②维摩屠刽：维摩，梵语维摩诘简称，是印度大德居士，辅佐佛来教化世人，被称为菩萨化身。屠刽，屠夫、刽子手。

译 文

人人都有一个宽大的慈悲之心，菩萨、屠夫并没有两样的心地；处处都有种纯真的生活趣味，金房、茅屋并没有什么差别。只是欲望闭塞、情感封锁，以致和慈悲心、真趣味当面交错而过，即便近在咫尺也相去千里了。

经典解读

"人之初，性本善"，孟子认为人人都有善良的本心，有的人为非作歹并不是他们天生邪恶，而是因为他们不知道养护自己的良心。操持自己的良心，良心就会存在，一个人就会具有美德，能够为善；不操持自己的良心，良心就被各种外欲所蒙蔽，人就会走向奸邪之路。《般若经》中说："心性本净，客尘所染。"也是同样的道理，人心本是洁净无瑕的，因为有了各种外欲的入侵，才会出现种种罪恶行径，洗净心中尘垢就是保持本心。

生活中处处都有趣味，无论住在茅屋之中，还是住在金碧辉煌的宫殿里，只要有一颗恬淡知足的心，消除多欲的欲念，人就能感受到生活的情调和乐趣。

37. 修德寡欲 济世清心

原　文

进德修行，要个木石的念头，若一有欣羡便趋欲境；济世经邦，要段云水的趣味，若一有贪著便堕危机。

译　文

增进品德修持道义，要有木石般坚定的念头，如果起了一点儿羡慕荣华富贵的心思，便会被物欲所迷惑；救济天下治理国家，要有飘云流水般的志趣，假如生出一点儿贪图享乐的念头，便会堕入危亡的深渊。

经典解读

欲望是人生的陷阱，是前进中的绊脚石。在增进德业、修习道义的时候，一定要以木石之心克制自己的各种欲望，不要对美色、富贵有一丝欣羡之意。世上有无数英雄的人物，才华出众，志存高远，就是因为没有抵挡住欲望的诱惑，为金钱低头，为美人弯腰，从而跌入了万丈深渊，让人嗟叹不已。

唐朝中后期佛教盛行，那时僧人多持旧教规、旧戒律，极端轻视和排斥生产劳动，大部分寺中僧人生活奢靡，怀海禅师认为这种生活是修行的绊脚石，于是决心改变这一现状。他大胆进行教规改革，设立了百丈清规，谢绝民间信徒的大量施舍，亲自带领弟子们开辟荒山，种稻种菜。每次劳动，怀海禅师都自己带头，与其他僧人同甘苦，共患难，他经常告诫弟子要做到"一日不作，一日不食"。有一次，负责管理劳务的执事僧见他年纪太大，便将他的劳动工具藏了起来，意在让他休息。怀海四处寻找工具不得，就拒绝吃饭，直到工具被发还。正因为远离奢华贪欲，回归于宁俭淡泊，怀海禅师在佛法上取得了很高的成就，他的弟子们也颇多有成者。

要想成就一番事业，一定要有淡泊名利的胸襟，要有进退自如的气概，若有一丝贪心，便会堕入贪欲之中，不仅不能实现济世救民的志向，恐怕连身家性命也难保全。

38. 昭昭之祸 始于冥冥

原　文

肝受病则目不能视，肾受病则耳不能听。病受于人所不见，必发于人所共见。故君子欲无得罪于昭昭①，先无得罪于冥冥②。

注　释

①昭昭：显著，人所共见之处。
②冥冥：昏暗不明，隐蔽场所。

译　文

肝脏遭受病变眼睛就不能看东西，肾脏遭受病变耳朵就不能听声音。病变产生在人们所看不见的位置，必然发作在人们都能看见的地方。所以君子想要在明处没有过错，必须首先保证自己私下里不犯过错。

经典解读

眼睛看不见、耳朵听不见，是外部的病症，发病之时人人都能看到；但其病根却在看不见的肝脏、肾脏之上。作者用这样一个常见的病理现象，告诉人们两个道理：一、显现出来的灾祸、丑恶，都是因为内在的不足而引起的，要想防止它们，就要做到内里无病，防患于未然。二、内在的错误是难以掩饰的，"诚于中而形于外"，要想消除恶名、受人尊敬，就要真正做好内在修养，表里如一，不欺暗室。

一个人如果仅仅在乎自己的虚名，不从根本上修善德行，就会成为一个"金玉其外，败絮其中"的伪君子，他只能欺骗人们一时，时间长了，人人都会看到其真面目，巧饰又有什么作用呢？曾子说："十目所视，十手所指，其严乎！"只有堂堂正正地做人，胸怀光明，表里如一，才不至于将冥冥之罪养成昭昭之祸、昭昭之羞。

39. 少事为福 多心是祸

原　文

福莫福于少事①，祸莫祸于多心②。惟苦事者方知少事之为福，惟平心者始知多心之为祸。

注　释

①少事：心中清净，了无事端。
②多心：心中繁思，欲望过多。

译　文

幸福莫过于了无事端，祸患莫过于心思繁重。唯有劳苦于事务的人才知道了无事端是福，唯有平和心气的人才知道心思繁重是祸。

经典解读

什么是幸福？生活简简单单，人生无欲无求便是幸福。一个人如果没有忧心的琐事去牵挂，没有烦心的人来打扰，没有伤心的祸患来打击，那他一定是一个幸福快乐的人。相反，一个人如果成天为一些小事所牵萦，被一些烦心的人吵来吵去的，那他的生活一定不会快乐、开心。

世间的烦恼祸患大多生于多事、多心。比如丢了斧头的农人，本来活得好好的，忽然丢了一个斧子，就怀疑邻居是个盗贼，于是偷偷地观察他，那人越看越像小偷。从此就感觉自己生活在盗贼身边，本来该闲暇消遣的时间，都用在了监视邻人身上，晚上睡不好，唯恐邻居来偷盗自己的东西；白天劳作时都不放心，唯恐邻居趁自己不在去自己的家中偷窃，想到园子里的木桶便害怕，想到后院的扁担便担忧……最后发现，斧子根本没有丢，烦恼担忧都是自己瞎想出来的，因为没有的事，不知掉了多少头发，增添了多少皱纹。

"君子坦荡荡，小人长戚戚。"一个光明磊落的人于人于事无愧，不须怀疑别人也不怕别人怀疑自己；而小人则不然，心眼小，疑心重，麻烦不少，是非不断。所以在生活中，不要乱去猜想别人。无事一身轻，人要有"大智若愚、大巧似拙"的境界，懂得将不必要的事放下，懂得消除头脑中多余的杂念，即使他人有过错、有缺点还应尽力忘记、装作不知，更何况他人没有呢？也不要担忧别人猜想自己。我们无法控制他人的想法，但我们可以决定自己的行为。只要自己心里坦荡，行事不曲不邪，别人误会我们、怨恨我们都是他们自己的事，又何必为了他人的错误而苦恼自己呢？孔子说："人不知而不愠，不亦君子乎！"

40. 方圆并用 宽严互存

原　文

> 处治世宜方，处乱世当圆，处叔季之世①当方圆并用。待善人宜宽，待恶人当严，待庸众之人宜宽严互存。

注　释

①叔季之世：古时少长顺序按伯、仲、叔、季排列，叔、季排行在后，比喻末世将乱的时代。《左传》云："政衰为叔世""将亡为季世"。

译　文

处于清明平治之世，应该方正有节；处于混乱纷争之世，应当圆滑变通；处于政治衰亡，乱世将至之时，应当方正圆通并用。对待善人应该宽厚大度，对待恶人应当严厉谨饬，对待平庸大众应当宽厚严厉相互共存。

经典解读

孔子说："邦有道，危言危行；邦无道，危行言孙。"太平之世，政治清明，人民知礼义廉耻，所以君子当持身以正，危言危行；混乱之世，礼仪废弃，危言危行容易招致祸患，君子当懂得圆融变通之道，危言慎行。

世道不同采取不同的行为方式，处在不同的环境中，与不同的人交往，也应该知道变通。和正直有德的君子交往，就如处于盛世一样，因为君子明礼仪，讲道理，你直言劝谏，他不会生气，你存在口误，他知道宽容。对于小人则不然，小人性情偏激、心胸狭隘，你直言相劝，他反而认为你为难讥讽他，你出现口误，他就认为你挖苦嘲笑，于是怀有怨恨，阴思报复，和这种人交往，就要懂得圆融变通。

41. 忘己之功 记人之恩

原　文

> 我有功于人不可念，而过则不可不念；人有恩于我不可忘，而怨则不可不忘。

译　文

自己对他人有功，不可以念念不忘；而自己有了过错，不可以不牢记于心。他人有功于自己，不可以轻易忘却；他人有怨于自己，不可以牢记不忘。

经典解读

功劳、恩惠当不起一个"矜"字，有功于人，念念不忘，他人无法报答，就会将这种恩惠变成一种负担，最后又生出怨恨。而他人对自己有恩，则不能忘怀，感恩知报是一种美德，受恩却轻易忘记，就会承受"忘恩负义"的讥讽。怨恨恰恰相反，自己有过，取怨于人，一定要铭记于心，若是自己错误，早早改正；若是存在误会，早早解释；若是自己无过，而他人心胸狭隘则要早早提防。他人伤害了自己则要早点忘记，懂得宽厚、容忍，才能享受生活的幸福。

战国时，信陵君杀了晋鄙，救下邯郸，打败了秦兵，使赵国得以幸存。赵孝成王亲自到郊外去迎接他，准备用十五座城池来报答他。信陵君准备接受，这时门客唐雎对信陵君说："我听说，事情有不可以知道的，有不可以不知道的；有不可以忘掉的，有不可以不忘掉的。"信陵君问："这话怎样讲呢？"唐雎回答说："别人憎恨我，不可以不知道；我憎恶别人，是不可以让人知道的；别人有恩德于我，是不可以忘记的；我有恩德于别人，是不可以不忘记的。如今，你杀了晋鄙，救下邯郸，打败秦兵，保全了赵国，这对赵国是大恩德。现在，赵王亲自到郊外迎接你。你很快就会见到赵王了，希望你把救赵王的事忘掉吧！"信陵君说："我谨遵你的教诲。"于是没有接受赵国的重赏。

信陵君因解救赵国之难备受世人称道，试想，如果信陵君自恃功高，接受了赵国的赏赐，世人将如何评价他呢？人们会说："魏公子窃取护符，杀死大将，就是为了让自己获得城池。"这样的义举，一下子就变成了叛国谋私了。所以说，不矜功的人才会有功，贪图功劳回报的人，反而失去他的功劳。

42. 心地干净　可以学古

原　文

心地干净，方可读书学古。不然，见一善行，窃以济私；闻一善言，假以覆短。是又藉寇兵而赍盗粮矣。

译　文

内心干净纯洁，才可以习读古时圣贤之书。不然，见到一个善良的行为，就偷偷地用来满足私欲；听闻了一句善良言语，就假借而来掩饰自己的缺点。这是又借给寇贼兵器而又资助强盗粮食啊！

经典解读

鲁迅先生在说《红楼梦》时指出："经学家看到《易》，道学家看到淫，才子看见缠绵，革命家看见排满，流言家看见宫闱秘事。"知识并没有善恶正邪之分，但人心却将其变成了不同的工具。

君子学习圣贤之道用来修德济世，小人学习圣贤之道用来谋私覆短。岳飞、包拯读的是圣贤之书，秦桧、和珅读得同样是圣贤之书。读一样的书，人品、功业却迥若星渊，其根源就在于人心不同。司马光在《资治通鉴》中也指出，没德没才的庸人不可怕，无德有才的小人危害才最重。庸人为恶，常人能够轻易制服他，小人为恶则难察难辨，对社会、对他人的危害也就更深了。所以，对于教者来说，传播圣贤的智慧，一定要看人而授，授给善人就是造福社会，授给小人就是赍盗粮、藉寇兵；对于学者来说，在学习之前一定要做到心地干净，以免走上奸邪之路，给自己和他人都带来祸患。

43. 以俭养德 以拙全真

原　文

奢者富而不足，何如俭者贫而有余？能者劳而俯怨，何如拙者逸而全真？

译　文

奢侈的人即使富有也不会感到满足，哪如节俭的人虽然贫贱却感到有余呢？能干的人劳作却招来怨恨，哪如笨拙的人安逸无事却保全天性呢？

经典解读

知足者才能长乐，内心奢侈贪求的人即使再富有也不会满足，他们将所有的心思都放在了贪求之上，虽然占有很多财富，却不知道享用。富有的严监生，因为两根灯草而不能咽气；有钱的葛朗台，尽管拥有万贯家财，可依旧住在阴暗、破烂的老房子中，每天亲自分发家人食物、蜡烛。他们即使拥有再多的钱，在精神上也是贫穷的，他们的生活充满了阴冷的铜臭气息，没有闲适快乐，没有亲人的温暖，这样的富有反而成为桎梏人的牢笼，这种富有，还不如贫穷。

一个人越是有能力，众人对他的期望就会越高。庸人做错了事，大多会受到宽容，而有能力的人做错了事，则往往受到谴责。

44. 思贤爱民 躬行种德

原　文

> 读书不见圣贤，如铅椠佣①。居官不爱子民，如衣冠盗。讲学不尚躬行，如口头禅。立业不思种德，如眼前花。

注　释

①铅椠佣：铅，铅粉笔；椠，木板片。指受人雇佣来写字的人。

译　文

研读诗书不能理解圣贤哲人的真义，犹如一个受雇书写文字的匠人；身居官职不能爱护黎民百姓，犹如一个穿衣戴冠的强盗；讲习学问不崇尚身体力行，犹如口头念经；创立事业不考虑积累功德，犹如一朵转瞬即谢的花朵。

经典解读

读书为学要树立崇高的理想，要像先贤圣人那样治世济民，而不能满足于认识几个字就足够了。做学问不深究先圣之道，只知道考据、钻营学问的毫末，即使研究得再深，对于国家人民也无丝毫益处，这和大街上帮人写字的佣工又有什么区别？出仕为官，同样也是为了治国救民，如果在其位而不谋其政，居人上而欺世害民，这和抢劫人民的盗贼又有什么区别？传播学识，教书育人，重在躬行，自己满口仁义道德，自身却为非作歹，这样的伪君子，口中的道理再好、再大也是口头禅而已。建立功业却不思积累仁德，功业再高也如风中沙塔，很快就会崩塌消失，被世人遗忘。

所以说，无论做什么都不能流于形式，要从其根本目的上下功夫，不重根本，虽然取得欺世盗名，也如昙花一现，转瞬便消失。

45. 扫除外物 直觅本来

原　文

> 人心有部真文章，都被残编断简封固了；有部真鼓吹，都被妖歌艳舞湮没了。学者须扫除外物，直觅本来，才有个真受用。

译　文

人人心中都有一部真正的好文章，可惜都被残编断简封闭禁锢了；人人心

中都有一首真正的好乐曲,可惜都被妖歌艳舞湮灭埋没了。学者必须扫除外物干扰,直接寻觅自己的本来心性,才能获得真正享用不尽的真学问。

经典解读

《孟子·尽心上》中说:"万物皆备于我矣。反身而诚,乐莫大焉;强恕而行,求仁莫近焉。"明朝中后期,阳明心学发展了这一观点,认为"万事万物之理,不外于吾心"。人的本心是纯洁、善良的,它之所以变得庸俗、丑恶,是因为繁杂世事的干扰,是因为长期受到尘俗覆蔽。我们想要得到美德,想要远离世俗,无需去远处寻找什么真理、圣言,只要回归于自己的内心,扫除蒙蔽它的尘俗。

任何一个人的心中,都有一部真文章,这就是人的良心,它能告诉人们应如何做人,如何做事,如何坚守美德;任何一个人的心中,都有一部真乐曲,如果能够静静体会这一真理的微妙旋律,就能唤起心中良知,消除残暴、欲望。可惜世俗的残编断简、妖歌艳舞,将它们封固湮没掉了。人清心、悟道,就是要消除封固真心的残编断简,扫清淹没真心的妖歌艳舞,使真文章、真鼓吹显露出来。

46. 苦中有乐 得意生悲

原　文

苦心中常得悦心之趣;得意时便生失意之悲。

译　文

劳苦的心中,常常得到愉心的乐趣;得意的时候,便会生出失意的悲哀。

经典解读

苦中常有乐,乐里常生悲。人心是最容易满足,又是最无法满足的东西。当处于苦难之中的时候,得到一点点松弛,尝到一点点甜头,心中就会充满无限的满足,苦难的生活中似乎多了很多乐趣。然而在志得意满的时候,却常常会因为更多的奢望而生出悲哀,因为不能长久占有而生出失意,因为生活的满足而生出空虚。所以,人们常说,一个人的快乐与否,往往和财富、成功等关系不大。

人无法改变环境,但可以控制自己的心境,当我们处于苦难之中的时候,要懂得在身边多寻找一些乐事,繁重工作之余的一朵小花,酷热环境中的一缕清风,受到批评责罚后路人的一个微笑,都能让我们心中快乐很多。当我们处于成功之时，要懂得消除奢望，居安思危，多做些对他人、社会有利的事，让生活更加充实，以免自己被空虚、欲望所淹没。

47. 富贵殊途 其果各异

原　文

> 富贵名誉自道德来者，如山林中花，自是舒徐繁衍；自功业来者，如盆槛中花，便有迁徙废兴；若以权力得者，如瓶钵中花，其根不植，其萎可立而待矣。

译　文

富贵名誉若是自道德修养中得来，就如养在花瓶、水钵中的花朵，就如山林中的花朵，舒展徐缓繁衍不绝；如果从建功立业中得来，就如盆中槛下的花草，有迁徙废兴的变故；如果从权位利禄中得来，就如养在花瓶、水钵中的花朵，它的根基不牢固，它的枯萎就指日可待了。

经典解读

本文做了一个十分形象的比喻：富贵如花，用道德培养它，它就舒徐繁衍，长久不衰；用功业培养它，它就迁徙废兴，变化无常；用权力来培养它，它必然不能长久，衰萎立时可见。

富贵名誉来自道德者，如孔孟颜曾之家，历经千年而不衰；富贵名誉来自于功业者，如历朝功勋，子孙贤者其家显赫也长久，子孙不贤者其家败亡也迅速；富贵名誉来自于权力者，得到宠幸时显赫无比，一旦失势顿时被灾祸淹没，家破身亡，如邓通、董贤、杨国忠之属。

富贵名誉并不是不可追求，而是要求之有法，孔子说："富与贵，是人之所欲也，不以其道得之，不处也；贫与贱，是人之所恶也，不以其道得之，不去也。"君子求富贵，必以仁德得之，必以仁德守之，故其家能够名扬于世，长久不衰。

48. 宁寂寞一时 勿悲凉万古

原　文

> 栖守道德者，寂寞一时；依阿权势者，凄凉万古。达人观物外之物，思身后之身，宁受一时之寂寞，毋取万古之凄凉。

译　文

坚守道德者,只会遭受一时的寂寞;阿附权势者,必将迎来万古凄凉。通达之人重视物质之外的精神、道德,思量身后的节气、名誉,宁可承受一时的寂寞,也不招致万古的凄凉。

经典解读

试翻青史万卷,其中能名垂千古、受后人敬仰、推崇者,无不是坚守节操、道德高尚之人。而道德不足,尽管权倾天下、富可敌国也不过是一时风光,很快便消失在茫茫史海之中,被人遗忘,甚至遭人唾弃。

汉之苏武、司马迁,宋之文天祥,明之方孝孺,生前无不饱经苦难、颠沛流离,甚至酷刑加身,然而他们坚守道德,不改原则,最终都受到后人敬仰。而那些为了富贵、权力而投身权门、煊赫一时的人,都为昙花一现,如今谁还记得起来?

达者所看重的是身上的道德、深厚的名节,正如于谦所说:"粉身碎骨浑不怕,要留清白在人间。"他们宁可一时寂寞,也不要在死后得到恶名,凄凉千古。在生活中,我们不应贪图虚名,要多想想,自己行事是否符合道德,是否有悖于原则,是否会让他人在背后指责、诟骂,老老实实做人才是本分,不要为了一时的荣耀,让自己招致长久的骂名。

49. 建功立言 垂名后世

原　文

春至时和,花尚铺一段好色,鸟且啭几句好音。士君子幸列头角,复遇温饱,不思立好言、行好事,虽是在世百年,恰似未生一日。

译　文

春天到来,时气和暖,花草尚且铺陈出一段美好的景色,林鸟尚且鸣叫出几句悦耳声音。士人君子有幸进入杰出者之列,又能衣温腹饱,不思量留下几句好言论、做上几件好事,虽然长生百年,也像一日未活一样。

经典解读

寒冬之后,暖春到来,鲜花尚且知道铺陈出一段美好景色让人喜爱,鸟雀尚且知道鸣叫出几声美音让人留恋。君子生于世上,如果一点儿痕迹也不留下,那岂不是有负大好时光,有负天地赐予我们的生命,有负父母赐予我们的身体?

立德、立功、立言,自古就是中国文人的终身理想,张载说要"为天下立心，为生民立命，为往圣继绝学，为万世开太平"，能有此心方可造福万民，能有此志才可济世救国，能有此行，才配受后人爱戴、仰慕。

北宋年间，大峰祖师南下，看到练江连通大海，两岸人们出行不便，生活困苦，且风浪起时常有覆舟溺死乡民之惨事发生。于是祖师立志要在练江之上修一座大桥，来连通南北，造福人民。他不顾年老体衰，亲临江边量度江水的深浅，他四处奔走，募众出资。建桥途中，各种困难纷纷出现，资金不足，有谣言说祖师贪污善款，祖师心力交瘁，有人劝祖师放弃，说："您一个出家人，又这么大年纪，何必要趟这个浑水，好好去山里清修，不是更好吗？"祖师摇摇头说："出家人修道就是为了慈悲，若不能造福百姓，为百姓留下些什么好处，这么多年吃斋念佛又有什么用呢？"

于是，祖师克服种种困难，将大桥建设了下去，虽然在桥完成之前，他就去世了，但当地人都被他这种无私奉献的精神所感动，集资完成了大峰祖师未竟事业。从此，江两岸来往方便，再也没有沉溺事故发生了。出家人尚且如此，立志治国平天下的士君子怎能不思量留下几句善言，做上几件好事呢？

50. 春生秋杀 合育万物

原　文

> 学者有段兢业的心思，又要有段潇洒的趣味。若一味敛束清苦，是有秋杀无春生，何以发育万物？

译　文

为学之人既要有兢兢业业的心思，又要有逍遥洒脱的趣味。如果一味束缚本性、坚守清苦，就如大自然徒有秋季的肃杀而没有春天的生机，如何能够发育万物呢？

经典解读

做学问既要兢兢业业、戒慎恐惧而不怠惰，又要有逍遥洒脱、不拘小节的风度。不慎重刻苦，学问就不能治得深入，不潇洒自由，学问就不能治得灵活。

孔子是很有学问的人，但他研究学问却从来不一味坚守清苦，在他看来，学是一件乐事，人应该在学习之中找到快乐。所以孔子说："学而时习之，不亦说乎？""学之者，不如好之者；好之者，不如乐之者。"后世有成就的读书人大多都是如此，比如李白、范仲淹、欧阳修都有苦学的故事，但当读他们的诗词文章之时，又会发现其中洋溢着洒脱、潇洒、乐观，处处可以看到作者对于生活的豁达。

有人说当今的学者失去了前人的那种逍遥洒脱,这一方面是因为读书人的生活压力往往过大,另一方面也是因为人容易迷失在喧嚣繁杂的现代社会之中。要想取得真正的成就,不能成天想着赚钱、想着出名、想着发论文、评职称,不妨多读一读诗词歌赋,学一学魏晋风流,看一看胡适、老舍等学者是如何在生活中寻找趣味,如何将苦学和洒脱结合在一起的。

51. 真廉无名 大巧无术

原 文

真廉无廉名,立名者正所以为贪;大巧无巧术,用术者乃所以为拙。

译 文

真正廉洁的人没有廉洁之名,博取廉洁名声的人正是为了贪图虚名。巧妙至极的人没有诈巧之术,使用诈巧的人正是笨拙的。

经典解读

真正廉洁的人,既不会贪财,也不会贪名,他们将所有的时间放在为人民服务、为国家贡献之上,怎么会花时间去宣扬自己的好名声呢?真正有大机巧的人,不会标新立异,不会有什么奇谋异术,他们只需要坚守仁义之道,以诚待人,以诚行事就足够了。

鲁迅先生说过:"自称盗贼的无须防,得其反倒是好人;自称正人君子的必须防,得其反则是盗贼。"自古以来,多有以廉洁自居到头来却是贪官污吏的,以忠臣自居到头来却是大奸巨盗的。王莽未篡位之时,躬行节俭,爱民爱人,有了家财都分散出去救济穷人,有了好处都先让给同僚,自己的儿子有过错坚持大义灭亲,他人有了过错宽容以待之,他所亲近的都是孔光、刘向这样的大儒、大学者,所尊崇的都是周公、霍光这样的先贤、功勋。然后,最后他却篡夺君位,成为千古奸臣的典型。

这告诉我们:不要以名声而取人,不要被欺世盗名之徒所蒙蔽;不要沽名钓誉,坚守好立身的原则,踏踏实实地做事、敬职就可以了。

52. 心体光明 处处青天

原 文

心体光明,暗室中有青天;念头暗昧,白日下有厉鬼。

译　文

　　心胸光明磊落的人，即使处于暗室之中也似站在万里青天之下；心存暗昧邪思的人，即使身处光天化日之下也会担心厉鬼纠缠。

经典解读

　　《格言联璧》中云："心术，以光明笃实为第一。"培养内心，最重要的是光明磊落。内中没有亏心之事，心间没有不可见人的污秽，自然可以做到"不做亏心事，不怕鬼敲门"了；反之，如果心中存在不可告人的诡计，做过很多亏心之事，那么无论处于什么地方，也会心神不宁、担惊受怕。

　　人生所有问题都在一念之间，心中坦荡就无所畏惧，心中有愧就不得安宁。身居万人之上的皇帝尚且不能凭借权势、凭借功业，消除心中的愧疚、惊恐之情，常人又岂能去做亏心、害人之事呢？

53. 贫贱乐为真　富贵忧为甚

原　文

　　人知名位为乐，不知无名无位之乐为最真；人知饥寒为忧，不知不饥不寒之忧为更甚。

译　文

　　人们知道获取名声、地位为人生乐事，却不知道没有名声、地位时的乐趣最为真实；人们知道饥饿、寒冷是人生忧患，却不知道没有饥饿、没有寒冷时的忧患更为严重。

经典解读

　　《庄子·徐无鬼》中有这样一段记载：徐无鬼靠女商的引荐得以拜见魏武侯，武侯连忙慰问他说："先生一定是极度困惫了！为隐居山林的劳累所困苦，所以方才肯前来会见我。"徐无鬼说："我是来慰问你的，你对于我有什么慰问？你想要满足嗜好和欲望，增多喜好和憎恶，那性命攸关的心灵就会弄得疲惫不堪；你想要废弃嗜好和欲望，退却喜好和憎恶，那么耳目的享用就会困顿乏厄。我正打算来慰问你，你对于我有什么可慰问的？"武侯听了怅然若失，不能应答。

　　一般人都以获得名利地位，吃山珍海味，着绫罗绸缎为乐事，却不知道处在富贵之中，居于高位之上，时刻要战战兢兢唯恐失去所拥有的，时刻要担惊受怕唯恐他人图谋不轨，时刻要被各种欲望享乐劳累得困苦不堪。这些享受、快乐都是建立在劳心费神、担惊受怕之上的，哪有无名无位隐居山林、粗茶淡饭种豆观花来得逍遥自在？

54. 知畏是善路 好名是恶根

原　文

> 为恶而畏人知，恶中犹有善路；为善而急人知，善处即是恶根。

译　文

作恶而知道害怕他人得知，这是恶中还有向善的道路；为善而急于让他人知道，这是在行善时埋下了为恶之根。

经典解读

一个人做了坏事害怕他人知道，这证明他还有羞恶之心，还知廉耻、要脸面，能够发展这种良心，引导他不去做自己羞耻的事，他就会逐渐走向善路。一个人做了善事，唯恐他人不知道，这说明他的善还不是完全出自本心，如果好名之心不断发展，他就可能会为了虚名而去为非作歹，这就是走向邪恶的开端。

大峰祖师修桥之时，一个小偷被带到了他的面前，人们说发现这个人在工地上盗窃财物，准备通告祖师一声然后将其送官。祖师看了一眼那人，他深深地低着头，祖师喝道："抬起头来！"那人把头扬了一下又深深低下。祖师笑着对人们说："这个人不是个惯盗，他只是一时穷窘而犯了错，饶恕他吧。"众人不解。祖师说："他低着头不愿人看清他的脸，说明他心中十分羞愧，还懂得廉耻，这样的人我们应该宽容，加以教导，而不是急着惩罚他。"

后来人们了解到，这人本是一个读书人，因为家中遇到变故，所以流落至此，没有饭吃才一时动了邪念。大峰祖师将这个人留在了工地之上，帮助自己打理杂务。在大峰祖师去世后，这位读书人到处奔走，为建完大桥付出了很多辛苦。

55. 逆来顺受 居安思危

原　文

> 天之机缄①不测，抑而伸、伸而抑，皆是播弄英雄、颠倒豪杰处。君子只是逆来顺受、居安思危，天亦无所用其伎俩矣。

注　释

①机缄：机关开闭，指气运、气数。《庄子·外篇·天运》云："天其运乎？地其处乎？日月其争于所乎？孰主张是？孰维纲是？孰居无事推而行是？意者其有机缄而不得已邪？"

译　文

天命气运幽隐难测，或先抑制而后伸展，或先伸展而后抑制，这都是在摆布、戏弄那些英雄、豪杰。君子对于此，只需要逆来顺受、居安思危即可，如此上天也就没有地方玩弄它的伎俩了。

经典解读

天命难测，盛衰时变，福祸相成，于是人们感慨，生于天地之间即使是英雄豪杰也不过是茫茫大海中的一叶小舟，任由命运的风浪吹打、颠簸。那么我们该如何面对这多变、难测的命运呢？凡事都要努力争来争去吗？凡事都随波逐流、顺其自然吗？如果事事都争强好胜，人一定会生活在劳累困苦之中，一生也争不到个尽头；如果事事顺其自然，人一定会成为一个不知进取、毫无作为的庸俗之人。所以有时人应安于天命、逆来顺受；有时却要奋发图强、有所作为。

孟子说："口之于味也，目之于色也，耳之于声也，鼻之于臭也，四肢之于安佚也，性也，有命焉，君子不谓性也。仁之于父子也，义之于君臣也，礼之于宾主也，知之于贤者也，圣人之于天道也，命也，有性焉，君子不谓命也。"就是告诉人们，对于吃喝享乐等色物之欲，君子要安于天命，逆来顺受；对于仁义礼智等方面的学问道德却要不断进取，勇于有为。

我坚守道义却得不到富贵，我恪守礼节却身处贫穷，我饱读诗书却不能获得高位，只能粗茶淡饭、短褐穿结，这时我要告诉自己，这或许就是天命吧！于是我宁可固守贫贱也不违背自己的原则，宁口食粗粝、身披麻衣，也不去阿附权贵，希求富贵。我因为德行不够而受人厌恶，因为才学不足而陷入贫苦，因为不懂礼仪而被君子们耻笑，这时我要告诉自己，我可以做得更好，他人能够做到的自己也可以！于是奋发进取，努力为学修德将自己塑造成一个有学问有道德的人。

"天命难知，人道易守。"富贵、成功、权力、地位，这些得之失之皆在于天，故君子无须刻意去追求；道德、学问、品行，这些是有是无都在于己，故君子须时时自励，努力博取。

56. 福不可邀 祸不可避

原　文

福不可徼，养喜神①以为招福之本；祸不可避，去杀机以为远祸之方。

注　释

①养喜神：保持内心的欢喜愉悦。

译　文

幸福不可勉强邀至，保持内心的欢喜才是招致福泽的根本；灾祸不可以随意避免，消除心中的杀机才是远离祸患的良方。

经典解读

福是每个人都想得到的，祸是每个人都想避免的。想要福的天天诵经拜佛也不一定得到福，想免祸的成天祈祷祭祀也不一定会免去祸患。要想趋福避祸，就要"养喜神"、"去杀机"。养喜神，即保持内心的欢喜愉快。只有多做善事，内心坦荡的人才能长久保持心中欢喜、愉快；去杀机，就是消除心中的肃杀之气，即以慈悲为怀，以宽厚立身，让心中充满和气。

春秋时，秦穆公有一匹千里马，他十分爱惜，专门委派官吏照顾它。一天，官吏慌忙来报，说千里马不见了，秦穆公连忙派人出去寻找，后来发现他的爱马被一群山里百姓抓住吃掉了。秦穆公对他们说："这是我的千里马。"那些人都十分恐惧，唯恐秦穆公将他们杀死。穆公说："我听说吃了马肉不喝酒的人会死掉。"于是赏赐了他们一些美酒便离开了，这些人惭愧且感念秦穆公的恩情。

数年以后，秦国、晋国在韩原作战，秦穆公车子陷入泥中，情况十分危急，这时一群勇士忽然冲过来杀败了晋军，救了秦穆公，并帮助秦军俘虏了晋惠公。秦穆公十分感激，准备重赏他们，这些人拜谢道："我们今天就是来以死报答您给我们吃马肉、喝美酒的恩德的。"

秦穆公就是因为消除了心里的杀机，宽容他人，施与恩惠而避免了战败被俘的祸患。生活中，每个人都应多控制自己的内心，消除其中的肃杀之气，培养其中的欢愉之息，多做为善惠人的事，少行让自己亏心，让他人怨恨的事，如此就可远离祸患，得到幸福了。

57. 宁默毋躁 宁拙毋巧

原　文

> 十语九中未必称奇，一语不中，则愆尤骈集；十谋九成未必归功，一谋不成则訾议丛兴。君子所以宁默毋躁、宁拙毋巧。

译　文

十句话说中九句，未必人人称奇，只要有一句话说不对，罪过和忧患就纷至沓来了；十个谋略九个成功，未必获得功绩，只要有一个谋划失败，指责议论就汹汹兴起了。所以君子宁可保持沉默也不浮躁，宁可坚守愚拙也不逞巧。

经典解读

俗话说："好事不出门，坏事传千里。"

历代先贤无不倡导谨言慎行，孔子说："多闻阙疑，慎言其余则寡尤。多见阙殆，慎行其余，则寡悔。"老子说："知者不言，言者不知。"与其到处逞强炫耀、招致怨尤，不如含蓄收敛、韬光养晦。

58. 禀气和暖 福泽绵长

原　文

> 天地之气，暖则生，寒则杀。故性气清冷者，受享亦凉薄。惟气和暖心之人，其福亦厚，其泽亦长。

译　文

天地间的气象，暖则万物更生，寒则万物肃杀。同理，脾气禀性清高冷傲的人，得到的福分也就微薄。只有禀气舒和、心地温暖的人，他的福分才能厚实，他的恩泽也会长久。

经典解读

越来越多的人认可"性格决定命运"这个论断。一个人如果待人和颜悦色，能够与身边各种人和睦共处，他的人生必然也是繁华热闹的；一个人如果处处清高自傲，时时冷若冰霜，让人不敢或不愿与他接近，那么他的人生一定是孤独寂寞的。

屈原忠心有才，但是把谁都不放在眼中，什么错误都不能容忍，所以只能吟唱着"举世皆浊我独清，众人皆醉我独醒。"而跳江自尽；韩信雄才大略，但清高自大，藐视他人，最终被擒杀在未央宫；贾谊有谋有识，同样清高自傲，结果不能为贤君所用，只能吟诵着"呜呼哀哉，逢时不祥"郁郁而终。

人生活在世间要有一颗暖心、一副热肠，这样他人才会接受你，亲近你。外表冰冷，内心冰凉，才能再高也没有人愿意与之共事，这样孤立无援，连生存都成问题，还谈得上什么幸福？

59. 弘扬天理 抑制人欲

原　文

天理路上甚宽，稍游心，胸中便觉广大宏朗；人欲路上甚窄，才寄迹，眼前俱是荆棘泥涂。

译　文

天然义理的道路十分宽广，稍加留心深思，便会觉得胸中宽广宏大开朗；个人私欲的道路十分狭仄，刚刚接触，就会觉得眼前都是布满荆棘的坎坷泥途。

经典解读

追求理性的道路看起来高远难行，其实走上去却是通天大路，越走越宽；追求欲望的道路，看似愉快易行，其实上面都是坎坷荆棘，越走越窄，越走越难。世人往往觉得受到理义的禁锢，呼喊着要反对理学、解放人性。其实，真正禁锢人的不是理义，而是个人内心的欲望，也就是大多数人所说的人性。

有德的君子崇尚天理，所以他们人性是恭谨守正的，他们以求知修德为乐事，以持身砺行为人生的享受。而世俗之人，不知理义，生性放逸，所以他们认为功名利禄、酒色美食为人生至乐之追求，殊不知正是这些东西变成了他们的牢笼。所以，朱子作诗说："世上无如人欲险，几人到此误平生。"

60. 苦乐相磨 疑信共参

原　文

一苦一乐相磨练，练极而成福者，其福始久；一疑一信相参勘，勘极而成知者，其知始真。

译　文

一段困苦、一段快乐相间磨练，磨练到极致就会获得幸福，这样得来的幸福才会久长；一种怀疑、一种相信相互勘验，勘验到最后就会成为智慧，这样获得的智慧才是真知灼见。

经典解读

有人说："春花之所以易落，是因为它们从来不知道秋天的萧瑟、冬天的寒冷，所以它们不懂得春天的可贵，在一年最美好的时光中，竟生出了厌倦，悄然离去了。"春花是幸福的，但它们却永远不知道自己的幸福。人生也是如此，一直生活在蜜罐里，一直处于风平浪静之中，永远不会知道自己有多么幸福，反而不去珍惜。相反，尝到过生活中的各种酸甜苦辣，才会明白什么是幸福，经历过失败、痛苦，才会明白平淡、平安的生活是多么美好。于是，很多人含着金汤匙出生，却不懂得珍惜自己拥有的一切，所以他们的幸福很快就消失了；而那些饱经苦难、历尽风雨的人，得到了幸福，大多会好好珍惜，居安思危，所以他们的幸福延绵长久。

知识亦须信疑相参。每天抱着定理、法则背诵，对书本知识一味信服的人，他们的知识往往是不牢固的，一旦出现了疑惑，他们就不知道如何进行选择了。只有懂得怀疑，经常去应用知识、检验知识的人，才能将知识真正转化成自己的东西，牢牢地记在心里。

61. 存含污之量 戒洁独之操

原　文

地之秽者多生物，水之清者常无鱼。故君子当存含垢纳污之量，不可持好洁独行之操。

译　文

土地污秽的地方多长植物，河水清澈的地方常没有鱼虾，所以君子应当具有含污纳垢的雅量，不能一味秉持高洁独行的操守。

经典解读

"水至清则无鱼，人至察则无徒"，一个人如果过于明察，求全责备，那么别人有一点小毛病他就记在心里，别人有一点小失误，他就念念不忘。在他看来，没人能进入他的法眼、值得他交往；对于别人来说，没有人喜欢和一个斤斤计较、苛刻求全的人交往。这样的人就只能成为"孤家寡人",自己守着清高了。

一个有所作为的人,一定要能够包容各种人、各种缺点。战国之时,吴起十分有才能,善于治国,通晓兵法。但他却品行有缺,在鲁国为官时,为了做将军杀死了自己的妻子,求学时,母亲去世了,他却不回去奔丧。他的老师曾子听到这些就将他赶出了师门,鲁国的国君听到了这些,就罢免了他的官位。于是他跑到魏国,魏文侯是个很有作为的君主,他问大臣李克:"吴起为人如何?"李克回答:"吴起这个人贪财好色,但是用起兵来连司马穰苴也不能超过他。"魏文侯并没有对吴起求全责备,而是拜他为大将,让他统领西河之地,结果吴起治军有方,屡败秦军,为魏国开拓了几百里的土地。

面对这些品行各异、德行高低不同的人,不应该在某方面对其求全责备,而是要包容他们的缺点,发挥他们的长处。故有含垢纳污的雅量,才可得人,才可成事。

62. 多病不足羞 无忧最可忧

原 文

泛驾之马①可就驰驱,跃冶之金②终归型范。只一优游不振,便终身无个进步。白沙③云:"为人多病④未足羞,一生无病是吾忧。"真确实之论也。

注 释

①泛驾之马:泛,通"覆",泛驾即颠覆马车。指不服从驾驭的马。
②跃冶之金:铸造器具熔化金属往模型里灌注时,突然暴出模型外面的金属。
③白沙:明朝学者陈献章,字公甫,由于隐居白沙里,世人称为"白沙先生"。
④病:诗句中前一个"病"当为过错讲;后一个"病"当作忧虑自己的过失讲。

译 文

不服从驾驭的马,应加以驯策使其可供驰驱;跳荡溅出的金属,终究要归于模范之内。人只要一时游手好闲,不振作志向,便会终身停滞不前。白沙先生说:"做人有许多过失不算是耻辱,一生不知道忧虑自己的过失才是真正值得忧患的。"真是至理名言啊!

经典解读

颠覆马车的马，只要能够驯策，依然可供驱驰；跳出模外的金属，放进炉中加以冶炼，还可以再用；人有了过错，只要用道义进行引导，用礼仪进行规范，还能成为一个有用的人。所以说，人不怕有过错，最怕的是有了过错之后，自己不知改正，别人加以教导规范仍不知接受。这样即使孔子再生，也只能哀叹："朽木不可雕也，粪土之墙不可圬也！"

东晋时的周处，少年时游手好闲，不学无术，横行乡里，到处生事，乡人们私下里将他与河里蛟龙、山中猛虎一起称为"三害"。有人劝告他去除掉祸害，周处于是上山杀死了猛虎，下河去杀蛟龙。他与蛟龙搏杀了三天三夜，乡里人以为周处和蛟龙同归于尽了，于是相互庆祝"三害"消失。周处这时才知道人们都将自己视为祸害，于是又羞又愧，立志改过自新。最后成为了当时的贤士，在平定叛乱时战死沙场，受到朝廷的表彰。

周处的缺点不可谓不多，但他能够为自己的缺点而羞愧，能够改过自新，用道义来规范自己，最后成为了一个受人尊重的贤士；相反，有些人自己做错了，却讳疾忌医，唯恐他人指出自己的缺点，比如隋炀帝、秦二世，听到他人指责自己就将其杀死，听到不合实际的阿谀奉承就沾沾自喜，这样的人除了灭亡也没有什么别的出路了！

63. 一念贪私 人品尽坏

原　文

人只一念贪私，便销刚为柔，塞智为昏，变恩为惨，染洁为污，坏了一生人品。故古人以不贪为宝，所以度越一世。

译　文

人只要起了一丝贪欲的念头，便会销蚀刚强为柔懦，阻塞聪慧为昏庸，转变恩慈为惨毒，污染洁净为脏秽，损坏了一生的人品。所以古人将不贪作为立身之宝，以此能够超脱物欲度过一生。

经典解读

古时，有一个县官，他从小就被誉为神童，为官伊始，清正廉明，断案入神，县里百姓都称赞其为"包公再世"。但当地一些商人却对他畏惧不已，原来这些商人曾经长期与官府勾结，上任县令收受贿赂，任由他们投机倒把、以次充好，如今来了新的知县，短短几个月内，就查封了好几家商铺，商人们都害怕从此断了财路。于是，他们决定对县官进行贿赂。开始县令还能坚持原则，不收任何财物，可有一次，一个商人带来了一幅唐伯虎的真迹，县令一直酷爱书画，没有忍住，就将这幅画收下了。这样到他这送画的人越来越多，县令从收字画，到收古玩，最后直接收取黄金白银，彻底堕落成了一个贪官。

一次，他私服下乡，忽然听到以前那些赞扬他为"包青天"的百姓，都骂他昏庸无能。县令决心改变，可是发现自己曾经的才能，都被贪欲给泯没了，坐到大堂之上，他的脑袋里都是字画、黄金，想要好好办案也不成了。欲望一旦打开就再也关不上了，县官失魂落魄地走回后堂，继续贪污、受贿，直到事发被流放，送别他的是全县民众的沿街夹道辱骂。

人持身守节，最要克服的就是一个"贪"字。"贪"字的破坏力很大，它可以让人丧失理性，可以让人泯灭良知，可以让人变得昏庸糊涂，可以让人变得不知廉耻。从古至今，无数人过不了"贪"字一关，在物欲的诱惑下身败名裂，所以要提防糖衣炮弹的袭击。

64. 惺惺不昧 贼化为仆

原　文

耳目见闻为外贼，情欲意识为内贼，只是主人公惺惺不昧，独坐中堂，贼便化为家人矣。

译　文

耳目见闻是外在的贼害，情欲意识是内在的贼害，只要自己保持正直清醒，不愚昧糊涂，独自端坐中堂，内贼外贼便可以转化为供我驱使的家仆了。

经典解读

世上充满了各种各样的诱惑，它们"挖空心思"唤起人内心中的欲望，像盗贼那样窃走人的美德和良知。所以作者说，耳朵听到美妙声音，眼睛看到美色佳人，都是外在的盗贼；内心泛起的贪欲、情欲，都是内在的盗贼。一个人由内到外都被盗贼所包围，那么他的良知要不丧失也难了。

王阳明说："破山中贼易，破心中贼难。"又说："良知无待他求，尽人皆有，只有被物欲汩没了他。"如何才能保护自己的良知，消除内外的盗贼呢？这就要"人人有个定盘针"，坚固自己的操守，保持头脑的清醒，让外物、内欲都像家仆那样受到自己理性的支配，而不是让自己被外物、内欲所操控。

65. 图功不如守业 悔过不如防失

原　文

图未就之功，不如保已成之业；悔既往之失，不如防将来之非。

译　文

贪图未必成功的事业，不如保守已经取得的功绩；后悔过去的错误，不如防止以后的过失。

经典解读

对于功业，要踏踏实实，不要好高骛远，不要贪多无厌。俗话说："二鸟在林，不如一鸟在手。"与其羡慕没有得到的东西，不如好好珍惜现在拥有的；与其贪图更多的东西，不如考虑如何让现在得到的不失去。

战国时，楚国大将昭阳讨伐魏国，并占领了八座城池，准备转移军队去攻打齐国。陈轸替齐王出使到楚军军营，拜见昭阳，祝贺他取得胜利，行礼完，陈轸问道："按照楚国的制度，消灭敌军，杀死敌将，封给的官职爵位是怎样的呢？"昭阳说："官职为上柱国，爵位为上执珪。"陈轸说："比这样更尊贵的是什么？"昭阳说："只有令尹罢了。"

陈轸说："令尹的职位很高了！楚王并没有设置两个令尹的位置，我私自给您打个比方吧。楚国有个祭祀祖先的人，赐给他的家丁一坛酒。家丁们相互说：'几个人一起喝不够，一个人喝还有余。我们在地上画蛇，先画好的人喝酒。'其中一人先画好了，拿来酒坛就喝酒，于是左手拿着酒坛，右手画着蛇，说：'我能给蛇添上脚。'还没有添完，另一个人的蛇画好了，就夺过他的坛子说：'蛇本来没有脚，你怎么能给它添上脚呢？'于是把酒喝了。给蛇画脚的人，最后失去了他的酒。如今您为楚国攻打魏国，取得了大胜，又打算攻打齐国，您的名声已经足够大了，您的官职不能再加封了。战无不胜却不知道停止的人，恐怕连性命都要失去，爵位都要丢掉啊！"昭阳听说后，觉得很有道理，于是停止了攻打齐国。

对于错误，与其悔恨、懊恼，不如想想怎么避免以后再犯错误。陶渊明在《归去来兮辞》中说的："悟已往之不谏，知来者之可追。"泰戈尔说："如果你为失去太阳而哭泣，那么你也要失去群星了！"这些话都是告诉我们，不能停止在过去，而是要更好地把握现在，走向未来。

66. 戒偏戒激 过犹不及

原　文

> 气象要高旷，而不可疏狂；心思要缜缴，而不可琐屑；趣味要冲淡，而不可偏枯；操守要严明，而不可激烈。

译　文

一个人的气度应该高洁旷逸，但不能粗疏狂放；心思要缜密周详，但不能琐碎屑细；趣味要冲和淡雅，但不能偏执枯涩；操守要严明坚定，但不可激烈执拗。

经典解读

追求高旷过度，就会陷入疏狂之中；坚持缜缴过度，就会陷入琐屑之中；追求冲淡过度，就会陷入枯寂之中；操守过于严明，就会让人感到执拗。所以，人要规范自己的德行，但不可以过度，凡事过犹不及。

子贡曾问孔子："子张和子夏两个人谁更贤能一些？"孔子回答："子张常常超出周礼的要求，子夏常常达不到周礼的要求。"子贡问："这样看来是子张更优秀了？"孔子说："不，做过了头和达不到要求是一样的。"

君子修身既要防止做得不足，也要防止做得太过，用"中庸之道"来规范自己的行为，达到"中和"，这个标准便是符合"礼"。孔子告诫弟子们说："恭而无礼则劳，慎而无礼则葸，勇而无礼则乱，直而无礼则绞。"在这里，作者的话也可以概括为：高而无礼则狂，缜而无礼则琐，淡而无礼则枯，严而无礼则激。

67. 事来心现 事去心空

原　文

> 风来疏竹，风过而竹不留声；雁度寒潭，雁去而潭不留影。故君子事来而心始现，事去而心随空。

译　文

清风吹过稀疏的竹林，风过以后，竹林并未留下沙沙的声音；大雁掠过宁静的寒潭，雁过之后，清潭中并未留下大雁的影子。所以君子当事情来时，他的心性就会显现，当事情去后，他的心又回归于空旷宁静。

经典解读

　　风吹竹林，风不来则竹不响；雁过寒潭，飞鸟去则潭影空。人心也当如此，事不至不必为之烦恼，事已去不再为之费神。庄子说："至人之用心若镜，不将不迎，应而不藏，故能胜物而不伤。"意思即为：修养至高的人，其心思就像一面明镜，对于外物，来即照现出来，不来则无半点牵系，去后也不留一点踪迹，应合事物本身，没有什么隐藏，能够反映外物却又不因此劳心损神。

　　一个人心中没有任何牵挂，看破红尘万物，才能没有恐惧、欣喜，没有留恋、遗憾，这就是佛家追求的"心无挂碍"。

68. 能而不过 是谓懿德

原　文

　　清能有容，仁能善断，明不伤察，直不过矫，是谓蜜饯不甜、海味不咸，才是懿德。

译　文

　　清廉而能容纳他人，仁慈而善于决断，明智却不过于苛察，直行却不矫枉过正，就如蜜饯不过甜、海味不过咸一样，这才是真正的美德。

经典解读

　　本节所讲的还是"过犹不及"的道理。坚持清正廉明、明察秋毫是应该的，但应知"水至清则无鱼，人至察则无徒"；坚持仁慈、正直是应该的，但不能过于仁柔而优柔寡断，过于刚直而矫枉过正。完美的品德应符合中庸之道，这样就如蜜饯不过甜、海味不过咸一样，一个人要能把持住这种不偏不倚的尺度才算是懿德君子。

69. 贫而不废 端庄守正

原　文

　　贫家净扫地，贫女净梳头。景色虽不艳丽，气度自是风雅。士君子当穷愁寥落，奈何辄自废弛哉？

译　文

　　贫穷的人家将地面扫得干干净净，贫穷的女子将头发梳得干净整齐。虽然没有艳丽之象，倒也颇具风雅之气。士人君子逢遇贫穷寂寥之时，为何要自暴自弃、荒废松弛呢？

经典解读

人无论处于富贵发达之时，还是困于贫贱之中都要有积极向上的心态。贫穷、困窘是人生中常常遇到的，只要有一股奋发向上的精气神——"人穷志不短"，就一定能走出逆境，取得成功。有恒心的君子不会因贫穷而改变自己的操守，不会因处于逆境而自暴自弃，即使在贫穷潦倒之时，他们依然有品位、有精神，活得很精彩，以学识、道德、气质，让世人肃然起敬。

春秋时期，晋国大夫胥臣乘车经过冀地，在野外看到一个农民在田里耕种，这时他的妻子送饭来到田间，恭敬地将饭食递给丈夫。农夫放下锄头，吃完饭后，妻子又恭敬地将餐具收拾起来。胥臣很奇怪，在田野间的农夫竟然如此知礼，于是上前与其交谈。谈话间发现他见识不凡，后来才了解道，农夫名叫郤缺，是因反对晋文公回国而被杀的大夫郤芮的儿子。胥臣将郤缺劳作时夫妻依然坚持礼节、相敬如宾的事报告给了晋文公，并极力推荐他，晋文公于是任命郤缺为下军大夫。后来郤缺果然在任上表现出了杰出的政治、军事才能，地位不断上升，最后成为了中军元帅，掌管晋国大政。

胥臣固然是伯乐，然而郤缺之所以能够得到赏识、获得提拔，关键还是在于他能够贫不废礼，困不自弃。有人说，高贵的本质是在贫困中仍保有仪容礼貌和自尊品德。一个人能够达亦乐，穷亦乐，无论在何种境遇之中都不放弃君子应有的操守，才是真正的高贵、优雅，为人如此才能不被环境打到，最终实现自己的人生价值。

70. 闲里思忙 有备无患

原　文

闲中不放过，忙中有受用；静中不落空，动中有受用；暗中不欺隐，明中有受用。

译　文

闲暇之中不放时光虚度，忙碌之时必然受益颇多；安静之中不让身心空寂，行动之时必然受益颇多；幽暗之中不欺诈隐恶，光明之下必然受益颇多。

经典解读

生命中有闲暇也有忙碌，很多人在闲暇之时碌碌无为，任时间肆意流走，到了事来的时候却手忙脚乱，难以应付，最后事情只能将就，放弃。长此以往，做什么都是被动的，生命被事情赶着走，一生也就陷入平庸，毫无作为了。立志长远的人没有时间可以用来浪费，事情来时他们努力应付，事情未到，他们认真准备、总结经验，所以才越来越进步，任何时候都能从容做事。

《易》曰："君子藏器于身，待时而动。"一个人有了长远的目标，就应该思考完成这个目标需要什么技能，需要做什么准备，要改正什么缺点，因此他每时每刻都会为了这个远大的目标而努力。

西晋时候，大部分人认为，刚刚经过三国纷争，天下统一一定没有什么大变故，所以，当时人们耽于享乐，不思进取，如晋武帝骄奢无度、石崇王恺斗富、清谈之术盛行。然而范阳人祖逖却认为朝政混乱，奸佞横行，天下将有大变，于是发奋苦读，博览书籍，练习武艺，以期将来可以报效国家，一展大志。长大后，他担任司州主簿，与刘琨为同僚，二人意气相投，感情深厚，常常同床而卧。一次，祖逖半夜听到鸡叫，认为这是上天在激励他上进，便叫醒刘琨道："此非恶声也。"然后与刘琨到屋外舞剑练武。

果然，不久爆发了八王之乱，江北之地竭尽陷落，祖逖、刘琨二人都立志光复失地，成为当时的中流砥柱。

71. 防患于微 除欲于始

原　文

> 念头起处，才觉向欲路上去，便挽从理路上来。一起便觉，一觉便转，此是转祸为福、起死回生的关头，切莫当面错过。

译　文

念头刚生出时，一旦发觉走向邪欲之路，就要立刻改正，回归义理。一生出便觉悟，一觉悟便改正，这就是转祸为福、起死回生的紧要关头，切不可当面错过。

经典解读

古人云："壁立千仞，无欲则刚。"消除心中的欲望，才能达到内心的坚定，才能去实现高远的志向。欲望刚起之时，犹如春芽萌动，此时将其去除不费吹灰之力，等到欲望已长成为参天大树，再想将其消除就难如登天了。

后唐庄宗李存勖，年轻之时英雄了得，为了了却他父亲临死前的三桩愿望，他兢兢业业，奋发图强，击败了老对手后梁，灭掉了曾背叛他的北燕，让强大的契丹也不敢南下。但取得这些功绩以后，他便骄傲自满起来，整日沉溺于酒色,宠幸宦官伶人,有忠臣劝谏,他都自恃取得的成就,而不以为然。最后他在欲望中不断沉沦,以致众叛亲离,国破身死。所以欧阳修在《伶官传序》中感慨道:"祸患常积于忽微,而智勇多困于所溺!"

72. 行事尽吾心 上天何足畏

原　文

> 天薄我以福,吾厚吾德以迓①之;天劳我以形,吾逸吾心以补之;天扼我以遇,吾亨吾道以通之。天且奈我何哉!

注　释

①迓:迎接,应对。

译　文

上天在福泽上薄待我,我厚重我的德行来应对它;上天在形体上劳累我,我安逸我的心灵来弥补它;上天在境遇上困厄我,我弘扬我的道义来贯通它。上天能把我怎样?

经典解读

我们不能改变上天,却能改变自己;我们无法向上天讨要更多,祈求它的赐福,但我们却能调整自己的心态,通过增益自己的品德,来培育自己的福泽;我们无法避免先天的不足,无法保证自己不受到命运的打击,但却能通过完善道德,加强操守,来做到内心的安宁。人的生命是上天赐予的,但命运却可以牢牢地掌握在自己的手中。每个人都应抱着一种"人必胜天"的积极心态,做自己的主人,而不是命运的奴隶。

"天道无亲,常与善人",命运是随机的,它对于万物并没有什么亲疏贵贱之分,所以即使遭受了不幸的命运,也无须怨天尤人,只要我们心地善良、多做好事,不论上天如何残酷,总有一天能凭自己的主观努力,而主宰自己坎坷的命运。人要切记无论在什么时候都不要自暴自弃。

美国女作家海伦·凯勒一岁半时罹患重病,眼睛因此失明,耳朵因此失聪,甚至连话也说不出来了。命运对于她是多么残忍啊!可她并未放弃对生活的热爱,她在黑暗和寂寞中用比常人多得多的努力去学习说话,学习写字。汗水浇灌出了灿烂的生命之花,海伦·凯勒突破了识字关、语言关、写作关,先后学会了英、法、德、拉丁、希腊五种语言,出版了14部著作,受到社会各界的赞扬与夸奖。作家、教育家、慈善家、社会活动家……正常人又有几个能取得这种成就呢？

海伦·凯勒说："人生最大的灾难，不在于过去的创伤，而在于把未来放弃。""无论处于什么环境，都要不断努力。对于凌驾命运之上的人来说，信心就好似生命的主宰。"

73. 天机奥妙 智巧无益

原　文

真士无心邀福，天即就无心处牖其衷；险人著意避祸，天即就著意中夺其魂。可见天之机权最神，人之智巧何益？

译　文

得道君子无意邀取福泽，上天就在他无心的地方使他满足心愿；险狭鄙人刻意躲避灾祸，上天就在他用心的地方夺取他的魂魄。可见天机最为奥妙无常，世人徒逞智巧又有何益处？

经典解读

人们常说"人算不如天算"，这并不是告诉人们消极地对待命运、任其拨弄，而是说对于命运不用逞巧智，故意邀取福泽，只要做好自己的本分，无愧于心，该来的福泽就会到来。若是处处偷奸耍滑，妄图为自己争取什么好的命运，只能是徒劳，最后难免"机关算计太聪明，反误了卿卿性命"。

《论语》中记载，司马牛因为自己哥哥为恶，而伤心地说道："别人都有兄弟，我却没有！"子夏劝告他说："我听说，死生有命，富贵在天。君子只要敬业而不犯错误，对人恭敬而有礼。四海之内，皆兄弟。君子为何担心没有兄弟？"福泽也是这样，君子只要恭敬待人、处世不违背原则，做到自己内心的坦荡，平平淡淡的生活都是福，踏踏实实度过的每一天都是福。相反，不守正道，为非作恶的人，即使获得了金山银山也是得祸的源，即使得到高官厚禄也是取祸的根。

74. 善始为轻 慎终至要

原　文

声妓晚景从良，一世之烟花无碍；贞妇白头失守，半生之清苦俱非。语云："看人只看后半截"，真名言也。

译 文

歌姬舞女晚年从良,一世烟花生涯都无所妨碍;贞女烈妇晚年失节,半生清守苦持都化作乌有。故俗语说:"看人只看他的后半生",真是至理名言啊!

经典解读

《诗经》云:"靡不有初,鲜克有终。"无论什么事,能够善始的多,能够善终的少。人们评价一个人最重要的是看他的最终状态,一生做了很多错事,最后的时候能够知悔改,那便是迷途已反,过去的错都过去了,他的灵魂得到了救赎;相反,一个人一生做了很多好事,但在最后的时候走入了邪道,那便是晚节不保,一恶掩百善,他永远会受到世人的指责。

明末蓟辽总督洪承畴年轻时享有盛名,朝廷将其视为国之柱石。后来,他带兵对抗后金,兵败被俘,众将大部分投降,唯独洪承畴不降,效法文天祥的浩然正气,盘坐于水牢中,不饮不食亦不言。后来,金人发现洪承畴很注意自己仪装,水牢顶的鼠粪落在衣服上,他都小心弹去,头发乱了也精心整理,于是知道他无心求死,便用高官厚禄、礼遇、美人诱惑他,最终洪承畴投降后金。他被俘后,坚决不降消息传到关内时,天下都称道他,崇祯皇帝亲自为他发丧;他投降的消息传来后,天下唾弃,士君子都以之为笑柄。

人生中有过错不可怕,最重要的是要知道改过自新,不要将过错留到最后;人生中有善处自然可贵,最重要的是要将这种善坚持到最后,不要因为一念之差,而毁了一生的名节。

75. 善施为卿相 贪宠即乞人

原 文

平民肯种德施惠,便是无位的卿相;仕夫徒贪权市宠,竟成有爵的乞人。

译 文

平民百姓如果肯布种德行、广施恩惠,那便是没有官位的卿相;为官之人如果贪图权利、祈求宠信,那就变成了有爵位的乞丐。

经典解读

人的尊卑高下,不在于地位和爵禄的大小,而在于德行的高低。孟子说:"有天爵者,有人爵者。仁义忠信,乐善不倦,此天爵也;公卿大夫,此人爵也。"即仁义忠信这些德行,是上天赐予的爵位,而公卿大夫这些只是人主赐予的爵位，世上真正尊贵的人是拥有天爵的人，他们道德高尚、乐善好施，即使没有官位，世上之人也会尊敬他们，仰慕他们。惠盎在说宋康王的时候就说道："孔丘、墨翟，没有土地，没有官职，但天下的丈夫女子没有不延颈举踵期盼他们，希望他们来安抚惠利自己的。"

而那些拥有官位的权贵们，若是不行善政，不施惠于百姓，即使再尊贵，再得到宠信，也不过是一个在君主面前乞讨权位的乞丐罢了。

76. 念积累难 思倾覆易

原　文

> 问祖宗之德泽，吾身所享者是，当念其积累之难；问子孙之福祉，吾身所贻者是，要思其倾覆之易。

译　文

要问祖宗的恩德福泽，我现在所享受的便是，应当感念其积累是很艰难的；要问子孙的福惠吉祥，我现在所施贻的便是，要知道其倾覆是很容易的。

经典解读

古人常讲因果，那么因又从何来？果又从何处报呢？佛说："若问前世因，今生受者是；若问来世果，今生作者是。"我们能够平安地生活，能够富足快乐，无不源自于祖宗的积德行善；同样，今日我们所作所为也是在为子孙后代种下因，我们为善积德，后代自然繁茂鼎盛，我们为非作恶，后代自然要遭罹祸患。每个人都是因果循环中的一条，既要感怀祖宗的恩德，又要积德行善为子孙创造福泽。

家族发展中的因果，并非完全是封建迷信，从历史长河中看，它有着深刻的道理，有无数真实的例子可以佐证它。《周易》曰："积善之家，必有余庆，积不善之家，必有余殃。"家中有好的家风，乐善好施，亲人团结，处处充满祥和之生气，如何能不繁荣鼎盛？家风不好，兄弟反目，人人逐利忘义，想要发展下去如何可能？

77. 守节不诈 改过自新

原　文

> 君子而诈善，无异小人之肆恶；君子而改节，不若小人之自新。

译 文

身为君子却假装行善,和小人肆虐作恶又有什么区别;身为君子而放弃操守,还不如一个懂得改过自新的小人呢。

经典解读

君子之德,应该表里如一,若外求善名,而内有邪心,表面上公正守礼,暗地里却为非作歹,表面上谦卑退让,暗地里却贪婪险恶,那就是"伪君子"。徐干在《中论》中说:"人徒知名之为善,不知伪善者为不善也。"伪君子虽有善名,也偶尔做出善行,但他们所为的善都是为了欺骗他人,为了隐瞒自己的不善,说到底其本质还是不善的。这种满口仁义道德,实际上却一肚子虚情假意的人,对社会的危害远远比放肆作恶的小人还要大。故孔子说:"乡愿,德之贼也。"

君子之德应该善始善终,若半途而废,改节易操,那么还不如开始为非,后来知道改过自新的小人呢。

有这样一个小故事:两个人死后其灵魂去见上帝,一个人是富翁,他生前做了无数好事,另一个是个盗窃一生的小偷。富翁面有喜色,他认为自己一生为善一定可以进入天堂,而小偷则忧心忡忡,害怕地狱中会有严厉的刑罚等着他。在路上,他们看到一个人落在污池之中呼救,富翁说:"这一定是上帝对他生前作恶的惩罚,不用管他。"说着跑了过去。小偷心想,我一生没有做好事,这次帮帮他,说不定能减轻自己的惩罚,就走如泥潭将他救了上来。他们来到上帝的面前,上帝宣布小偷将进入天堂,而富翁将被流放到地狱。富翁大喊不公平,说:"我做了一生善事,而他却一生偷盗,为何我下地狱而他上天堂?"

上帝对他说:"你做了一生善事,在最后的时刻却没有仁慈之心;他虽然一生盗窃,最后却知道改悔,能够入泥潭救人。天堂需要的是真正拥有美德的灵魂,而不在意他曾经做过什么。"

78. 家丑莫扬 亲过莫弃

原 文

家人有过,不宜暴扬,不宜轻弃。此事难言,借他事而隐讽之。今日不悟,俟来日正警之。如春风之解冻、和气之消冰,才是家庭的型范。

译 文

家人有了过错,不可过分暴露传扬,不能轻易放弃他们。这种事难以直言,应借助其他事来委婉地劝告他们。此时没有省悟，等到来日再正式警诫他们。像春风化解冻土、和气消融寒冰一样，这才是治齐家庭的典范。

经典解读

孔子说："事父母几谏，见志不从，又敬不违，劳而不怨。"《弟子规》中说："亲有过，谏使更。怡吾色，柔吾声。谏不入，悦复谏。号泣随，挞无怨。"意思是：亲人有过错，要及时地规劝他们改正。规劝时要和颜悦色，说话声音要温柔。如果你的劝说他们听不进去，那就等他们高兴再说；哪怕是最后要哭叫着予以规劝，甚至于挨打，也不能有怨言。

隋末，李渊准备去攻打霍州，忽然传来消息：有敌人准备抄他的后路。李渊听后大惊，决定退回太原，但李世民觉得退回去不妥，于是劝父亲说："敌人要抄我军后路的消息很可能是对方为了阻止我方出兵故意放出的假消息。若这次不把握机会，一鼓作气攻下霍州，将后患无穷呀！"

李渊觉得世民年少轻狂，断然拒绝了他的劝谏。李世民又进谏了好几次，李渊都没有采纳，还对他的固执十分生气。李世民忧心忡忡，整夜在床上辗转反侧睡不着。但为了整个军队，他决定再次劝说父亲。天还未亮他就跑到父亲的帐篷门口，守卫的亲兵不让他进去，他便跪在门口嚎啕大哭起来。李渊听到帐外传来的哭声，披上衣服走了出去，发现世民跪在地上哭泣。他扶起儿子，问："为何哭得如此伤心？"

李世民含泪说："孩儿无法说服父亲不要放弃此次大好机会，心中十分难过。"随后，再次将战场形势以及利弊向父亲详细、恳切地分析了一遍。此时，李渊也冷静了很多，在儿子的劝说下，他最终决定继续进攻。后来证明李世民果然是对的，他们打了一个漂亮仗。

79. 心中宽满 天下和平

原　文

此心常看得圆满，天下自无缺陷之世界；此心常放得宽平，天下自无险侧之人情。

译　文

自己的心常常将事物看得圆满美好，天下自然也就没了有缺陷的东西；自己的心常常放得宽厚平和，天下自然也就没有阴险邪恶的人了。

经典解读

  内心圆满看外物才能圆满，内心宽厚看他人才是宽厚的。世上并没有那么多缺陷不满，也没有那么多奸邪险恶之人，往往偏执、不平的是我们自己的心，把心放正，世界自然美好了，他人自然可爱了，生活中的乐趣也自然多了。

  大峰禅师为了筹资建桥，要翻山越水，行走几百里去募资。一天在募资回来的路上，忽然下起了大雨，山路泥滑，禅师一不小心摔进了路旁的沟中，爬出来时身上的衣服都划破了。他一瘸一拐地走在泥泞之中，这时，一个砍柴人也从山上下来，他也浑身湿漉、泥泞，看来也在山上摔倒过。两人相伴而行，砍柴人一边走一边抱怨生活太困苦，遇到雨天太倒霉，官府苛捐杂税太可恶，财主们为富不仁……禅师默默地听了一路。在快要分手之时，砍柴人好奇地问禅师："大师，我说了一路，你一声不吭，难道你心里没什么需要倾诉的吗？"大峰禅师继续一瘸一拐地向前走去，仰头说道："雨后的天真干净啊！"

  有人曾问禅师："您出去募捐，带着钱不怕被人抢劫了吗？"禅师愣了一下，喃喃说道："竟然还有这种事？"

  一个人如果一心向善，心中没有一丝恶念，自然不必去担心世上的阴险邪恶之事。在他的眼中，世界到处都是美好的，到处都是圆满的，世人行善还来不及，感恩还来不及，又怎么会时时抱怨，时时担忧害怕呢？

80. 操守不改 锋芒不露

原　文

  淡薄之士，必为浓艳者所疑；检饬之人，多为放肆者所忌。君子处此固不可少变其操履，亦不可太露其锋芒。

译　文

  淡泊寡欲的人，必然被欲望浓艳的人所怀疑；严格检饬的人，多被放荡恣肆的人所忌惮。君子处于这样的环境中既不可稍许改变自己的操守，也不能过于显露他的锋芒。

经典解读

  在社会上与众不同、出类拔萃的人往往会招致他人的误解、嫉恨，因为人们都喜欢用自己的标准去衡量他人，看到他人与自己截然不同，就会认为他人是沽名钓誉，是虚伪的。甚至有些居心叵测的人，害怕他人的清高检饬会反衬出自己的鄙俗无礼，因而故意去造谣中伤他人。

孔子行事无不以周礼的标准要求自己，所以他拜见鲁公的时候，严格恪守礼仪，多次下拜。但当时国君早就大权旁落了，那些手握实权的卿大夫们根本不将国君放在眼中，没人再去坚持繁冗的礼节，所以他人看到孔子按礼行事时，不仅没人称赞他，反而认为孔子是故意谄媚国君。最后，连孔子也不得不感慨："事君以礼，人以为谄也！"

所以说，君子检饬、淡泊是好的，但不能过于"脱俗"，显得鹤立鸡群。在《渔父》中，渔父曾这样对屈原说："圣人不死板地对待事物，而能随着世道一起变化。世上的人都肮脏，何不搅浑泥水扬起浊波；大家都迷醉了，何不既吃酒糟又大喝其酒？为什么想得过深又自命清高。以至让自己落了个被放逐的下场？"屈原坚守节操固然好，但细细想想，渔父所言未必没有道理。人过于坚持操守往往不仅于事无功，还会给自己招来祸患，在一定的时候收敛锋芒，和光同尘，也许才是最佳的处世方式。

81. 逆境砺行 顺境销骨

原　文

> 居逆境中，周身皆针砭药石，砥节砺行而不觉；处顺境内，眼前尽兵刃戈矛，销膏靡骨而不知。

译　文

居于逆境之中，身边都是有益的针砭药石，不知不觉中就磨砺了自己的节操品行；身处于顺境之内，面前布满了兵刃戈矛，不知不觉中就销蚀了自己的精神意志。

经典解读

有一首著名的偈子："美玉藏顽石，莲花出淤泥。须生烦恼处，悟得即菩提。"就是说，美玉般的英雄都出自艰难困苦之中，超常的智慧道德都由烦恼之中得来，一个人只有历尽磨难才能得到高深的体悟，才能拥有完善的人格。

"生于忧患，死于安乐"，顺境过着舒服但却容易消磨人的志气，无益于道德、学识的进步；逆境虽然苦些，但处于其中，人时时刻刻都受到磨练，可培养节操，锻炼行为，这正是有利于修养之处。《国语·鲁语·敬姜论劳逸》中说："夫民劳则思，思则善心生；逸则淫，淫则忘善，忘善则恶心生。沃土之民不材，淫也。瘠土之民，莫不向义，劳也。"君子要想有所作为，一定要经常用逆境来锤炼自己；父母要想教育好子女，一定要劝阻他们被安逸所腐蚀。

82. 嗜欲如火 焚人焚己

原　文

生长富贵丛中的，嗜欲如猛火，权势似烈焰。若不带些清冷气味，其火焰不至焚人，必将自焚。

译　文

生在富贵之中，欲望高涨像猛火，权势逼人似烈焰。如果不及时给他一些清冷的气味让他缓和，他的火焰即使不烧到别人，也必然会焚毁自己。

经典解读

生长在富贵丛中，到处都是让人心动的诱惑：珍珠宝玉、权力地位、美味佳肴、美女妖姬……人很容易被这些欲望所吞没。被欲望吞没的人，失去理智，容易胡作非为，任性胡来，最终的结果就是走向灭亡。所以，越是在富贵之中，人越应该加强警惕，修养道德，培养超越世俗欲念的情操，来冷却一下如火焰一般强烈的欲望。

春秋时，晋国大夫叔向去拜访韩宣子，韩宣子正在为贫穷而发愁，叔向向他道贺，韩宣子不解，问："我有卿大夫的名称，却没有卿大夫的财富，没有什么荣誉可以跟其他的卿大夫们交往，你为何还要向我道贺呢？"

叔向对他说："从前栾武子没有很多田地，家里穷得连祭祀的器具都备不齐全，可是他能够传播德行，遵循法制，名闻于诸侯各国。各诸侯国都亲近他，一些少数民族都归附他，因此使晋国安定下来，执行法度，没有弊病，因而避免了灾难。传到栾桓子时，他骄傲自大，奢侈无度，贪得无厌，犯法胡为，放利聚财，本该遭到祸难，但依赖他父亲栾武子的余德，才得以善终。传到栾怀子时，怀子改变他父亲桓子的行为，学习他祖父武子的德行，本来可以凭这一点免除灾难，可是受到他父亲桓子的罪孽的连累，因而逃亡到楚国。郤昭子，他的财产抵得上晋国王室财产的一半，他家里的佣人抵得上三军的一半，他依仗自己的财产和势力，在晋国过着极其奢侈的生活，最后他的尸体在朝堂上示众，他的宗族在绛这个地方被灭亡了。郤氏八人有五个做大夫，三个做卿，他们的权势够大的了，可是一旦被诛灭，没有一个人同情他们，只是因为没有德行的缘故！现今你有栾武子的清贫境况，我认为你能够继承他的德行，所以表示祝贺，如果不忧愁德行的建立，却只为财产不足而发愁，我表示哀怜还来不及,哪里还能够祝贺呢?"

宣子于是下拜,说:"我正在趋向灭亡的时候,全靠你拯救了我。你的恩德不敢独自承受,恐怕从我的祖宗桓叔以下的子孙,都要感谢您的恩赐啊!"

韩宣子身居卿位,却担忧自己的钱财不够,可以说是嗜欲猛如火了,他之说以能改过自新,家族无忧,就是因为叔向的一席良言带来的清冷气味扑灭了他的欲火。

83. 真心贯石 伪妄可憎

原 文

人心一真,便霜可飞①、城可陨②、金石可贯③。若伪妄之人,形骸徒具,真宰已亡,对人则面目可憎,独居则形影自愧。

注 释

①霜可飞:《淮南子》中有载:"邹衍忠于燕惠王,惠王信谮而系之。邹子仰天而哭,正夏而天为之降霜。"

②城可陨:汉·刘向《列女传·齐杞梁妻》:"杞梁之妻无子,内外皆无五属之亲。既无所归,乃枕其夫之尸于城下而哭,内诚动人,道路过者莫不为之挥涕。十日而城为之崩。"

③金石可贯:刘向《新序·杂事四》:"昔者楚熊渠子夜行,见寝石以为伏虎,关弓射之,灭矢饮羽,下视,知石也。却复射之,矢摧无迹。"

译 文

人心一旦真诚,便可以盛夏飞霜,城墙崩毁,金石贯穿。而虚伪诈妄之辈,则徒具形骸而已,真正主宰的灵魂已经失去,面对他人则形貌可憎,独自居处则对影自惭。

经典解读

《列子·说符》中记载了这样一个故事:孔子从卫国到鲁国去,在河堤上停住马车观览。那里有瀑布高二三十丈,旋涡达九十里远,鱼鳖不能游动,鼋鼍不能居住,却有一个男人正准备渡过去。孔子派人沿着水边过去制止他,说:"这里的瀑布高二三十丈,旋涡达九十里远,鱼鳖不能游动,鼋鼍不能居住。想来很难渡过去吧?"那男人毫不在乎,渡过河去,从水中钻了出来。孔子问他:"真巧妙啊!你有道术吗?所以能钻入水中又能钻出来,凭的是什么呢?"那男人回答说:"我开始进入水中时,事先具有忠信之心;到我钻出水面的时候,又跟着使用忠信之心。忠信把我的身躯安放在波涛中,我不敢有一点私心,我所以能钻进去又钻出来的原因,就是这个。"孔子对弟子们说:"你们记住:水都可以以忠信诚心而用身体去亲近它,又何况人呢!"

古人认为只要心中毫无杂念,精诚专一便可超越自然规律的约束,因此有了很多诚动天地的传闻,如孟姜女哭倒长城、李广射虎、王祥卧冰、孟宗哭笋等。对于这些,我们一方面要以现在科学的眼光知道它们是虚妄不实的,另一方面也要认识到诚心的巨大作用。

程颐说过:"以诚感人者,人亦诚而应。"燕昭公诚心对待乐毅,所以乐毅愿意肝脑涂地、以死相报,为其复宿仇,建功勋;刘备诚心对待诸葛亮,所以诸葛亮为蜀国大业鞠躬尽瘁死而后已。只要我们怀着一颗诚心待人,他人一定会受到感动,真诚是世间为美好的感情,唯有真诚,能打动他人,唯有真诚,能让我们坦然地活在世间。

84. 文章恰好 人品本然

原　文

文章做到极处,无有他奇,只是恰好;人品做到极处,无有他异,只是本然。

译　文

做文章达到了极致,没有特别的地方,只是表达得恰到好处;修人品达到了极致,没有特别之处,只是回归了自己的天然本性。

经典解读

最好的文章要平易近人,没有矫揉造作之气。苏轼在《文说》中这样形容自己做文章:"吾文如万斛泉源,不择地皆可出。在平地,滔滔汩汩,虽一日千里无难。及其与山石曲折,随物赋形而不可知也。所可知者,常行于所当行,常止于不可不止,如是而已矣!其他,虽吾亦不能知也。"清人刘大櫆在《论文偶记》中说:"凡文,笔老则简,意真则简,辞切则简,理当则简,味淡则简,气蕴则简,品贵则简,神远而含藏不尽则简,故简为文章尽境。"自然流露出的感情,平淡素雅的文字才最动人心。

做人如做文,简单朴实、真诚淡泊才不失自己的本真面目,才最让人喜爱。孟子说:"大人者,不失其赤子之心者也。"真正有德行的人,是那些不失纯朴天性的人，而不是会来事儿、懂脸色的巧言令色之辈。金圣叹在评《水浒》之时，也将鲁达、武松、李逵这些性情中人评为上上之人，而将心机深重的宋江等定为下下之人。所以说，做人无需任何掩饰，只要保持纯真的本性，率直为事就可以了。

85. 看得破 认得真

原　文

> 以幻迹言，无论功名富贵，即肢体亦属委形①；以真境言，无论父母兄弟，即万物皆吾一体。人能看得破，认得真，才可以任天下之负担，亦可脱世间之缰锁。

注　释

①委形：自然或人为所付与的形体。《庄子·知北游》："舜曰：'吾身非吾有，孰有之哉？'曰：'是天地之委形也。'"

译　文

以虚幻迹象而言，不但是功名富贵，即便是自己的躯体四肢也是暂时拥有的；以真实境界而言，不但父母兄弟，即便是其他的天地万物，都与我是一体的。人既要看得破虚幻，又要认得清真境，这样才可以担任天下的重大使命，也才可以摆脱俗世间的牵萦羁绊。

经典解读

《金刚经》上说："一切有为法，如梦幻泡影，如露亦如电，应作如是观。"世间一切事物，若从虚幻迹象而言，都像梦幻泡影一样若有若无，都如晨露、电光一般倏忽而逝，即使是人的身体，也不过是天地暂时委付给我们的罢了，它终究还是要消失的。连自己的身体都不能长久占有，更何况那些外在的功名富贵、虚名虚誉？所以世人万不可执着于"有"。

那么人生就不该奋斗了吗？显然不是，从真境而言，人和天地万物都是有联系的。既然有联系，就要承担起造福万物的崇高使命。佛家讲究慈悲为怀、普度众生；儒家更是以治平天下、济世救人为己任。

所以人既要看破"有"，超越个体生命的局限，不执泥于追求享乐、贪图功名富贵；又要看破"无"，主动承担起社会责任、历史使命，实现更高的人生价值，达到更高的人生境界。

86. 五分无悔 十分有害

原　文

爽口之味，皆烂肠腐骨之药，五分便无殃；快心之事，悉败身散德之媒，五分便无悔。

译　文

清爽可口的美味，都是腐烂肠胃，侵蚀骨头的毒药，用到五分就没有什么灾殃了；快意纵心的事情，都是败坏身体、散去德行的媒介，只做五分便没有什么悔恨了。

经典解读

清爽可口的美味，人人都喜欢吃，但无限度地贪恋美味，就会消散人的意志，迷乱人的智慧；快意纵心的事，人人都喜欢做，但无限度地沉湎于快事之中，就会败坏人的德行。所以说，什么事都要有个限度，过多就会变乐为损，对自己造成伤害。

据传，仪狄发明酒以后将它献给了禹，禹一下子就被酒的香醇所吸引了，一口气喝了一大坛子，沉醉了三天。酒醒以后，禹发现自己因为饮酒耽误了政事，就叹道："后世一定有因为美酒而亡掉自己国家的人！"于是就疏远了仪狄。殷纣王也喜欢饮酒，于是建造了华丽的宫殿，其中设立酒池肉林，每日和美女、幸人饮酒其中，有劝谏他的忠臣则用酷刑处死。大臣没有敢进言的，于是朝政混乱，诸侯不服，最终殷商被武王所灭。

对美酒、快事的欲望人人都有，但有的人能够克制它们，取之有度，所以能够远离祸害；有的人沉湎于其中，不知克制，最终面对的只有灭亡，对于他们而言，这样的美食、快行和毒药又有什么区别呢？所以，人对于享乐不可不慎重，老子说："五色令人目盲；五音令人耳聋；五味令人口爽；驰骋畋猎，令人心发狂；难得之货，令人行妨。"

87. 宽以待人 养德远害

原　文

不责人小过，不发人阴私①，不念人旧恶。三者可以养德，亦可以远害。

注　释

①阴私：隐秘而不可告人的事。

译　文

不指责他人的小过错，不揭发他人的隐私，不惦念他人的旧错。这三件事可以修养德行，可以远离灾祸。

经典解读

人居于世，要有宽容之心，和他人交往时看到别人的小错，知道别人的隐私，或是别人不小心触犯了自己，不可斤斤计较、抓住人家的小错大做文章，握住人家的缺点紧紧不放，别人不小心惹到了自己，对旧恶念念不忘，不仅显出了自己的心胸狭隘，还可能会给自己带来更多的祸患。孔子说："躬自厚而薄责于人，则远怨矣。"生活中遇到什么挫折，不要立刻想着从他人身上找原因，多考虑考虑自己的因素，严格要求自己，而宽厚忖度别人，怨恨就会少很多。

史上有震主之功而能得善终的人很少，郭子仪就是一个。他之所以能够长久保全自身，就是因为他待人宽厚，不念旧恶。宦官鱼朝恩嫉妒郭子仪的功绩，就派人将他的祖坟挖掉了，天子对此事表示慰问，郭子仪并未在天子面前告状，却痛哭着说："臣做军队统帅很久，不能够禁止士兵发掘别人的坟墓，有人现在发掘臣父的墓这是上天的谴责，不是人事呀。"鱼朝恩又曾约郭子仪游他建造的章敬寺，瞻仰佛容，元载派人告诉他鱼朝恩可能会做不利于他的事。其部下请他在衣中穿上铠甲一起去，郭子仪不同意，只带十几个家僮前往。鱼朝恩说："为什么车马随从那么少？"郭子仪告诉了他所听到的一切。鱼朝恩惭愧又感动地说："您如果不是个有修养的长者，能够不怀疑吗？"从此，他再也没有陷害过郭子仪。

88. 有生可乐　虚生堪忧

原　文

天地有万古，此身不再得；人生只百年，此日最易过。幸生其间者，不可不知有生之乐，亦不可不怀虚生之忧。

译　文

天地万古长久，人生不能再来；生命只有百年时光，一天很容易就过去了。有幸生于天地之间，不可不怀有享受生命的乐趣，也不可不怀有虚度年华的忧虑。

经典解读

天地亘古长存，而人的生命却只有一次，有幸活得长久，不过百余年时光，念道人生易逝，当有悲哀之心；世上每一时刻都有很多人不幸逝去，而我们还拥有生命，还能好好地生活，这岂不就是一大幸事？念此当有喜悦之心。知人生之短暂，则应珍惜每一分钟，不要让生命有一分虚度；知生命之幸运，则应以豁达、乐观的态度面对人生，不当有丝毫抱怨、愤懑，让生命陷入枯寂、哀怨之中。

89. 持盈履满 君子兢兢

原　文

> 老来疾病，都是壮时招的；衰时罪孽，都是盛时作的。故持盈履满①，君子尤兢兢焉。

注　释

①持盈履满：持、履，皆为居处之意。盈、满，都是盛极之时。指事物处于强盛圆满的时刻。

译　文

老年时的疾病都是年轻时招来的病根，衰弱时的罪孽都是鼎盛时埋下的祸端。所以越是在强盛圆满的时候，君子越是要战战兢兢、小心谨慎。

经典解读

年轻时身强力壮，不知道爱惜自己的身体，到了老年百病缠身时才后悔莫及就晚了。有的人凭借自己精力充沛、身体好而去做一些有损健康的事，如暴饮暴食，耽于美色，这都是在透支健康，为自己埋下病痛的祸根。所以说，越是身体健康，越要珍惜身体，不要等失去健康后才知道它的可贵。

身体如此，德行方面更是如此。平时不注重修养自己的美德，凡事为所欲为，得意的时候听到别人的劝谏总不以为意，等到祸患来临时，才知道后悔，那就太晚了。人应该在盈满之中有亏损的忧思，在得意时候想到失意的冷寂，战战兢兢地执守正道，如此才能预防祸患于忽微，不致有噬脐之急。

90. 扶公敦旧 种德谨行

原　文

> 市私恩，不如扶公议；结新知，不如敦旧好；立荣名，不如种隐德；尚奇节，不如谨庸行。

译　文

布施私人恩惠，不如扶持公义正言；结纳新的朋友，不如加深与旧友的情谊；树立荣耀名声，不如悄悄种下功德；崇尚奇巧节操，不如谨慎平常行为。

经典解读

与其私下里施行恩惠，不如扶持公义正言。小恩小惠只能收买那些重利轻义的小人，真正的君子不以其道不能悦之，坚持道义才能得到他们的拥护。与其结交新知，不如敦睦旧朋友。很多人喜欢到处结交朋友，看到谁都一副笑脸，跟谁都显出合得来的样子，其实这并不能显示出自己人缘多好。孔子说："道不同，不相为谋。"君子结交朋友一定是很谨慎的，和自己做人原则不同的，不与之交友；德行不足却不听劝谏的，不与之交友；在道德学问之上，无益于自己，反而会拖累自己的，不要与之为友。朋友不在多，而在于有益。所以，与其到处交不能规劝的朋友，不如多修缮一下和老朋友之间的关系，敦促老朋友共同进步。虚名欺世，君子耻之，与其有很多不相称的美誉，不如好好修养德行，私下里多做善事。奇巧怪异的节操往往都是用来沽名钓誉的，与其有违背人之常情的奇节，不如谨守中庸的行为，踏踏实实地做人。

91. 莫犯公论　莫入私窦

原　文

公平正论不可犯手①，一犯手则遗羞万世；权门私窦②不可着脚，一着脚则玷污终身。

注　释

①犯手：触犯、违犯。
②权门私窦：权贵徇私舞弊的地方。

译　文

世间所公认的规范、大道，绝不能触犯，一旦触犯就会留下万世的羞辱；权贵徇私舞弊的地方不能涉足，一旦涉足就会受到终身的玷污。

经典解读

有些原则是世间所公认的，无需对其进行辩论，比如忠孝、爱国、诚信等，这些世间公道一旦触犯了便会留下千载的骂名，切不可因为追求奇异、贪图利益而违背它们。历史上有很多人，做错事时会给自己找了很多借口，觉得自己是迫不得已,是暂时权变,但错就是错,世人的眼睛是雪亮的,公义的界限是鲜明的,一旦触犯了,给自己找再多的理由也毫无作用。比如秦桧、汪精卫,有些人认为他们也是历史的牺牲品,是不得已的,为他们辩解,这注定是徒劳无功的,因为他们触犯了公论,必将被钉在历史的耻辱柱上,遗羞万世。

权贵徇私舞弊的地方,切莫存有侥幸心理去沾染,白玉有了污点还可以磨去,德行上有了污点就去除不了了。明朝末期,宦官魏忠贤专权,朝政混乱,于是东林党人多次上书弹劾他,斗争非常激烈。以魏忠贤为首的人对东林党人进行了残酷迫害。后来,魏忠贤又派爪牙到苏州逮捕东林党骨干周顺昌,苏州市民群情激愤,奋起反抗,发生暴动。但巡抚毛一鹭为了阿附魏忠贤,派兵镇压苏州人民,并杀害带头者颜佩韦等五人。事后,毛一鹭的党羽为自己建了大牌坊,表彰"镇乱"功绩,但路人无不嗤之以鼻。读书人更是对其阿附魏忠贤的行为颇为不齿,纷纷撰文讽刺。毛因为此事一生受人辱骂,死后还害怕他人挖坟掘墓,甚至做了几处疑冢,来逃避世人的报复。生不能安心,死不能瞑目,这便是阿附权贵的下场,后人岂可不以之为鉴!

92. 恪守直节 无求虚誉

原　文

曲意而使人喜,不若直节而使人忌;无善而致人誉,不如无恶而致人毁。

译　文

与其曲意奉承而令人欢喜,不如恪守直节而令人畏忌;与其没有善行而使人赞誉,不如没有恶行而招致人的诋毁。

经典解读

曲意逢迎往往令人欢喜,而恪守直节却容易遭人嫉恨,所以,现实中很多人变成了没有原则的好好先生,处处顺承、阿附他人。但阿附只能得到人一时之喜,一旦他人省悟过来,就会看穿什么是好,什么是坏,曾经的喜欢也就变成嫉恨了。人都喜欢得到他人的称誉,但若没有实际的善行,而喜欢沽名钓誉,这种善誉只能为自己带来羞辱,不做恶事而招致诋毁也比这样要好。

明朝时,有一个叫张庭的人,无论见了谁都喜欢说好话,他的一个朋友喜欢喝酒,他就称赞朋友性格豪迈,饮酒之后不畏权贵,有古代风流贤士之风。朋友对其十分欢喜,他人也都称赞他善于交友。然而,不久以后,朋友因为喝酒和他人斗殴,将他人打伤,被判入狱。在狱中,朋友幡然省悟,觉得赞赏自己喝酒的并非是良友，而那些多次劝谏自己的人才是真正的好朋友。

朋友出狱后，张庭又去和朋友交往，还为朋友带了一坛好酒。朋友说："昔日我将您当成好朋友，您看到我沉湎于酒中，却从不劝谏，还多次怂恿我；后来我因饮酒入狱，你不劝我改正，却再次让我喝酒。您作为朋友，只会让我更加堕落，你还是走吧，我不想喝你的酒。"张庭只好灰溜溜地离开了，从此人们都说："做朋友千万不要做张庭那样纵友作恶的人！"

93. 骨肉贵相亲 朋友重道义

原　文

处父兄骨肉之变，宜从容，不宜激烈；遇朋友交游之失，宜剀切①，不宜优游②。

注　释

①剀切：恳切规谏。
②优游：犹豫不决。

译　文

遇到父母兄弟等骨肉至亲发生变故，应该从容应对，不宜言辞激烈；遇到朋友同学等交游之人有过失，应该恳切劝谏，不应犹豫不决，视而不见。

经典解读

不同的人伦关系，要有不同的相处之道。父母兄弟之间遇到变故，不可言辞激烈，以道义相互责备，要在不伤害彼此之间亲情的基础之上，委婉地劝谏和解释。家庭成员反目成仇，往往就是因为一两场激烈的争辩导致的，所以古人强调"父慈子孝，兄友弟恭"。

朋友之间是通过道义相互建立起来的，所以遇到事情一定要坚守道义，将做事原则放在首位，朋友有了错误定不可纵容阿附，而是要直言相告，即使他们对自己心存误解、嫉恨也不应有所保留。古人云："士有争友，则身不离于令名。"真正的君子一定不会厌恶自己朋友的正言相劝，反而会为此而感到高兴，感到朋友的可贵。

94. 谨小慎终 不欺暗处

原　文

小处不渗漏，暗处不欺隐，末路不怠荒，才是真正英雄。

译　文

在细小的地方不松懈疏漏，在幽暗的地方不欺骗隐瞒，在穷途末路不懈怠荒废，这样的人才是真正的英雄。

经典解读

道德崇高、心怀大志、惠泽万民的人才算是真正的英雄。要想成为一个真英雄，不能做好高骛远的空谈者，更不能做见利忘义的小人，而是要处处修德行，事事守原则，操守不改，善始善终。一个人一生事业的成功与失败，往往就在于一些不为人所注意的小节上，"千里之堤，毁于蚁穴"，小事不渗漏，才能包容天下，成就大功绩，所以刘备说："勿以恶小而为之，勿以善小而不为。"英雄的行为是光明正大的，巧诈可以得一时之利，却不能以其得到天下。英雄立功还要善始善终，他们开始勤政爱民，到了后来却贪图享乐、骄傲自大，导致功亏一篑，这样的人，不能称之为真英雄。梁武帝萧衍少年即有英才，为官以后多处见识不凡，登上皇位之初也是政绩显著。他吸取了齐灭亡的教训，自己很勤于政务，而且不分春夏秋冬，总是五更天起床，批改公文奏章，在冬天把手都冻裂了。他广泛纳谏，听取众人意见，最大限度地用好人才，生活上厉行节俭，"一冠三年，一被二年"，吃饭也是蔬菜和豆类……然而他在位一久，便开始亲信小人，疏远忠臣，最后导致侯景之乱，自己被活活饿死。

95. 好奇无远见　守节须恒久

原　文

惊奇喜异者，无远大之识；苦节独行者，非恒久之操。

译　文

喜欢奇诡、标新立异的人，终究没有远大的见识。刻意坚守节操、独行其事的人，很难保持长久的操行。

经典解读

喜欢奇诡行为，好标新立异，刻意苦节独行的人，大多是没有什么远大见识的人，他们之所以喜奇，就是想通过奇来吸引他人的眼球，来获得自己的名声。殊不知为学、修德都要踏踏实实地来，容不得半点敷衍、虚伪。

正常情况下，人们所采取的行为方式、表达方式都是经过千百年贤人择取而恰到好处的，有些人总想通过奇行异节来显得自己的与众不同，这含有明显的哗众取宠、沽名钓誉的成分。如此做，不仅不会达到目的，还会引起他人反感，会破坏人与人关系和谐。

96. 既然知得 又何犯着

原　文

> 当怒火欲水正腾沸时，明明知得，又明明犯着。知得是谁？犯着又是谁？此处能猛然转念，邪魔便为真君子矣。

译　文

　　当一个人怒火燃烧、欲望沸腾之时，他明知道原则如何，可又去触犯了。知道的是谁？去触犯的又是谁？假如当此紧要关头能够猛然顿悟，欲望的邪魔就会消退，而这人也就成为真正的君子了。

经典解读

　　智者说："当你特别想要买一件东西时，不要立刻去买，等冷静了再做出选择；当你特别想做一件事时，别忙着去做，等冷静了再去决定是否做。"很多时候，欲望就像烈火、洪水一样充满我们头脑，明明知道这样做不好，但因为一时的冲动，就去做了，往往这些选择会让自己在冷静以后后悔不迭。

　　在日本，有一名武士向禅师问道："天堂和地狱真的存在吗？它们到底在哪里呢？"

　　禅师问道："你的职业是什么？"

　　武士说："我是一名武士。"

　　禅师讥讽："就你这样也配当武士？我看你是个乞丐吧！"

　　武士愤怒地拔出腰间的宝剑，目露凶光，将剑抵在禅师胸前。禅师神态安详地说道："地狱之门由此打开！"

　　武士恍然大悟，急忙收起宝剑，向禅师道歉。这时候，禅师笑着对武士说："天堂之门由此敞开！"

　　冲动将生活变成地狱，而冷静则将生活变成天堂，冷静下来，控制住自己心中的邪魔才能成为一个有德君子。

97. 毋偏毋放 毋夸毋妒

原 文

毋偏信而为奸所欺，毋自任而为气所使，毋以己之长而形人之短，毋因己之拙而忌人之能。

译 文

不要偏听偏信而被奸邪之徒所欺骗，不要自负任性而被一时意气所驱使，不要用自己的长处去比较他人的短处，不要因为自己笨拙而忌妒他人的贤能。

经典解读

本节列举了人常常具有的四个缺点，告诉人们要谨慎提防。

第一个是偏听偏信。"兼听则明，偏信则暗"，只有多方面听取意见才能明辨是非，不被奸邪小人所欺骗。

第二个是任气自为。放纵自己，任凭意气为事，要么因为冲动做了后悔的事，要么被人利用，不知不觉中做了恶事，君子不可以不戒。

第三个是恃才凌人。自己有才能不知收敛，在他人面前炫耀，就会招致嫉恨，自惹祸患。

第四个是嫉贤妒能。面对他人的优点，应该去努力使自己也具有，而不是嫉妒他们。《尚书·泰誓》中说："人之有技，若己有之；人之彦圣，其心好之。"他人有才能不要因为自己没有而嫉妒，相反应该为自己能看到他人优点，有向人学习的机会而感到欣喜，如此自己才能不断进步，才能结交各种优秀人物。

98. 不扬人之短 不忿人之顽

原 文

人之短处，要曲为弥缝，如暴而扬之，是以短攻短；人有顽固，要善为化诲，如忿而嫉之，是以顽济顽。

译 文

别人有不足的地方，要婉曲地为他弥缝补救，如果暴露而宣扬它，就是以自己的短处来攻击别人的短处了；别人有顽固的地方，要善于对其感化教诲，如果忿恨而嫉恶他，就是以他人的顽固来助长自己的顽固了。

经典解读

  每个人都有缺点,看到别人有缺点要为他弥缝补救,而不是暴露宣扬,用他人的缺点来彰显自己的"高尚",那样只会显得自己人品低劣,将他人的短处变成自己的短处了。

  一个船夫在江边将沙滩上的渡船推向江里,准备载客渡江,巨大的船身滑过沙滩,将江滩上的螃蟹、虾等动物压死不少。这一幕恰好被一个住在江边的居士看到了,于是居士到处诉说这些江边船夫的不仁慈,期间免不了要为那些死去的鱼虾流上几滴眼泪。

  一天,一位禅师路过此地,居士又将这些对禅师说了。禅师听后,双手合十,念道:"罪过,罪过啊!"

  居士得意地说:"可惜不是人人都能像我这样知道生命的可贵。不过禅师您刚才说'罪过',请问是船夫的罪过深呢,还是乘客的罪过深呢?"

  禅师道:"船夫为了生活推船有什么罪过呢?乘客坐船渡江有什么罪过呢?"

  居士不解:"既然如此,那您说罪过、罪过指的是什么?"

  禅师看着他大声道:"这都是你的罪过!'罪业本空由心造,心若亡时罪亦无',他人都是正常的生活,根本没有想那么多,哪来的罪?相反,你自以为仁慈,到处宣扬他人的罪,这罪都在你的心里,难道不是你的罪吗?"

  子贡曾经问孔子:"有教养的君子也会厌恶别人吗?"孔子说:"当然。"子贡问:"那君子厌恶什么样的人呢?"孔子回答:"君子厌恶宣扬他人坏处的人,厌恶身居下位却诽谤在上者的人,厌恶勇猛无礼的人,厌恶固执己见、不明事理的人。"孔子反问子贡:"赐啊,你有什么厌恶的人吗?"子贡回答:"我厌恶把别人成绩窃为己有的人,厌恶将桀骜不驯当成勇敢的人,厌恶专门攻击别人短处却自以为直率的人。"喜欢宣扬攻击他人的短处,看似有"良知",其实这种行为最是可憎,君子无不以之为耻。

99. 心不轻输 口须慎防

原　文

  遇沉沉①不语之士,且莫输心;见悻悻②自好之人,应须防口。

注　释

  ①沉沉:阴沉冷漠状。
  ②悻悻:刚愎傲慢状。

译　文

遇到阴沉冷漠、少语寡言的人，且不要急着对其推心置腹；遇到刚愎傲慢、自以为是的人，应注意保持言语谨慎。

经典解读

俗话说："逢人只说三分话，莫要全抛一片心。"害人之心不可有，防人之心不可无，人应该学会自我保护，那些沉默少语的人，其心难测，不应该急着向其倾吐内心，推心置腹。而对于那些自以为是却满腹抱怨的人，更应该慎言慎行，这种人心思敏感，可能不经心的一句话就会被他抓住把柄，要么惹人怨恨，要么受人制约。

需要注意的是，我们也不能完全按照这句话去做，一个人如果对谁都留份心机，就变得事故奸猾，安全倒是安全了不少，但是失去了真诚待人的能力，因此也会丧失很多世上美好的东西，比如真心交往时感受到的友情或爱。

100. 昏而知醒 紧而知放

原　文

念头昏散处，要知提醒；念头吃紧时，要知放下。不然恐去昏昏之病，又来憧憧①之扰矣。

注　释

①憧憧：往来不绝，纷扰迷乱。

译　文

意念昏沉散乱的时候，要知道提醒自己，使自己恢复清醒；意念紧张迫急之时，要知道暂时放下，使自己恢复轻松。不然恐怕刚刚除去昏昏沉沉的毛病，又要陷入了纷扰迷乱之中了。

经典解读

念头散乱的时候，要自己去控制精神，保持头脑清醒；心情过于紧张的时候，要放松精神，使心绪平定。《孔子家语》中说："张而不弛，文武弗能；弛而不张，文武弗为；一张一弛，文武之道也。"只弛紧不放松，就会疲劳，做事效率低下，判断力不足；只放松不收缩，就会过于松懈，努力不足，难有收获。

当今大多数人置身于大都市当中，被繁忙和喧哗所包围，有的人沉迷于享乐的生活，无限度地放松，让自己在安逸中迷失；有的人则压力过重，拼命地工作，做着一件事情又考虑着下一件事情，一个目标接着一个目标。这两种生活其实都是极端的，过于安逸的人，让安逸消磨了志向；过于紧张的人，在生活中反而失去了生活的乐趣。只有将安逸和紧张结合起来，该奋斗的时候就踏踏实实好好奋斗，该放松的时候就让自己放松一下，消除身体的疲乏、精神的困倦，这样才能既不虚度光阴，又不让生活陷入枯寂苦闷。

101. 气息不凝滞 太虚无障蔽

原 文

> 霁日青天，倏变为迅雷震电；疾风怒雨，倏转为朗月晴空。气机①何尝一毫凝滞，太虚②何尝一毫障蔽，人之心体亦当如是。

注 释

①气机：大自然的活动、变化。
②太虚：天空。

译 文

万里晴空，倏忽变为电闪雷鸣；疾风暴雨，倏忽转为朗月晴空。自然变化何尝有一毫的凝固停滞，天空何尝存在丝毫的障碍堵塞，人的心灵和身体也当如此变转无穷，以保持通畅。

经典解读

自然中的天气变化没有一丝凝滞，没有一毫障蔽，人的心体也应该如此：坦率自然，莫有半点做作；光明磊落，莫有半点隐晦。

一次，郑州官府邀请风穴和尚到大堂里说法，风穴慷慨陈词，这时，有一位自称庐陵长老的士人出列质疑他的论法，并夸耀自己的修为。风穴回击道："我已惯于钓尽大鲸，澄清大海，还怕一只土蛙在田中蹦跶么？"众人大笑。庐陵长老一时摸不着头脑，说不出一句。风穴大喝一声："长老，为什么不开口？"长老正待开口，风穴又喝道："还记得刚才的话题吗？说出来让我听听。"长老欲言又止，坐在一旁的州官见此感慨地道："佛法与王法，神道与政治，道理都是相通的。"风穴问："如何见得？何处相通？"州官答道："当断不断，必招后患。"风穴当下离开了演讲席，宣布讲法完毕。

真正的得道之士，内心当无半点凝滞，有问即答，而不是冥思苦想之后才得出答案；他们回答问题时想到什么就说什么，不加思索、无所隐瞒，却符合道法，不逾礼节。一个人内心和言行合二为一，才是最高的境界，也就是孔子所说的"从心所欲""不逾矩"。

102. 明珠慧剑 缺一不可

原　文

胜私制欲之功，有曰识不早、力不易者，有曰识得破、忍不过者。盖识是一颗照魔的明珠，力是一把斩魔的慧剑，两不可少也。

译　文

战胜、克制私欲的功夫，有说"认识不能及早而意志力不易控制"的，有说"认识了私欲的危害却忍受不了物欲吸引"的。智慧是一颗照亮心魔的明亮珠宝，意志力是一把斩伐欲魔的智慧利剑，这两者不可缺少。

经典解读

世上容易让人迷失的欲望实在是太多了，功名、财货、权利、美色，自古至今无数人倒在追求欲望的路上，有人因贪而犯法，有人因色而伤身，有人为了权力变得无恶不作……这里作者指出人们之所以过不了欲望这关，主要是两个原因：一是认识不足，看不到欲望的危害；一是虽然知道危害，却意志力不足。世人贪图功名，喜欢做官，喜欢发财，往往只看到了升官发财的好，却没有意识到处于富贵之中的危害，这就是意识不够啊，此时当有"黄粱"、"南柯"之梦，让其看到功名富贵的虚幻，使其幡然醒悟。有些人虽然知道欲望的危害，贪图于权利、美色而不能自拔，这就是意志力不够坚定，此时当思病来时的痛苦，刑戮加身时的耻辱，从而知畏而返。

103. 横逆穷困 陶冶身心

原　文

横逆困穷，是锻炼豪杰的一副炉锤。能受其煅炼者，则身心交益；不受其锻炼者，则身心交损。

译　文

贫穷困苦，是磨炼英雄豪杰的火炉和铁锤。能够接受它锻炼的，则身体、心灵皆会受益；不能承受它锻炼的，则身体、心灵皆会伤损。

经典解读

孟子说:"天将降大任于斯人也,必先苦其心志,劳其筋骨,饿其体肤,空乏其能,行拂乱其所为,所以动心忍性,增益其所不能。"一个人只有经历过横逆困穷,才会心中震荡,奋起而有作为。有志之人将生活中遇到的各种困难当作上天对自己的考验,当成前进路上的阶梯;软弱之人则将所遭遇的各种苦难,当作不幸,不去抗争反而在自怨自艾中将生命中最可贵的时光浪费。

"宝剑锋从磨砺出,梅花香自苦寒来",不经历一番横逆穷困,就难以激发起内心的斗志,就难以负重行远。很多出身贫贱、受到困苦的人,长大了反而能从容应对各种变故,而那些生长在富贵中的人,却毫无见识不堪重用。石勒年轻时沦为奴隶,但正是吃不饱、穿不暖的贫贱生活,任人打骂、被人买卖的耻辱,塑造了其坚毅的性格和恢宏的气度,最终成为一代帝王,建立了后赵政权。相反,那些与他同时的士族子弟,锦衣玉食,奴仆成群,却很少有堪用之才,手无缚鸡之力,见到骏马都害怕得如同看到老虎,这样的人居于高位,国家岂能不乱?百姓如何能安居乐业?

104. 不可不防 不可逆诈

原　文

"害人之心不可有,防人之心不可无",此戒疏于虑者。"宁受人之欺,毋逆人之诈①",此警伤于察者。二语并存,精明浑厚矣。

注　释

①毋逆人之诈:不要事先臆测他人欺诈。

译　文

"害人之心不可有,防人之心不可无",这句话是用来告诫那些与人交往时思考不周密的人的。"宁受人之欺,勿逆人之诈",这句话是用来警戒那些与人交往时过于精明的人的。如果能够将此二句并用,那么人就做到既精明又浑厚了。

经典解读

与人交往时疏于考虑的人,要多多品味"害人之心不可有,防人之心不可无"这句话,平时加强警惕,以防无妄之灾。很多时候,一些你不在乎的事情,他人反而看重,你没什么想法,他人已经将你看成是对手了,处心积虑地想要陷害你呢,若不加提防,就会承受其害。孙膑将庞涓视为师兄,对其毫无戒心,所以受到陷害，变为残疾；韩非将李斯视为好友，对其毫无戒心，所以遭到陷害，含愤而死，这些都是值得后人思考的。

平时处事过于精明的人，要知道"宁受人之欺，毋逆人之诈"的道理，有时候对人过于提防，就会显得自己心胸狭隘，"以小人之心，度君子之腹"。孔子说："毋意，毋必，毋固，毋我。"其中"毋意"，就是不要去随便臆测他人。虽然社会上有很多邪恶的事、阴险的人，但我们要相信，好人永远占多数，善良才是人的本性。有防人之心，但不可防范过度，不要因为害怕被碰瓷而不去扶起跌倒的人，不要因为害怕他人借钱不还而见难不救，不要因为臆测他人邪恶而疏远、鄙视他人。

105. 辨别是非 勿伤大体

原　文

毋因群疑而阻独见，毋任己意而废人言，毋私小惠而伤大体，毋借公论以快私情。

译　文

不要因为众人的怀疑就放弃自己独到的见解；不要任凭自己的意见而废弃他人的善言；不要因为私下的小惠而损伤大体；不要借着公论的名义来满足自己的私情。

经典解读

众人都认可的事不一定就是正确的，智者有独到的见解而俗人往往并不能理解，所以不要轻易听信他人的言论而放弃自己的想法。商鞅、吴起变法的时候，支持者极少而反对者很多，但他们坚持了自己的想法而使国家富强；赵武灵王胡服骑射的时候，几乎所有的贵戚大臣都反对他，但他坚持了自己的想法而令赵国迅速变强。在坚持自己意见的时候，切勿将坚定变为刚愎自用，如果过于自负，听不进他人意见，就容易犯错，所以在坚持己见之前要本着谦逊的态度多听听众人的建议。

不要因为私下的小恩小惠而伤害大体，也不要借着公论来徇私情，君子当公私分明，时刻恪守原则。三国时，关羽北伐，水淹七军，擒于禁，斩庞德，将曹仁围困在樊城之中，曹操派徐晃前去救援。徐晃和关羽私交很深，两人远远对话，但说平生，不及军事，不久徐晃下马宣军令："得关云长首级的人，赏金千斤。"关羽惊怖，说："公明，你说的这是什么话？"徐晃回答："方才与兄长讨论的是私情，如今这是国家之事，我不敢徇私。"后人对徐晃大为赞赏，认为他做到了公私分明，不以私交损废国事。

106. 亲善防谗 去恶防诬

原　文

善人未能急亲，不宜预扬，恐来谗谮之奸①；恶人未能轻去，不宜先发，恐招媒孽之祸②。

注　释

①谗谮之奸：恶言中伤的奸邪之行。
②媒孽之祸：媒，酒母，指诬罔构陷，酿成罪名的祸患。《周书·宇文孝伯传》："臣知齐王忠於社稷，为羣小媒孽，加之以罪。"

译　文

碰到善良的人，如果不能很快亲近他，也不要提前赞扬他，以免招致恶言中伤；碰到邪恶的人，如果还不能轻易将其驱斥，不应先显现自己的意愿，以免招来诬罔构陷。

经典解读

遇到善良之人应该主动接近、提携他，但不可事先赞扬他，以免招致小人的毁谤、中伤，说自己是别有用心，或阻止贤人上位。明嘉靖之时，奸臣严嵩弄权，排挤贤臣。陕西总督曾铣贤能且有才干，前首辅夏言准备向朝廷推荐他，于是屡次在皇帝面前褒奖曾铣。他的举动被严嵩窥见，严嵩担忧曾铣入阁损害自己的权势，便买通皇帝近侍，称其"轻启边衅"，并指使边将仇鸾诬称曾铣掩败不报，克扣军饷，贿赂首辅夏言。严嵩更在嘉靖皇帝面前说两人夺回河套是别有用意，皇帝果然相信，不再重用曾铣。后来严嵩党羽不断进谗言，皇帝对他们的疑心越来越重，几年后曾铣被杀，妻子被流放两千里之外，夏言下狱，最后被问斩。

对于不善的人，应该早点驱斥他，但在准备充分之前，不应轻易动手，以免给自己招致祸患。战国时候，中山奸臣司马憙出使赵国，妄图利用赵国的势力为自己求取中山相位，他的行为被公孙弘知道了。一次，中山君出游，司马憙驾车，公孙弘参乘。公孙弘对中山君说："为人臣子，借着大国的威势，为自己谋取相位，对于国君而言这样的人如何呢？"中山君说："这样的人我恨不得吃他的肉。"司马憙立刻在车上顿首说："我知道自己死期将要到了。"中山君问："为什么?"司马憙说："我抵罪。"中山君说："算了吧，我知道了。"不久，赵国派使者来为司马憙求取相位，中山君同意了，反而疑心公孙弘嫉妒贤人，欲对国家不利，公孙弘只好出走了。

无论是想要亲近贤人，还是想要驱斥佞人，都要考虑时机，夏言、公孙弘之所以不能成功，就是因为做事不周密，时机未到就先发了。在国君更加亲信奸佞、小人的势力更加强大的时候，泄露预谋只会给自己招致祸患。

107. 节义出于贫 经纶修自谨

原　文

> 青天白日的节义，自暗室屋漏中培来；旋乾转坤的经纶，从临深履薄中操出。

译　文

青天白日般光明磊落的节气操守，从黑暗破败的房屋中培养出来；旋转乾坤般的才干韬略，从临渊履冰般的谨慎行事中磨炼而得。

经典解读

君子慎独，不欺暗室，才能修养出青天白日般光明磊落的气节；平时具有战战兢兢、临渊履冰般的谨慎，才能培养出扭转乾坤般的才干韬略。修德进业如雕琢玉器，难成而易败，须得刀刀小心、时时恰当，一有失误则前功尽弃，材质损毁。《中庸》中说："道也者，不可须臾离也，可离非道也。是故君子戒慎乎其所不睹，恐惧乎其所不闻。莫见乎隐，莫显乎微，故君子慎其独也。"君子立志于求仁行道，不可有一丝苟且、一时松懈，必须"造次必于是，颠沛必于是"，方能表里如一，有所作为。

元代大学者许衡，一次路过河阳，当时天气炎热，路人又饥又渴，恰好看到路旁有棵梨树，树上梨子甚是喜人。众人纷纷上前摘梨，唯独许行端坐树下。有人问他："先生为什么不摘梨解渴?"许衡回答："不是自己拥有的，摘取不适宜。"他人说："乱世之中，这梨子无主。"许衡回答："梨子虽然无主，但我的心难道也无主吗?他人丢失的东西，只要一丝一毫不合乎道义就不能接受。"

许衡守节如此，德行崇高，世人都对其敬仰不已，他去世的时候，四方的学者皆为之痛哭流涕，朝廷赐他谥号为文正。

108. 人伦亲爱 无求回报

原　文

> 父慈子孝，兄友弟恭，纵做到极处，俱是合当如是，着不得一毫感激的念头。如施者任德，受者怀恩，便是路人，便成市道矣。

译　文

父亲慈爱、子女孝顺、兄姊友爱、弟妹恭顺，纵然做到了极致，也都是合当如此，不应有一丝一毫感激的念头。如果施加之人自恃有德，承受之人心念报恩，那亲人便成了路人，孝慈恭悌的美德便成了交易行为了。

经典解读

骨肉亲人之间的感情出于天性，与生俱来，无论做到多么极致也不为过，容不得半点感激、自傲的心理。若是父子兄弟之间也讲求感恩、回报，那就是将亲人当作路人看待了，这样的亲情也就受到了亵渎。

109. 冷肠对炎凉 和气应嫉妒

原　文

> 炎凉之态，富贵更甚于贫贱；妒忌之心，骨肉尤狠于外人。此处若不当以冷肠，御以平气，鲜不日坐烦恼障中矣。

译　文

冷暖炎凉的世态，富贵之处更甚于贫贱；嫉妒猜忌的心理，骨肉至亲尤重于外人。对于这些如果不能以冷静态度面对，以平和之气控制，很少不是终日停留在烦恼之中了。

经典解读

他人有钱就去巴结，他人失势就立刻离开，这是势利小人的本性。富贵之人喜欢热闹，喜欢奉承，身边围着一群这样的人是很正常的，当他们因为自己失势而离开，又何必去怨恨。孟尝君得势的时候有宾客三千多人，后来，他受到齐王猜忌而失势，宾客大多离开了。由于冯骧的帮助他重获齐国相位，离去的宾客又纷纷回来，冯骧去迎接他，孟尝君叹息道："昔日我好客，对待宾客没有失礼的地方，食客三千多人。可是宾客们看到我失势立刻背我而去，如今再见到他们，我一定唾其面羞辱他们！"冯驩停马下拜。孟尝君问："先生难道是为宾客们谢过吗？"冯驩说："不是为了宾客，而是为了您的失言啊！"孟尝君道："我愚钝，不知道有何失言之处？"冯驩说："生者必有死，这是事物的必然；富贵多士，贫贱少友，这是人情的必然。那些市井之民，早晨争着进入市场，侧着身子也要挤进去；晚上路过空空的市场，头也不回。并非喜欢早上而厌恶晚上，是因为那里有他们期望的东西。你得势宾客都来，失势宾客都去，也是这样的道理，希望您像以前那样对待宾客。"孟尝君拜谢称是。

越是骨肉至亲，越会有更强的嫉妒之心。象因为贪婪而屡次迫害舜，该隐因为嫉妒而杀死亚伯，历史中兄弟骨肉为了争财产、夺权利而相互残杀的数不胜数。一方面是因为越是亲近，越是有更多利益冲突的地方。另一方面是因为人们对亲人更加在乎，路人因为利益伤害你可能过去就算了，但亲人因为利益伤害你，必然在心灵中留下深刻的阴影，故孟子说："越人关弓而射之，则己谈笑而道之；无他，疏之也。其兄关弓而射之，则己垂涕泣而道之；无他，戚之也。"

作者说世态炎凉、骨肉相恶，当以冷肠对之，忘却烦恼，虽然可以宽心自慰，却非圣贤之所当为。要想消除世态炎凉之恨，莫过于亲近贤人、远离势利小人，富贵之时知道应该去惠济什么样的人，发达之时应该知道去结交什么样的人，在位的时候知道应该去提携什么样的人，这才是真正的智者。要想避免骨肉相仇雠，莫过于亲其亲而轻财货。君子重视骨肉亲情甚于天下，不以利害相争，何必患骨肉嫉恨。所以说：有伯夷、叔齐、吴太伯、仲雍之心，必定无兄弟为仇之事。

110. 功过戒混 恩仇戒明

原　文

功过不宜少混，混则人怀惰隳之心；恩仇不可太明，明则人起携贰之志。

译　文

功劳和过错不可稍微混淆，混淆不清则人人怀着怠惰不恭之心；恩情仇恨不可过于分明，太过分明则人人生出远离背叛之志。

经典解读

明智的领导者一定功过分明，功过混淆、滥赏滥罚则人心不服，事业难成。战国时，韩昭王的衣服穿破了，他命令侍者将换下的衣服整理好收藏起来。侍者说："我们君王真是小气啊！"韩昭王听到了就问："为何说我小气呢？"侍者答："大王富有得很，一件衣服破了赏给下人就行了，还要收藏起来干吗？"韩昭王笑着说："一件衣服虽然不值钱，但作为君主赏罚不可以不慎重，即使是破了的衣服我也要等到有功的人才去赏赐。"

成大事者赏罚不可不慎重，但恩仇则不可太过分明。因为立场不同，很多人都会得罪你，若是睚眦必报，如何能得到贤才？管仲曾箭射齐桓公，桓公宽宥了他的冒犯，故能有九合诸侯之功；寺人勃鞮屡次逼迫晋文公，晋文公宽宥了他，所以免去了吕省、郤芮的祸患；张绣曾杀死曹操的儿子、侄子，曹操宽恕了他，才能专心对付袁绍，取得官渡之战的胜利。有容得了恩仇的心，才能集聚众力建大功业。

111. 恶忌阴 善忌阳

原　文

恶忌阴，善忌阳，故恶之显者祸浅，而隐者祸深；善之显者功小，而隐者功大。

译　文

恶行最忌讳的是隐蔽，善德最忌讳的是彰显，所以恶行彰显的祸害反而小，而隐蔽的祸患反而大；善德彰显的功劳反而小，而隐蔽的功劳反而大。

经典解读

有恶行不怕，能意识到它，及时预防、改正，就不会造成太大的危害。最可怕的是那些难以看到的恶行，它行于幽暗难见之处，一旦爆发，灾祸必然极大，所以防祸一定要防于冥冥之处。

最大的善行是隐蔽起来的，私下里为善，不图名、不图利，这才是最可贵的。有一点善行就大肆宣传，既容易伤害受惠者的自尊心，又表现出一种沽名钓誉的卑鄙心理，这样功德就小了，有时还会变为恶行。

112. 德为才主 才为德奴

原　文

德者才之主，才者德之奴。有才无德，如家无主而奴用事矣，几何不魍魉猖狂。

译 文

道德是才能的主宰,才能是道德的奴仆。有才而无德,就如家中没有主人而让奴仆掌管事物一样,有多少能不为奸为恶、群魔乱舞的?

经典解读

司马光在《资治通鉴》中论道:"夫聪察强毅之谓才,正直中和之谓德。才者,德之资也;德者,才之帅也……才德全尽谓之圣人,才德兼亡谓之愚人,德胜才谓之君子,才胜德谓之小人。凡取人之术,苟不得圣人、君子而与之,与其得小人,不若得愚人。何则?君子挟才以为善,小人挟才以为恶。挟才以为善者,善无不至矣;挟才以为恶者,恶亦无不至矣。愚者虽欲为不善,智不能周,力不能胜,譬之乳狗搏人,人得而制之。小人智足以遂其奸,勇足以决其暴,是虎而翼者也,其为害岂不多哉!"才能一定要以仁德作为根本,在具有仁德的基础之上,君子才能以才为善;而没有德行、却有才能的小人,往往会因为各种欲望的诱惑而无所不为,给社会、他人带来危害。所以,《易》云:"大君有命,开国承家,小人勿用。"

平时我们在自己学习、培养子弟的时候,不仅要注重他们的才学,更要注重他们的德行。无论什么时候,都要将"德"放在"才"的前面,做人要做有德有才的君子,用人不可用有才无德的小人。

113. 锄奸杜倖 留条出路

原 文

锄奸杜倖,要放他一条去路。若使之一无所容,便如塞鼠穴者,一切去路都塞尽,则一切好物都咬破矣。

译 文

铲除奸邪、杜绝幸佞,要给他们留一条改过自新的路。如果使其走投无路,便如塞住老鼠洞一样,一切去路都塞住了,那么一切好东西也都将被老鼠咬坏了。

经典解读

铲除奸邪之徒,要给他们留一条自新之路,不可赶尽杀绝。一则,人当有宽厚、恻隐之心,即使是奸佞的小人,只要肯改过自新,也不应该放弃他们。其次,这也是一种处事的智慧,人们常说"狗急跳墙""兔急咬人",对于奸邪之人能够放逐他们，让他们离开作恶的土壤，使其不能再造成危害也就可以了。若是对他们逼得太急，他们誓死一搏，反而会带来更大的麻烦。

东汉末期，王允利用美人计除掉董卓以后，董卓的余党李傕、郭汜、樊稠等逃出长安。他们上书陈述自己的罪过，说之所以作恶都是因为董卓的缘故，身不由己，期望能够得到朝廷的赦免。但王允此时却认为，这些人都是董卓的死党，凉州兵是董卓的亲兵，必须将凉州将领抓来治罪，将凉州兵解散，国家才能安定。整个凉州地区听到这个传闻，士兵、百姓无不战战兢兢，他们认为王允这是要将凉州人赶尽杀绝啊，于是寻思：反正是一死，不如死个痛快。于是，李傕和郭汜等人将所有凉州兵集合起来，誓师进发都城长安，面对这些誓死一搏的人，朝廷官兵不堪一击，长安陷落，王允也被叛军杀死。

《孙子兵法》说："围师必阙，穷寇勿迫。"对待奸邪之人也当如此，驱赶他们，使他们无法继续作恶就可以了，若是非要赶尽杀绝，断绝他们的一切生路，反而会激起激烈的反抗，让自己付出沉重的代价，那就得不偿失了。

114. 解迷急难 功德无量

原　文

士君子不能济物①者，遇人痴迷处，出一言提醒之，遇人急难处，出一言解救之，亦是无量功德矣。

注　释

①济物：以物质救济他人。

译　文

士人君子不能用物质来救济他人的，遇到别人痴迷时，能出一言点醒他；遇到别人急难处，能出一言解救他，这些都是无量的功德啊！

经典解读

为善不在能力大小，只要有为善之心，力所能及地去帮助他人，就是无量的功德。有时我们看到他人处于困境之中，自己的力量、财富不足以帮助他们走出困厄，这时并非就毫无作为了，能安慰他们几句、为他们说几句好话，就是为善。比如，对于遇到事故而被困的人，我们没有力量搬开障碍把他们救出来，但能够在身旁支持他们，安慰他们坚持住，等到救援力量到来，这便是善行；看到有需要帮助的人，自己生活贫困没能力在经济上给予支持，能够将他们的受困消息转发一下，能够给他们留言，提供一点精神上的支持，也是一种善行。

语言的力量是巨大的，善于利用，就可以救人之急，免人之祸。

春秋时，齐景公喜欢用老鹰捉兔子，派一个叫烛邹的人负责喂养老鹰，结果烛邹不小心将老鹰弄丢了。景公十分愤怒，要派狱吏杀掉烛邹，恰好晏子在旁边，他进言景公说："烛邹该杀，但这样杀他，他可能心中不服，不如让臣先数落他的三个罪状吧！"景公说："好！"晏子将烛邹叫来，责备道："烛邹，你为国君喂养老鹰而让它失掉，罪之一也；使我们的国君竟然为一只鸟的缘故而杀人，罪之二也；使天下的诸侯，以为我们的国君重视鸟而轻视人才，罪之三也。"说完，转身对景公说："现在可以杀死烛邹了。"景公听了，悟到了晏子的意思，知道自己错了，就摇摇手，让人将烛邹放了。晏子几句话而救人一命，这功德岂不要比用物济人还要大得多？

115. 反己辟善 尤人浚恶

原　文

反己者触事皆成药石，尤人者动念即是戈矛，一以辟众善之路，一以浚诸恶之源，相去霄壤矣。

译　文

反躬自省的人，遇到的任何事端都会变成弥补德行的良药；怨天尤人的人产生的任何念头都是伤害品行的戈矛，一个开辟了众善的门路，一个疏通了众恶的源泉，结果也就相去甚远，有如霄壤了。

经典解读

遇事自我反省，能改过自身缺点，学习自身不具有的优点，无论何种事，到他这都成了弥补德行的良药；而那些好怨天尤人的人，无论遇到什么情况都抱怨他人，不从自己身上找原因，这样自己没有得到进步，反而将人际关系弄得越来越坏。孔子说："君子求诸己，小人求诸人。"荀子也说："（君子）见不善，愀然必以自省也。……（小人）致乱而恶人之非己也，致不肖而欲人之贤己也……"所遇的事情相同，而德行却有天壤之别，就在于"省己"、"尤人"不同而已，君子对此不可不慎重。

116. 功名易逝 气节千古

原　文

事业文章随身销毁，而精神万古如新；功名富贵逐世转移，而气节千载一时。君子信不当以彼易此也。

译　文

事业和文章随着身死而销毁，但精神却万古如新；功名富贵随着世事变迁，但气节却千载不改。君子绝对不会放弃精神、气节，而只追求事业文章、功名富贵。

经典解读

人生在世都追求不朽。美国哲学家詹姆士在《人之不朽》中说："不朽是人的伟大的精神需要之一。"什么样的人才能不朽呢？鲁国大夫叔孙豹曾说："太上有立德，其次有立功，其次有立言，虽久不废。"在这里作者在三种不朽之中，更强调立德，他认为事业、文章无论做到何种地步，若是没有伟大的精神在里面，也会很快被人们所忘记；功名富贵获得再多，若是失去了气节，也一样被人鄙视。所以，功和言是要建立在德的基础之上的。楚辞之所以被后人推崇，不仅仅是因为其辞藻华美，更在于其中蕴含着爱国志士的驰骋之心、不屈之气；李白、杜甫的诗歌之所以受到喜爱，不仅仅因其才气可嘉，更在于他们那种或洒脱豪迈，或忧民爱国的精神。若没了这些，功业、文章都会转瞬而逝，想要不朽也是不可能的。

117. 机里藏机 变外生变

原　文

鱼网之设，鸿则罹其中①；螳螂之贪，雀又乘其后。机里藏机，变外生变，智巧何足恃哉。

注　释

①鱼网之设，鸿则罹其中：语出《诗·邶风·新台》："鱼网之设，鸿则离之。燕婉之求，得此戚施。"铺设的是网鱼，捉到的是鸿雁。比喻得到的不是自己想要的。

译　文

　　渔网铺设下来，鸿雁却罹难于其中；螳螂贪婪美味，黄雀有乘机伏于其后。玄机中藏有玄机，变化外又生变化，人的智巧何足用来凭恃呢？

经典解读

　　渔网本来是捕鱼的，鸿雁却罹难于其中，是因为贪图网中的鱼而忘记了危害的缘故；螳螂一心捕蝉，却没料到黄雀在它的后面，这是见到眼前之利而忘了身后的危机啊！机巧多变，祸福无常，然祸莫不生于贪利，患莫不起于忘危。所以《荀子·不苟》中认为："是追求还是厌恶、是摄取还是舍弃的权衡标准是：看见那可以追求的东西，就必须前前后后考虑一下它可恶的一面；看到那可以得利的东西，就必须前前后后考虑一下它可能造成的危害。两方面权衡一下，仔细考虑一下，然后决定是追求还是厌恶、是摄取还是舍弃，像这样就不会有失误了。人们的祸患，往往起于偏伤：看见那可以追求的东西，就不考虑考虑它可厌的一面；看到那可以得利的东西，就不去反顾一下它可能造成的危害。因此行动起来就必然易失足，做了事情就必然受辱，这是偏伤而造成的祸患啊。"

118. 真实做人　圆融涉世

原　文

　　作人无一点真恳的念头，便成个花子①，事事皆虚；涉世无一段圆活的机趣，便是个木人，处处有碍。

注　释

　　①花子：花架子。有其表，无其实，事事不着边际。

译　文

　　做人如果没有一点真实诚恳的念头，便成了一个花架子，事事都不着边际；涉世如果没有一点圆融变通，就成了一个木头人，处处都会受到阻碍。

经典解读

　　待人接物既要有真实诚恳的心意，又要有圆融变通的趣味。没有诚恳的心意，什么事情都不能踏实去做，那就是中看不中用的花架子；没有圆滑的趣味，干什么都僵化固执，那样生活就会少很多乐趣，他人也很难与之共事、相处，这样的人生活在世上必然处处受到阻碍。

　　真诚让自己踏踏实实的做人，让自己为学、修身，打好内在的基础；圆融让自己能够与他人和谐相处，远离祸患。这二者在为人处世上缺一不可。所以，古人既强调以诚自守，坚持原则，又强调"识时务者为俊杰"。具体如何判断，什么时候该真恳，什么时候该变通，那就要靠个人的修养、见识了。总之，需要牢记：大事守原则，不可犯公论；小事当变通，不可太死板。

119. 宽以解急 纵以化顽

原　文

> 事有急之不白者，宽之或自明，毋躁急以速其忿；人有切之不从者，纵之或自化，毋操切以益其顽。

译　文

有些事越急越弄不明白，不如宽缓些，或许事情自己就变得明了了，不要急躁地处理从而加速它的怨气。有些人越是指导，他越不肯听从，不如稍稍放纵些，或许他自己就会觉悟过来了，不要操持过紧以致增加他的顽悖。

经典解读

很多事不是三言两语能够说清楚的，很多人不是一时半会儿可以劝过来的，这时不要去勉强辩解，强劝他人，不妨让时间消除疑惑，用时间证明对错。若是说不清的事非要立刻争个明白，劝不服的人非要立刻说服他，不仅不会达到期望的效果，还会让事情更糟，彼此误会更深。

秦末，张耳、陈馀结为刎颈之交，相互约定一起做大事，同患难、共生死。后来两人共同来到赵地，辅佐赵王歇。秦将王离包围巨鹿，张耳、赵王被困在城中，士兵疲乏、粮食将尽，形势十分危急。此时，陈馀在城外拥兵数万，但因为畏惧秦兵势力而不敢进军。张耳于是派部下张黡、陈泽前去责备陈馀。陈馀认为此时前去只能是送死，但在张黡、陈泽的请求下，还是给了他们五千士兵。张黡、陈泽带领五千士兵攻打秦军果然全军覆灭。

后来，项羽破釜沉舟击败了秦军，张耳、陈馀再次见面，张耳怀疑张黡、陈泽是被陈馀给杀死了，于是询问他们的下落，陈馀说："张黡、陈泽以同归于尽责备我，我派他们带领五千人马先尝试着攻打秦军，结果全军覆没，没有一人幸免。"张耳不信，认为陈馀把他们杀了，多次追问陈馀。陈馀大怒，说："没有料到您对我的怨恨是如此的深啊！难道您以为我舍不得放弃这将军的职位吗？"就解下印信，推给张耳。张耳在部下的劝说下收下了印信，两人从此反目为仇。

张耳、陈馀是刎颈之交，最后却变为生死仇敌，这和他们在处理张黡、陈泽的事件上太急躁有很大的关系，一个人总是怀疑，另一个人没有耐心解释，最后只能友尽仇生了。"事缓则圆，急难成效"，待人处事无论何时都不要过于迫切。

120. 节义文章 以德陶熔

原 文

> 节义傲青云，文章高白雪，若不以德性陶熔之，终为血气之私、技能之末。

译 文

气节高洁可以傲视青天白云，文章高雅可以胜过阳春白雪，但若不用厚德品性去陶冶熔铸他，所谓的气节与正义不过是出于个人意气，而高雅的文章也就成了微不足道的雕虫小技。

经典解读

无论节义还是文章，都必须以德行为基础，无德节义便会成为作乱的借口，无德文章便会因人而蒙羞。聂政、要离都很重视节气，然而其行事不辨是非，逞小义而不思大德，只能成为阴谋家的棋子，被人利用丧失生命罢了；历代乱臣贼子都有很多同党，他们也懂得知遇之恩，懂得信守承诺，然而终不过是为虎作伥之辈，这也是因为坚持小义而不思大德的原因。

文章做得好，却没有德行，终难登大雅之堂。唐朝的宋之问、宋朝的蔡京，都很有才学，然而其人德行败坏，即使才高八斗也为士人君子所不齿。

121. 当盛知退 居下慎微

原 文

> 谢事①当谢于正盛之时，居身宜居于独后之地，谨德须谨于至微之事，施恩务施于不报之人。

注 释

①谢事：谢绝世事，隐退归隐。

译 文

谢绝世事应当选择在事业最辉煌的时候，安身处世应独处于众人之后，谨身修德应当在最微小的事上谨慎，施加恩惠应在不能回报的人身上施舍。

经典解读

处于功名林中，需要懂得急流勇退，在最辉煌的时候不选择退却，等到走了下坡路，想要退却就晚了；选择立身之地的时候，要居于他人之后，这样才可避免功高震主、显赫招妒的命运。汉初功臣张良就是一个懂得自保的人。刘邦夺得天下以后，张良便托辞多病，闭门不出。赏赐功臣之时，刘邦令张良自择齐国三万户为食邑，张良辞让，谦请封始与刘邦相遇的留地。等到韩信、彭越等人被诛杀以后，张良更是不关世事，专心修道养精，连吕后都劝他"毋自苦"。正因为处处小心谨慎，而张良才能保全自身。

加强道德修养不能只重视大的方面，只有在最微细的事情上下功夫，**严格要求自己**，才算是增益德行的真功夫。古人说："割不正不食，席不正不坐。"就是要求人们在休息饮食的小事之上加强自己道德修养。施加恩惠要给予那些无力回报的人，这样的施舍才是真正的仁慈之举。韩信受食于漂母，曾立誓说："我必将重报您。"漂母大怒，对他说："我可怜你而给你食物，难道是为了得到你的报答吗？"如此行善才是真正的仁慈。

122. 德是基础 心为根本

原　文

德者事业之基，未有基不固而栋宇坚久者；心者修裔①之根，未有根不植而枝叶荣茂者。

注　释

①修裔：培养教育后裔。

译　文

美德是事业的根基，没有基础不牢固而楼宇却能坚固持久的；善心是培育后代的根本，没有根本不牢固而枝叶却能繁荣茂盛的。

经典解读

基础不坚固，上面的结构越是华美、高大，房屋倒塌得就会越快。对于人来说，德行便是他的基础，德行不足，取得的功绩越大，获得的地位越高，他败亡得也就越快。根本不牢固，树干越大、枝叶越盛，树木就越危险。对于人来说，心便是他的根本，心不诚，声誉越好，传闻越妙，将来所遭受的耻辱就会越大，自身都不得保全，更何况子孙繁盛呢？

春秋时候，晋国大夫范献子士鞅很有才华，在政治、外交等方面多有建树，但其人贪得无厌，常常因为私家利益而损害国家。蔡昭侯受楚令尹子常之辱，求救于晋国，士鞅在昭陵会盟诸侯，声言为蔡国伸张正义，合军伐楚。但此时，他的盟友中行寅向蔡昭侯敲诈贿赂，受拒。中行寅恼羞成怒，于是对士鞅说："为蔡国伐楚，对范氏毫无益处。"士鞅想到的确对自己家族没什么好处，又考虑中行氏为范氏世交，不可因为所谓的道义而失去情分，于是，伐楚之举作罢，昭陵之会不了了之，天下诸侯失望，晋国声誉大损。君子评价说："范氏和中行氏一定要灭亡了，因为他们只贪图利益，却不重视德行。利益再多，没有德行来守护它，如何能够长久呢？"果然，十几年后，两家发动叛乱而被其他四卿联合击败，从此退出了晋国政坛。

123. 道虽人异 学随事殊

原　文

道是一件公众的物事，当随人而接引；学是一个寻常的家饭，当随事而警惕。

译　文

人生道理是一件公共大众的事情，应当随着人们的性情来加以引导；求知为学如一顿普通的家常便饭，应该随着事情的变化而警觉戒备。

经典解读

道理并非圣人所独有，是人人皆可得到的，但对于不同的人，道是不同的，以道教人，要知道因材施教。同样，学问也并非贤者所独享，寻常人都可以为学，但须知，学问也不是固定不变的，向人求学，要懂得灵活变通，而不能死读书、读死书。

一位禅师正在说法，突然一个徒弟问道："云门、赵州好像都不是这样的说的，您为什么这么说？"

禅师不以为忤，平静地回答："家家门前火把子！"

"家家门前火把子"，就是说，为学讲道各人有各人的路数。他照他的，我照我的，每个人都有自己的活法。事事模仿别人，不仅不会有得，还会像邯郸学步一样，闹出笑话，失去自己。

124. 宽厚如春风 忌克似朔雪

原　文

　　念头宽厚的，如春风煦育，万物遭之而生；念头忌克的，如朔雪阴凝，万物遭之而死。

译　文

　　心胸宽容厚道的人，犹如春风和煦化育，万物遇到他而生机勃勃；心胸忌妒刻薄的人，尤如朔雪阴气凝固，万物遭遇他而凋零枯死。

经典解读

　　心胸宽容才能像春风化育万物一样教化他人，心胸狭窄刻薄，与人接触好比寒冷凝固的冰雪，什么东西都要被他的杀气所折损，又怎么能去教育他人呢？俗话说"良言一句三冬暖，恶语伤人六月寒"，念头宽厚，一句善言便能让人在冬日感到温暖；念头忌克，一句恶语便能让人坠入冰窟。

　　有位老者因事外出，晚上，他踏着月光回家，到家时发现有个小偷正在光顾他家。老者初见之时起了些微嗔怒之意，想将小偷抓住，但一想：小偷或许是因为贫穷而不得已为此的，若是扭他至官府，他就会受到严厉惩罚，不如宽容他吧。于是老人脱下身上的长袍，静静地候在门外，小偷没有找到东西，出来时，老者对小偷说："你大老远来看望，可我实在穷，没什么好让你拿的，就把这件长袍送你吧。"说罢将长袍塞在小偷手里。小偷有些惊慌，抓着长袍跑了。

　　第二日，当老者打开门时，发现门口摆放着叠得整整齐齐的长袍，而那个小偷受到老人的感化后，再也没有偷过东西，最后因为勤劳成为了当地著名的富商，为百姓做了很多善事。当被问及往事的时候，富商坦然讲述了自己的那次经历，并感激地说："我之所以改过自新，就是因为老者的宽容，若是没有那次事件，我只怕早就深深堕落，深陷囹圄了。"

125. 君子持身 小人营私

原　文

　　勤者敏于德义，而世人借勤以济其贪；俭者淡于货利，而世人假俭以饰其吝。君子持身之符，反为小人营私之具矣，惜哉！

译 文

勤奋的君子敏于追求道德信义,而世俗之辈却假借勤奋以济助自己的贪婪;俭朴的君子淡泊于财货利益,而世俗之辈却假借俭朴以掩饰自己的吝啬。君子修持身行的信条,反而成为世俗小人营利徇私的工具了,可惜啊!

经典解读

人们常说,一件东西的价值,是由它所处的位置来决定的,其实品性、道德也是如此,用在正确的地方就是美德,用在错误的地方就是恶行。贤人孜孜以求学问,庸人孜孜以求利禄,汤武汲汲于为善治民,桀纣汲汲于酒色享乐,他们急切不倦的心情都是相同的,但道德迥异,功过悬殊,就是因为所专注的地方不同。所以说,君子养德不能只看形式,更重要的是确立正确的目的和动机,将勤恳放在修德为学之上,将俭朴放在生活享乐之上,不要打着勤奋的幌子而做损害德行的事,不要打着节俭的幌子而掩饰自己的吝啬。

126. 律己宜严 待人且宽

原 文

人之过误宜恕,而在己则不可恕;己之困辱宜忍,而在人则不可忍。

译 文

他人有过错应当宽恕,而在于己身则不可宽恕;自己的屈辱应当忍耐,而在于他人身上则不可容忍。

经典解读

君子应该"严于律己,宽以待人",别人有了过错应尽量去原谅他们,自己有了过错要深刻反省,努力改正;他人羞辱了自己,要宽容忍让;自己不小心羞辱了他人要及时诚恳地道歉。曾子说:"夫子之道,忠恕而已矣。"所谓"忠"就是忠于道义,严格要求自己;所谓"恕"就是宽容为怀,大度谅解他人,一忠一恕,便是修身处世的根本。

127. 先淡后浓 先严后宽

原 文

恩宜自淡而浓,先浓后淡者,人忘其惠;威宜自严而宽,先宽后严者,人怨其酷。

译　文

施加恩惠要从淡薄开始达到浓厚，先浓而后淡的，他人就会忘了你的恩惠；施展威仪应先从严格开始迄于宽松，先宽而后严的，别人就会怨恨你的酷烈。

经典解读

世俗之人的欲望是无穷的，对于恩惠，他们和"朝三暮四"故事中的猴子并没有区别：你给他的好处先多后少，他就会觉得自己受到冷落，而心中产生怨恨；你给他的好处先少后多，他就会认为自己越来越受重视，从而感激你的恩德。而施展威仪则相反，先宽后严，人们就会习惯严酷，放松一点他们就会心生感激；先严后宽，人们就会习惯宽松，严格一点他们就会心生怨艾。所以恩惠应该采用"递增法"，由浅至深地施行；威仪应该采用"递减法"，由严到宽地施行。

128. 守节全德　圆融避祸

原　文

士君子处权门要路，操履①要严明，心气要和易。毋少随而近腥膻之党，亦毋过激而犯蜂虿之毒②。

注　释

①操履：操守。
②蜂虿之毒：奸邪小人的毒害。蜂和虿，都是有毒刺的螫虫，比喻恶人或敌人。

译　文

士人君子身处权贵豪门显耀地位，操守要严谨明确，心气要平和宽宏。不要依从附和、接近丑恶污浊之辈，也不要过于刚直激烈而引来阴险宵小之辈的毒害。

经典解读

古时，一个大臣非常喜欢吃鱼，于是常有人买鱼献给他，他一概不收。有宾客很好奇，就问："你明明非常喜欢吃鱼，为什么总是谢绝人家的好意呢？"大臣说："如果接受，就欠了一份人情，不得不徇情枉法，那样就丧失了为官的基础——德行，丢了官，连粗饭都吃不上，谁还会送我鱼呢？"

不久以后，又有个人来送鱼，大臣收下了，却没有吃。宾客又问："您这次为何要收下鱼呢？既然收下了为何不吃呢？"大臣说："这次送鱼的是权贵的宠臣，其为人心胸狭隘，我若不收，一定会招致他的怨恨，那样祸患就到来了，所以只好将鱼收下。但看到这条鱼，我又想到自己不能收人贿赂，所以不敢吃它。"

权门要路看似显赫，实则危机重重，一念之贪不能抵抗，就会毁坏自己的名节，失去所拥有的一切；一件小事处理不好，就会招致怨恨、嫉妒，给自己埋下祸患。士君子处于其中，不可不谨慎持身、圆融处世。

129. 处世以诚 无不陶冶

原　文

遇欺诈的人，以诚心感动之；遇暴戾的人，以和气熏蒸之；遇倾邪私曲的人，以名义气节激励之。天下无不入我陶熔中矣。

译　文

遇到心怀欺诈的人，用诚信感动他；遇到脾气暴戾的人，用和气熏染他；遇到品行邪曲自私的人，用名誉、道义、气节来激励他。天下之人没有不受到我的教化熏陶的。

经典解读

荀子说："君子养心莫善于诚，致诚则无它事矣。惟仁之为守，惟义之为行。诚心守仁则形，形则神，神则能化矣。诚心行义则理，理则明，明则能变矣。"意思是，君子修身最重要的是做到心诚，心诚就是时时刻刻都以仁义为持身之本，如此便能彰显自己的德行，便能明扬事理、教化万民。人怀着一颗诚心，恪守仁义之道，整个天下都会仰慕他，被他教化，更何况区区几个欺诈、暴戾、邪曲的小人呢？

李嘉诚说过："你必须以诚待人，别人才会以诚相报。"创业之初，李嘉诚想从一位外商那里订货，但外商提出需要富裕的厂商作保。李嘉诚努力跑了好几天，仍一无着落，但他没有捏造事实，也没有含糊其辞，一切据实以告。那位外商被他的诚信深深感动，对他说："从阁下言谈中看出，您是一位诚实的人，不必其他厂商担保，我相信你。"

还有一次，李嘉诚因资金不足无法雇佣到技术熟练的工人，迫不得已，只好把一些只经过短暂培训的工人当作熟练工使用，结果，产品的质量粗劣，很多客户前来退货，要求赔偿；原料商闻讯也扬言停止供应原料，银行这时也派人来催货款。李嘉诚的塑胶厂遇到了前所未有的困难。但他并没有逃避责任，没有给自己找借口，而是——拜访银行、原料商、客户，负荆请罪，希求原谅。他的诚意感动了这些人，他在大家的帮助之下，走出了困境。

欲做大事者，不可贪眼前小利而采取欺诈的行为，以诚待人才能赢得他人的尊重和支持。

130. 一念慈祥 寸心洁白

原　文

> 一念慈祥，可以酝酿两间①和气；寸心洁白，可以昭垂百代清芬。

注　释

①两间：天地之间。

译　文

一念之间的慈祥，可以酝酿出充盈天地的和气；寸心之中的洁白，可以创造出昭垂百世的清香。

经典解读

世间大道之源，就在人心的一念之间。心中慈祥，天地之间都充斥着和气，福泽自然会降临到他的身上；心中洁白，千百世都会传诵他的美德，他的子孙家族怎么能不繁荣昌盛呢？

宋景公的时候，火星侵入心宿的范围，古人认为这对国君不祥，宋景公十分担忧。星官子韦对他说："我有法子将这祸患转移给宰相承受。"宋景公说："宰相是辅佐国家的大臣，好比我的股肱，怎么可以使他遭受祸患呢？"子韦说："那就转移给老百姓承受。"宋景公说："作为一国之君，应该以仁爱来安抚百姓，怎可反而让百姓承受灾患呢？"子韦说："可以转移到年岁五谷收成上。"宋景公说："百姓靠岁收生活，如果农作物收成不好，百姓就会困苦，那我将依靠谁来做国君呢？"于是拒绝了这三个要求。子韦说："天虽然高，但能听到地上人所说的话。您有三句堪为人君的名言，火星应该有所移动。"于是再观察星象，果然火星已经移动三度，离开心宿的范围。宋景公没有受到灾祸，宋国也没有遭受不祥。

一念之间的慈祥便可感天动地、得福避祸，虽然故事带有玄幻的成分，但道理却是实实在在的。所以说，为人要想自身通达、子孙兴旺，莫过于为仁行善，常怀慈祥利物之心。

131. 庸德庸行 全性致和

原　文

> 阴谋怪习、异行奇能，俱是涉世的祸胎①。只一个庸德庸行，便可以完混沌②而招和平。

注　释

①祸胎：产生灾祸的根源。
②混沌：人的自然本性。

译　文

阴险计谋、古怪习性、奇异行为、奇巧技能，这些都是涉世之时招致灾祸的根源。人只需保持中庸的德行，中庸的行为，便能保全自然本性而招致和顺平安。

经典解读

"木秀于林，风必摧之"，一个人有奇异的才能、古怪的习性，往往并不是什么好事，相反还会给自己招来灾害。古人认为，想要平平安安地度日子，最好就是庸德庸行，本分守己。

春秋时，晋国苦于盗贼太多。有一个叫郄雍的人，能够察看盗贼的外貌，人只要让他看上一眼，他就能分辨其是不是盗贼。晋侯派他搜捕盗贼，看了上千人，没有一个看错的。晋侯十分得意，对赵文子说："我得到一个人，整个国家的盗贼都抓完了，哪里还有很多人呢！"文子说："国君想用察看外貌的方法抓小偷，一定行不通，小偷是抓不完的，而且郄雍这个人一定会不得好死。"不久，盗贼们聚在一起商量："郄雍这个人，弄得我们走投无路，再下去可不得了了！"于是，他们一起绑架郄雍，并将他杀死了。

郄雍之所以死，就是因为有能明察盗贼的奇能，而招致盗贼的嫉恨，若是同平常人一样，何至于如此？

132. 登山耐险路 踏雪耐危桥

原　文

> 语云："登山耐险路，踏雪耐危桥"①。一"耐"字极有意味。如倾险②之人情、坎坷之世道，若不得一"耐"字撑持过去，几何不坠入榛莽坑堑哉？

注 释

①登山耐险路，踏雪耐危桥：攀登山岭要耐得住山边倾斜小路，雪地行走要耐得住雪中高耸桥道。

②倾险：谓用心邪僻险恶。

③几何：多少、若干。

译 文

俗语说："登山耐险路，踏雪耐危桥"。一个"耐"字用得极有意味。如遇到邪恶险僻的人情、坎坷不平的世事，若是没有一个"耐"字勉强支撑度过，多少人能不坠入榛莽丛生的坑崖之中呢？

经典解读

建立功业的途中，必须耐得了寂寞；面对困难之时，必须耐得了挫折；身处荣华富贵之中必须耐得了诱惑……无论是穷是达、是富是贱，人都得当得起一个"耐"字。

三百年前，日本有个铁眼和尚，他看到庙中典籍残缺、破坏，便发誓要翻刻《大藏经》。此事虽然功德无量，但困难太大了，寺中僧人连饭都吃不饱，哪来的钱供他刻佛经呢？铁眼和尚于是决定到外面去募捐。

募捐的第一天，他来到路上，等了好久都没有一个人经过。正当他想离开时，一个武士恰好路过。铁眼和尚施礼道："贫僧誓愿翻刻佛经，请施主施舍一点吧！"

武士都没正眼看他一下，就迈着大步子走了。铁眼和尚追了上去，说道："给多少都行！"

武士厌恶地挥挥手，干脆地拒绝道："不！"

武士在前面走，铁眼和尚就在后面跟着，一直走了十多里路！武士无可奈何地随手扔下一文钱。铁眼和尚从地上捡起钱，朝武士行礼致谢！

武士很奇怪，问："一文钱需要这么坚持吗？"

铁眼和尚回答："翻刻佛经是件大事，如果没有这种耐心，遇到一点困难就退却，那贫僧的心志就会动摇，事情就永远不会做成了！"

说罢，铁眼和尚转身又去原路上继续化缘了。在他化缘的过程中，遇到过无数误解，甚至打骂、欺骗，他都默默地忍耐、坚持了过来，最后终于筹足了资金，完成了自己的心愿。

133. 心体莹然 不失本来

原　文

> 夸逞功业炫耀文章，皆是靠外物做人。不知心体莹然，本来不失，即无寸功只字，亦自有堂堂正正做人处。

译　文

夸耀逞弄功业，炫耀显摆文章，这都是依靠外物来做人而已。殊不知若是能保持心灵晶莹洁白，不失去自然本性，即使没有一寸功勋，不认得一个大字，也可以堂堂正正地做人。

经典解读

功业、文章皆是身外之物，做人最重要的是达到内心的坦荡、安稳。于心无愧，即使不懂文章，没什么大事业，也能堂堂正正地活在天地之间；内心有愧，即使功业再大、文章再好，也处处心虚，苟且偷生而已。所以耕云先生说："内心安适，俯仰无愧，从一天到一年，从一年到一生，都能够俯仰无愧，心安理得，活得很踏实，秒秒感受安详，活在至真、至善、至美当中，这才是人生的最高幸福。"

134. 不昧己心 不竭物力

原　文

> 不昧①己心，不拂人情，不竭物力，三者可以为天地立心，为生民立命②，为子孙造福。

注　释

①昧：幽暗、昏迷。

②为天地立心，为生民立命：在天地之间树立准则，引导天下民众走向道义。出于北宋学者张载的"四为句"：为天地立心，为生民立命，为往圣继绝学，为万世开太平。

译　文

不迷失自己的本心，不拂逆人之常情，不穷竭物资财力，这三者做到了就可以在天地间树立准则，为天下民众做出引导，为后代子孙创造福祉。

经典解读

引导人民、造福子孙，并不需要什么伟大的功业、特殊的才能，只需要心胸坦荡、无所愧疚，不为了自己利益损害别人的感情，不奢侈肆欲、耗竭物力而已。由此看来，人生的价值，子孙的福泽，都来源于自己的德行。人生于世，只需牢牢把握住"立德"二字，即可实现不朽的价值，遗泽于子孙后代。

135. 为官公廉 居家恕俭

原 文

居官有二语曰："惟公则生明，惟廉则生威。"居家有二语曰："惟恕则平情，惟俭则足用。"

译 文

为官有两句要言："只有公正才能明断是非，只有廉洁才能树立威信。"居家也有两句要言："只有宽恕才能平和心情，只有勤俭才能资用充足。"

经典解读

明正德年间，无极县县令郭允礼曾在任所题书"居官座右铭"："吏不畏吾严而畏吾廉，民不服吾能而服吾公；公则民不敢慢，廉则吏不敢欺；公生明，廉生威。"嘉靖三年，此座右铭被镌刻于石上，被后人誉为"官箴石"，代代相传。

公正无私才能明察秋毫，清正廉洁才能生出威严。自己不公正，徇私枉法，他人必定会欺瞒你，你自己也会被各种欲望、利益所迷惑；不清正廉明，收了别人或是公家的好处，他人鄙视你还来不及，如何对你产生敬畏之心呢？为官以"公"、"廉"为则，居家则以"恕"、"俭"为则。家人相互宽容谅解，才能和气融融，各得其所；生活俭朴、量入为出，物用才不会穷竭，德行也不会因为奢侈而败坏。

无论为官还是居家，都要严格要求自己，以身作则，为他人树立一个良好的榜样，须知"所藏乎身不恕而能喻诸人者，未之有也"。

136. 处富知贫 当壮思老

原 文

处富贵之地，要知贫贱的痛痒；当少壮之时，须念衰老的辛酸。

译 文

身处富贵之中,要知道贫贱人家的疾苦;时当少壮之年,需要想到年老体衰的辛酸。

经典解读

身处在富贵之中,多念念贫贱人家的痛痒,一则可以让自己生出怜悯穷人之心,激励自己多做善事,积攒福泽;二则可以让自己生出警戒骄泰之心,低调处事,勤俭养身。身处于少年之时,多念念衰老后的心酸,一则可以让人感到盛年已逝,更加珍惜时光;二则可以让人看到纵欲贪欢的危害,高洁持身,远离各种诱惑。所以说,有"常将有日思无日,莫待无时思有时"之心,才可长保富贵;知"少壮不努力,老来徒伤悲""劝君莫惜金缕衣,劝君惜取少年时"之理,方能不虚度青春年华。

137. 茹纳污垢 包容愚恶

原 文

持身不可太皎洁,一切污辱垢秽要茹纳得;与人不可太分明,一切善恶贤愚要包容得。

译 文

立身处世不可太过皎洁,一切侮辱垢秽都要能够容纳;与人相交不可过于分明,无论善恶贤愚都要能够包容。

经典解读

一早,寺院门口争吵不休。玄素禅师前去询问,原来是一个屠夫想要进寺烧香拜佛,但守门的僧人嫌他满手血腥,不肯放行。见到禅师走来,僧人们纷纷说道:"这个屠户每天杀猪宰牛,双手沾满了血腥与罪孽,怎么能让他玷污了佛门清净!"禅师道:"这是你们的不对啊,他身为屠夫,为了生计被迫屠宰生灵,一定于心不安,有很多罪需要忏悔,佛门为十方善人而开,也为度化十方恶人而开。"

屠户满面感激,来到禅师面前说:"大师慈悲。我杀孽太重,于心不安,于是我想要请您和各位法师到我家里去,我准备在家里办斋,以安慰我不安的心。"众人听了他的话,摇头不止。玄素禅师却笑着说道:"在佛面前,人人平等,只要与佛有缘,就可度他,佛门慈悲,不会舍弃任何人。"

世上没有十全十美的人，没有从来不犯错误的人，有德之人不应因为他人有缺点就抛弃他们、厌恶他人，而应该用自己宽容的心去包容他们的过去，包容时间善恶贤愚大众，如此才算是真正的大慈悲，真正的"为天地立心，为生民立命"。

138. 不与小人仇 不向君子媚

原　文

> 休与小人仇雠，小人自有对头；休向君子谄媚，君子原无私惠。

译　文

休要和小人为仇结怨，小人自然有人同他对头；休要向君子阿谀谄媚，君子原本就没有私下的恩惠。

经典解读

人们常说"宁可得罪君子，不可得罪小人"，君子心胸宽广，不会公报私仇，而小人则斤斤计较，为了报复无所不为，和这样的人结下仇怨，生活中、工作中，处处遇到绊子，那真是最大的不幸！"恶人自有恶人磨"，卑鄙小人自然有人收拾他们，我们何必要去惹一身麻烦呢？最好的办法就既无恩又无仇，离他们越远越好。

孔子说："君子易事而难说也。说之不以道，不说也。"君子容易从事，但很难讨好，如果不以正道和他们交往，他们是不会感到喜悦的。所以，不要想着用阿谀谄媚的方式去讨好君子，那样只会让他们觉得你是个趋炎附势的小人，不值得交往。三国中，桂阳太守赵范，想讨好赵云，想要将自己的寡嫂嫁给他。结果赵云勃然大怒，训斥道："我和你同姓，你哥哥就像我哥哥一样，你将嫂子嫁给我算作什么！"君子心中不怀私利，不会在公事之中为自己谋求利益，赵范不察其心，就谄媚讨好，可谓拍马屁拍到了马蹄上，被斥责受辱也就不奇怪了。

139. 修身如炼金 举事似拉弩

原　文

> 磨砺当如百炼之金，急就者非邃养；施为宜似千钧之弩，轻发者无宏功。

译　文

　　磨砺身心当如对待千锤百炼的金属，急于求成的人不会有高深的修养；实施行动应像拉开千斤重弩，轻易发力的人不会有宏大功效。

经典解读

　　磨砺性情、修养品德，要像百炼金属一样，千锤百打，不可有一丝松懈、偷懒，那些急于求成、贪慕虚名的人，是不可能具有高深修养的。所以孔子说："无欲速，无见小利，欲速则不达，见小利则大事不成。"

　　实施行动、遇事决断，要沉着坚毅，不能轻佻随意。孟子说："羿之教人射，必志于彀；学者亦必志于彀。"为学、立业一定要有个明确、远大的目标，如此才能取得超出常人的成就，如果草率开始的话，也必定以草率无功而结束。

140. 虚圆建功 执拗偾事

原　文

　　建功立业者，多虚圆之士；偾事①失机②者，必执拗之人。

注　释

　　①偾事：坏事。
　　②失机：失去机会。

译　文

　　建功立业者，大多是性格谦虚圆融的人；败事失机者，大多是性格固执偏拗的人。

经典解读

　　建功立业，要有谦虚的性格，圆融的处世方式，如此才可得人，才可竭尽他人才力；若是性格执拗、骄傲自大，别人都会离你而去，加上遇事又不懂变通，不失败才怪呢！

　　楚汉相争之所以楚败汉兴，这和刘邦、项羽二人的性格就有很大关系。刘邦平时为人大大咧咧，做事圆融多变，而项羽则骄傲自负，固执己见。韩信、陈平都是天下英才，但韩信有胆怯的名声，陈平有盗嫂的传闻，项羽认为他们人品有缺陷，所以不重用他们，那二人只好去投靠刘邦。刘邦了解到他们的才能以后，拜以高位，授以重权，二人后来在击败项羽的过程中都发挥了关键的作用。刘邦遇事知错就改，很多时候，下了命令，但听到正确的建议以后立刻改正；项羽则为人固执，别人屡次劝谏他的错误，他都拒绝接受，还猜疑忠臣，最后导致范增出走，自己也众叛亲离，最终失败。

141. 俭让行美 过犹不及

原　文

俭，美德也，过则为悭吝、为鄙啬，反伤雅道；让，懿行也，过则为足恭①、为曲谨②，多出机心。

注　释

①足恭：过分谦卑，阿谀奉承。《论语》："巧言令色足恭，左丘明耻之，丘亦耻之。"

②曲谨：谨慎微小，近于曲意逢迎。《明史·奸臣传·胡惟庸》："惟庸亦自励，尝以曲谨当上意。"

译　文

节俭，是一种美德，但做得过头就变成了悭吝、鄙啬，反而有损高雅正道；谦让，是一种美行，但做得过头了就变成阿谀、曲佞，反而多出了几分心机。

经典解读

此节还是讲过犹不及的道理。俭朴是一种美德，但做过了头就会将俭朴变成悭吝、鄙啬；谦让是一种美德，但做过了头就会变成阿谀、曲佞。

魏晋名士王戎就很"节俭"，但做得太过头，而被世人耻笑为吝啬、贪财的典型。侄子结婚，王戎随份子送了一件衬衫，没几天，他想来想去总觉得亏了，心疼得要死，又腆着脸把那件"结婚礼物"要了回来。女儿出嫁，小两口跟王戎借了几万钱来置办婚事，婚后一直没顾上把钱还给他。这点钱对王戎来说，只是小意思，可他每逢女儿回娘家时，就捏着个算盘拨拉来拨拉去，摆脸色给女儿看，女儿赶紧让婆家把钱还上。

王戎家有棵李树，结的李子味道好极了。王戎舍不得让家人吃，拿到市场上去卖。为了防止别人家也有这种好品种，他在出售前，挨个把每只李子的核都钻出来，这样一来，就算别人种也种不出那么好的李树了。

世人知道了这些事情，无不当作笑料，"吝啬鬼"也就成为了一代名士的代号，可见，俭朴这种美德，也不可过头啊！

142. 顺境勿喜 逆境勿忧

原　文

　　毋忧拂意，毋喜快心，毋恃久安，毋惮初难。

译　文

　　不要为事情不如意而发愁，不要为事情暂时顺心而高兴，不要因为长久安定而有所倚恃，不要由于一开始的困难而有所畏惧。

经典解读

　　不要担心拂意的事，拂意处都是磨砺品格的针砭药石；不要欣喜快意的事情，快意处最容易乐极生悲；不要凭恃长久的安乐，长久的安定下往往埋着灾祸的种子；不要害怕开始的困难，开始的坎坷过后往往是一马平川。所以说，人要有长远的眼光，不要为眼前的挫折而忧虑，不要为一时的安乐而自喜，居于逆境之中要看到未来的光明，居于安稳之中要看到潜在的祸患。

143. 声乐名位 不可贪求

原　文

　　饮宴之乐多，不是个好人家；声华之习胜，不是个好士子；名位之念重，不是个好臣工。

译　文

　　酒席宴饮之类的寻欢作乐太多，不是个好的人家；习惯于靡靡之音、华美服饰，不是个好的士子；声誉权位的观念太重，不是个好的大臣。

经典解读

　　家当以勤劳节俭操持，以诗书礼乐传承，若是生活奢侈，贪图酒色之欢，进则丧德招祸，逸豫亡身，远则家财散尽，危及子孙。士人当以求学为业，以道德立身，若是崇慕靡靡之音、华美服饰，一定不能静心于学业、德行之上。故孔子说："士志于道，而耻恶衣恶食，未足与议也。"大臣居位，应该时刻将利国利民、践行职责放在心中，如果只知道贪求自己的名声地位，那便不是一个合格的大臣。所以《荀子·臣道》中指出："有态臣、篡臣、功臣、圣臣四种臣子。内不足以使用人们，外不足以抵御国难，百姓不亲近，诸侯不信服，然而巧敏佞说，善于取宠于君主的，是态臣。上不忠于君主，下善于在人民中骗取虚名，不思大道公义，朋党比周，以蒙骗君主、为自己谋利为目的的，是篡臣。"

本节告诉我们：无论身处什么地位，都要明确自己的职责，将德行、大道、公义放在前面，而不去思考享乐、利禄、虚名，这样才是一个正人君子，才算是配得上自己所处的地位。

144. 宽舒福厚 迫促禄薄

原　文

仁人心地宽舒，便福厚而庆长，事事成个宽舒气象；鄙夫念头迫促，便禄薄而泽短，事事成个迫促规模。

译　文

仁慈之人心地宽广舒畅，于是福泽厚实而吉庆绵长，他从事的任何事都具有宽舒和缓的气象；鄙吝的人心意急迫忙促，于是福禄微薄而惠泽短浅，他从事的任何事都具有紧迫局促的气息。

经典解读

仁慈之人心地宽舒，没有那么多诡诈的心眼，不用为利益而劳心，他们不会斤斤计较别人的过错，所以不用为仇恨而损神。他们对别人好，别人被诚心所感动，自然也会宽容地对待他们，生活中挫折、祸患就会越来越少，这样的人生才福泽绵长。相反，那些鄙吝之人，处处急促迫切，为了利禄、报复而劳心费神，生命中积累的都是怨恨、灾祸，哪还有福泽？

上天钟爱仁厚的人，内心多么宽厚，就能承载起多大的福泽。为人要放宽心思，莫贪小利，莫坏狡诈，莫去伤害、欺辱他人。多念人的好，自己的好就来了；多给他人造福，自己的福泽就积累了。

145. 用人不刻 交友勿滥

原　文

用人不宜刻，刻则思效者去；交友不宜滥，滥则贡谀者来。

译 文

用人不应刻薄,若是刻薄,那些思慕效力的人就会离去了;交友不能泛滥,如果泛滥,那些阿谀谄媚的人就会到来了。

经典解读

一次,汉文帝和冯唐谈到赵将李齐很有才能,并感慨自己没有廉颇、李牧一样的将领去抵御匈奴。冯唐直言道:"即使陛下有这样的将领也不会使用。"文帝大怒,转身回宫。当他冷静以后,觉得冯唐话里有话,就召见他,先是责备他当众羞辱自己,然后询问有什么好的意见。冯唐说:"将在外君命有所不从。李牧之所以建功就是因为赵王相信他,边境征收税赋全都由他支配,赏赐由将军在外决定,朝廷不从中干预。如今,云中太守魏尚很有才能,带领士兵击败匈奴,使匈奴不敢靠近他的守地。但就是因为报战功时多报了一些,就被言官弹劾,以致下狱。陛下的法令太严明,奖赏太轻,惩罚太重。所以说,陛下即使得到廉颇、李牧,也是不能重用的。"文帝听后,觉得很有道理,就恢复了魏尚的职位。

用人不能过于苛刻,太苛刻的话,那些思慕效力的人也会因受不了拘束而离开。功绩难建而易败,时机难得而易失,有才能的人有足够的自由才能抓住建功立业的机会,才能实现其价值,如果上司对其束缚太紧,求全责备,他就不得不将大量精力放在应付管理之上,自然会影响本职工作。再者,人才大多有些小毛病,若上司过于苛刻,他们连立功的机会都得不到,更别提发挥才能了。

交朋友要以道相取舍,谨而又谨。孔子说:"道不同,不相为谋。"又说:"无友不如己者。"坚守道义的人去相交,有学问的人去相交,见多识广的人去相交,这样的朋友才会对自己有益;若随随便便地就交朋友,那些不学无术、阿谀谄媚之人就会聚集在你身边,而真正有德有智的君子反而不会来了,自己各方面也就会受到损害了。

146. 上畏大人 下畏小民

原 文

大人①不可不畏,畏大人则无放逸之心;小民亦不可不畏,畏小民则无豪横之名。

注 释

①大人：有道德、有声望、有地位的人。

译 文

对于有声望、有地位的人不能不敬畏，敬畏他们则消除了自己的放荡安逸之心；对于无声望、无地位的小民不能不敬畏，敬畏他们就避免了自己承受恃强蛮横的恶名。

经典解读

孔子说："君子有三畏：畏天命，畏大人，畏圣人之言。"对有声望、有德行的人要怀着敬畏之心，他们坐在那个位置上，一定有值得我们去学习的地方，敬畏他们就会循规蹈矩，消除放逸之心，向他们学习就会增益自身的才能、德行。

英雄的事业都是在人民的支持之下取得的，君子衣食之用都是小民辛勤劳动得来的，所以说"无小人不养君子"。对于这些没有名声地位的小民，君子同样应该怀着敬畏之心，教化他们而不是抛弃他们，宽容他们而不是厌弃他们，尊重他们而不是鄙视、轻贱他们。能得小民之心，方可以为大事、成大业，所以孟子说："乐民之乐者，民亦乐其乐；忧民之忧者，民亦忧其忧。乐以天下，忧以天下，然而不王者，未之有也。"

147. 比下无尤 比上不怠

原 文

事稍拂逆，便思不如我的人，则怨尤自消；心稍怠荒，便思胜似我的人，则精神自奋。

译 文

事情若有稍许不合心意，便想想那些不如我的人，尤怨就自然消失了；心中生出稍许荒怠，便想想那些远胜于我的人，精神就自然振奋了。

经典解读

人要懂得调整自己的心态，当遇到拂意之处，多想想那些还不如自己的人，心中自然平静了，幽怨之情也就消失了；当自己放松懈怠的时候，应该思量那些比自己强的人，告诉自己奋斗是没有止境的，放逸安乐之心也就消失了。

无论生活的压力多么大，智者总是一副心满意足、孜孜不倦的样子。有人问他："您一生中难道没有什么失意的事情吗？"智者回答："失意的事当然有了，我很爱我的妻子，可她早早离我而去了；我希望自己的儿子成为一个学者，可他最后却是个农民；我希望自己有个孙子、孙女，可我的儿媳妇却不能生育……""您生活中有这么多失意之处，为何还是每天乐呵呵的？"智者叹道："人生为何不知足一些呢？我的妻子去世得很早，但给我留下了一个孝顺的儿子，还有人从来就没娶过媳妇呢，我又有什么资格悲伤？儿子做农夫虽然劳累些，但总比那些游手好闲的小混混儿要让人放心得多吧？没有亲孙子、孙女可以去抱养一个，看看那些孤苦无依的老人，我岂不是还幸运得很！"

人们常说"比上不足，比下有余"，失意往往来源于自己内心的不满足，有时多看看自己已经拥有的，少去贪恋自己没有得到的，你会发现自己原来很幸福、很幸运！

148. 喜里慎诺 醉里勿嗔

原　文

不可乘喜而轻诺，不可因醉而生嗔，不可乘快而多事，不可因倦而鲜终。

译　文

不可趁着欢喜而轻易许诺，不可因为喝醉了而轻生嗔怒，不可趁着痛快而制造事端，不可因为疲倦而随便放弃。

经典解读

这几句话就是告诉人们：不要在某一个感情不稳定的时候，做出重大的决定。欣喜之中、快意之时、喝醉之后、疲惫之时，人往往会因为冲动而失去冷静的判断能力，此时的决定往往并不是自己的真实想法，清醒以后会后悔不迭。那时自己就会陷入两难之中——坚持决定则不合事理，放弃决定则有食言之毁。

一次，汉景帝的弟弟梁王入京，当时汉景帝尚未立太子，二人与太后宴饮之时，景帝十分尽兴，于是脱口而出："千秋万岁之后，传位于梁王。"梁王听了，虽然知道这是醉中之语，还是暗自高兴；他的母亲窦太后也同样十分高兴。景帝清醒以后意识到了自己的失口，于是绝口不提立位之事。但梁王心中却再也难以平静了，为了成为继承人，他与身边的近臣图谋作乱，还刺杀了袁盎等阻挠自己成为继承人的多个朝廷重臣。朝廷彻查刺杀事件，梁王惊恐异常，太后也为此事而哭泣不安。虽然这件事得到妥善解决，但景帝和梁王的兄弟之情却再也难以愈合了，梁王回到封地以后，心神恍惚不乐，不久就病死了。

一句冲动之中难以实现的承诺，会毁了手足之间的亲情；一句愤怒之中的怨言，会毁掉朋友之间多年的深交；一句快意之中的无心之言，可能会让你树立一个难缠的敌人……所以，不要在冲动的时候乱作决定。

149. 少事为适 无能全真

原　文

> 钓水①，逸事也，尚持生杀之柄；弈棋，清戏也，且动战争之心。可见喜事不如省事之为适，多能不如无能之全真。

注　释

①钓水：水边垂钓。

译　文

水边垂钓是一件闲逸雅事，这其中尚且操持着生杀的权柄；棋盘对弈是一件清净乐事，这其中尚且让人动了战争的心念。可见，喜欢多事不如减少事情较为适宜，多面才能不如没有才能更能保全真性。

经典解读

水边钓鱼是多么闲逸，但其中依然有生杀之事；棋盘对弈是多么清雅，但其中还是让人动了争斗之心。这两种事情都会扰乱心性，更何况那些为了功名利禄而进行的奔走追逐呢？所以，要想保全纯真的本性，要想守护内心的淡泊，最好的就是远离浮世喧嚣、红尘纷扰。故老子说："不见可欲，使民心不乱。"

150. 静夜听钟 澄潭观月

原　文

> 听静夜之钟声，唤醒梦中之梦；观澄潭之月影，窥见身外之身。

译　文

听静夜里的钟声，恍若唤起了梦里之梦；观看澄潭中的月影，仿佛窥见了身外之身。

经典解读

"夜静听钟声，音响尤为清越"，白日里，人的头脑里装着各种世俗琐事，所以难以静心思索人生，当夜深人静之时，清越的钟声传来，敲打着被俗尘覆盖的心灵，将人在睡梦中惊醒。那时，忽然想到浮生若梦，悲欢几何，或许会幡然醒悟，原来自己白日奔波驱驰，都是在追求一些虚幻无用的东西，人生不过南柯一梦，何必太过辛劳、太过执着，如此便在梦中之梦里惊醒。

坐在澄潭之侧，看到潭中月影随波聚散，岂不恍然想到，人心就如清潭一样，我们自以为了解万物真相，其实我们看到的世界，只是水波中的影子罢了。生活中的得失悲喜都是我们自己心潭的震荡，世界不会因为我们的感觉而出现任何改变。万物即使攥到手中也是身外之物，我们又何必为了在这些而苦苦追逐呢？只有纯洁无瑕的本性才是真正值得珍惜、保持的。

151. 虫鸟传心 花草见道

原　文

鸟语虫声，总是传心之诀①；花英草色，无非见道②之文。学者要天机③清彻，胸次玲珑，触物皆有会心处。

注　释

①传心：心灵领会。
②见道：佛家语，初生离烦恼垢染之清净智，照见真谛者，即见道。
③天机：本指天道机密而言，此指人的灵性智慧。

译　文

鸟语虫声，都是得到心灵领会的秘诀；一花一草，都是照见真谛的文字。为学之人要智慧清澈，心胸玲珑，接触到任何事物都有心领神会的地方。

经典解读

一个人德行越深厚，知识越广博，他在事物上看到的道理就越多，比如水，是世间最常见的东西，我们每天都和它接触，可能想到多少呢？子贡曾问孔子："君子见到大水一定要仔细观看，是什么缘故呢？"孔子说："水能够启发君子，用来比喻自己的德行修养啊。它遍布天下，给予万物，并无偏私，有如君子的道德；所到之处，万物生长，有如君子的仁爱；水性向下，随物赋形，有如君子的高义；浅处流动不息，深处渊然不测，有如君子的智慧；奔赴万丈深渊，毫不迟疑，有如君子的临事果决和勇毅；渗入曲细，无微不达，有如君子的明察秋毫；蒙受恶名，默不申辩，有如君子包容一切的豁达胸怀；泥沙俱下，最后仍然是一泓清水，有如君子的善于改造事物；装入量器，一定保持水平，有如君子的立身正直；遇满则止，并不贪多务得，有如君子的讲究分寸，处事有度；无论怎样的百折千回，一定要东流入海，有如君子的坚定不移的信念和意志。所以君子见到大水一定要仔细观察。"

　　心中有道，生活中处处都可见禅机事理。《诗》云："嘤其鸣矣，求其友声。"只是黄鸟在枝头鸣叫，贤者便由此联想到朋友相亲之意。《诗》云："缗蛮黄鸟，止于丘隅。"本是鸟儿飞翔到山丘之间，贤者便由此联想到，人应该有所定止。屈原看到香草，便思忖品性的纯洁；杜甫遇到风雨，便想到救济天下穷苦之士；于谦看到烧石灰，便想到人当留清白在人间……所以说，学者心胸要玲珑剔透，有见物思道的智慧，才能用眼睛去观察这个世界上的美，去探讨那些美景之中的道理。

152. 读无字书 弹无弦琴

原　文

　　人解读有字书，不解读无字书；知弹有弦琴，不知弹无弦琴。以迹用①不以神用②，何以得琴书佳趣？

注　释

①迹用：有形的功用。
②神用：无形的精神功用。

译　文

　　人们只能理解阅读有文字的书，不去理解阅读没有文字的书；只知道弹有弦的琴，不知道弹没有弦的琴。采纳有形的功用而放弃无形的功用，怎能得到弹琴、读书的高雅情趣呢？

经典解读

　　人们只知道读有文字的书，却不知道宇宙万象、人情世态，无不是一本本需要用心去阅读的书籍。获得知识有不同的路径，可以阅读书籍，可以求教老师，可以自己去社会上实践体验。最踏实的学问，不是从书本上看到的，而是要经过实践得来的。所以古人说："读万卷书，不如行万里路。"大诗人陆游也告诫自己的儿子说："纸上得来终觉浅，绝知此事要躬行。"人不能总待在书房之中，要多出去实践，用心去"读"社会万象、人情世态这些无字之书。

人们只知道弹奏有琴弦的琴，却不知道天地万事都是一张张需要用生命去弹奏的无弦之琴。从绵长的历史长河中来看，百年人生和弹奏一首曲子的时间又有什么区别呢？我们做的每一件事，都如同拨动了一根琴弦一样，相同的时间，有人弹奏出优美和谐的生命之音，有人却弹奏出了嘈杂刺耳的噪音。你要用自己的人生弹奏一曲什么样的曲调，这难道不是个应该深思的问题吗？

153. 非上上智 无了了心

原　文

山河大地已属微尘，而况尘中之尘！血肉身躯且归泡影，而况影外之影！非上上智，无了了心。

译　文

山河大地已经属于微小尘埃，又何况尘埃之中的尘埃呢！血肉身躯尚且归属泡沫幻影，又何况泡影以外的泡影呢！不是最上等的智慧，不会有最通达的心境。

经典解读

和浩瀚的宇宙空间相比，那些巍峨的大山、长河，都不过是细小尘埃一般，更何况比它们微小得多的人类呢？和漫长的历史长河相比，我们的躯体就如短暂的电光水沫一样，更何况比生命还要短暂的功名利禄呢！人为了这些东西而争斗，和庄子所讲的蜗牛角上的战争又有什么区别？为了这些东西而奔波，和追逐水光中的倒影又有什么不同？若不能看空世间万物，便不算具有上等的智慧，不能拥有最通达的心境。

154. 人生苦短 争而何益

原　文

石火光中争长竞短，几何光阴？蜗牛角上较雌论雄，许大世界？

译　文

电光石火中争论长短，能有多少时间？蜗牛触角上比较雌雄，能有多大的世界？

经典解读

人生苦短,倏忽而逝,浮名富贵,与身俱灭,与其争强好胜,不如恬淡自适,与其计较得失,不如忘情于物外。这是告诫世人不要贪图名利,不要在患得患失中浪费了大好的人生。另一方面,它还告诉人们:不要把短暂的人生都浪费在无益的"争长竞短"之上,生活中值得我们做的事情还很多;不要在本来就不大的地方"较雌论雄",世界上可以让我们各自施展才华的地方有的是。

唐朝大诗人白居易,年轻气盛之时,天天想着创立一番不朽的事业,实现治国救民的政治理想,于是写了很多讽刺时政、针砭时弊的诗词、文章。但在当时的政治环境中,他虽有才,却屡遭打压,后来他的见识逐渐增长,最后看清了人世间的功名斗争,不再汲汲于得失名誉,不再与人争长论短,"面上灭除忧喜色,胸中消尽是非心"。

他曾有一首对酒诗,这样记述了自己看空一切的心境:
"巧拙贤愚相是非,何如一醉尽忘机。
君知天地中宽窄,雕鹗鸾皇各自飞。
蜗牛角上争何事,石火光中寄此身。
随富随贫且欢乐,不开口笑是痴人。
丹砂见火去无迹,白发泥人来不休。
赖有酒仙相暖热,松乔醉即到前头。
百岁无多时壮健,一春能几日晴明。
相逢且莫推辞醉,听唱阳关第四声。
昨日低眉问疾来,今朝收泪吊人回。
眼前流例君看取,且遣琵琶送一杯。"

巧拙贤愚、高低宽窄、贫富贱贵都因人心境而起,人何必为了这些而让自己劳累不息,与其争夺蜗角上的虚名,火光中的得失,不如饮酒自娱,尽情欣赏春光美景,逍遥快乐地和身边人一起欢度流年佳岁。

155. 浮云富贵 情寄泉石

原　文

有浮云①富贵之风,而不必岩栖穴处;无膏肓泉石之癖②,而常自醉酒耽诗。

注　释

①浮云:将……当作浮云。

②膏肓泉石之癖：比喻嗜好山水成癖。

译 文

一个有能把荣华富贵看成是浮云、敝履的气度的人，根本就不必住到深山幽谷去修养心性；一个没有爱山水到达极致的癖好的人，经常能独自饮酒作诗也是一种快乐的生活。

经典解读

"大隐隐于市，小隐隐于野"，真正放空内心的人，根本无须去山林之间寻找宁静，即使他出于市井喧嚣之中，也能有内外之分，达到心中的安宁。淡泊的生活，更强调的是自己的内心，只要心中有净土，在哪儿都能活出品位、活出情趣。

一个人的品位是否高雅，并不在他是否钟爱山水之上。如果有高雅的情调，平时在家中饮饮酒、赋赋诗，都能从中得到超脱世俗的乐趣；如果内心达不到这种水平，却附庸风雅，装出一副爱山爱水以致成为癖好的样子，到处游山玩水，访问高人，那只能自欺欺人，用自己的庸俗污染一川好山水。

156. 恬淡适己 身心自在

原 文

竞逐①听人而不嫌尽醉，恬淡适己而不夸独醒，此释氏所谓不为法②缠、不为空③缠，身心两自在者。

注 释

①竞逐：竞争、追逐。
②法：谓佛教语"法界"，通常泛称各种事物的现象及其本质。
③空：谓佛教语"空界"，万物从因缘生，没有固定，虚幻不实，谓虚空范畴。

译 文

听任别人去竞争追逐，但不因此去嫌恶疏远他们；清恬淡泊坚守自己的自然本性，但不因此而夸耀自己清高独醒。这就是佛家所说的不为"法"所缠绕、不为"空"所束缚，身心自由自在的人。

经典解读

智慧的人不笑话别人的愚蠢，清高的人不标榜自己的清高，如此才能做到身心自在。如果为了标榜清高而清高，为了标榜智慧而使用心计，那么再清高的人也会变得庸俗，再聪明的人也会变得愚蠢了。

俗世之人为了权力、地位而相互竞逐，在清高者看来他们真是庸俗啊！但反过来一想，他人为了权力地位而相互争夺，你在这里清高自傲，认为自己比他人高尚，何尝不是为了虚名而进行的"争夺"呢？他人相互争夺你觉得可鄙，但自己号称清高不争，却贪恋"清高"的名声，这名声难道不是用另一种争夺而得来的吗？都是争夺，只不过方式不同而已，何必五十步笑百步呢？

有个齐国人去见田骈，说："听说先生道德高尚，主张不能入仕途为官，一心只求为百姓出力。"田骈听了暗自欣喜，问他："你从哪里听来的？"那人答道："从邻家女那里听来。"田骈很疑惑，问："邻家女也会传扬我的美德吗？"那人说："邻家之女立志不嫁，年龄还不到三十岁，却有子女七个人，说是不嫁吧，却比出嫁更厉害。如今先生不仕，却有俸禄千种，仆役百人，说是不做官，可比做了官还富有呀！"田骈听了非常惭愧。

自命清高却去嘲笑他人竞争追逐的人，就如那田骈一样，往往自己心中惦记着的都是虚名，争名之心比人家争利之心还要严重。这种人才是最没修养的，所以荀子说："盗名不如盗货。田仲、史䲡不如盗也！"

157. 意宽斗室广 机闲寸心宽

原　文

延促①由于一念，宽窄系之寸心。故机闲②者一日遥于千古，意宽者斗室广于两间③。

注　释

①延促：时间的延久还是短促。
②机闲：心意悠然。
③两间：天地之间。

译　文

时间的延久、短促基于个人意念，空间的宽阔、狭窄系于个人内心。所以，心意悠然的人一天比千古还要遥远，心胸广阔的人处于斗室也觉得比天地之间还要宽广。

经典解读

网上有这样一个笑话。问："最漫长的是什么？最短促的是什么？"一个懒惰的学生回答："最漫长的是每一节课的最后几分钟，最短暂的是每次考试的最后几分钟。"

同样是几分钟的时间，手表的表针走得都是一样的匀速，但因为人心的感受不同，便有了长短之分。生活中也是如此，当你害怕一件事到来时，你会感觉它来得是那么的迅速，当你盼望某天到来时，你发现时间流逝得是如此缓慢；当你工作很忙时，你会发现一天很快就会过去了，当你百无聊赖时，你会发现太阳似乎都故意放慢了脚步。空间的广狭同样系于人心，心胸宽广之人，到了哪里都觉得天高地远；心情苦闷之人，即使处于阔野之上，也恍然觉得天似乎要塌了下来似的，压得自己没有容身之地。

禅语说："心无物，天地宽。"人之所以每天生活得急急忙忙，压抑不堪，就是心不净、心不平，把心中的种种凡尘杂念抛开，就会感觉天地无比辽阔，心气无比畅通。所以说，人不要总在外界争来争去，不要总是生活在急躁繁忙之中，应学会给自己放松，让心灵得到清净。

158. 知足即仙境 善用有生机

原　文

> 都来眼前事，知足者仙境，不知足者凡境；总出世上因，善用者生机，不善用者杀机。

译　文

对于现实生活中的事物，知道满足的人就会觉得如同神仙境界，不知道满足的人只认为是凡庸境界；祸福都出于世上的各种机缘，善于运用它们的人处处充满生机，不善于运用的人处处充满危机。

经典解读

一个老婆婆总是愁眉苦脸地坐在门前，一位智者看到了这一现象，就问："大娘，您为何每日都不高兴呢？"老婆婆说："我有两个女儿，一个卖伞，一个卖鞋。每当天气晴朗的时候大女儿的生意一定不好，下雨之时小女儿的生意又一定不好，因此我每天都为她们担忧。如何能快乐呢！"智者对他说："我给你想个办法吧！天气晴朗时你就想今天小女儿生意不错，天气阴雨时你就想大女儿生意肯定很好。"听了智者的话，老太太恍然大悟，从此街头愁眉苦脸的老太太变成了满面笑容的老太太。

每个人的生活中都会同时存在幸运和不幸，用一颗知足的心去对待生活，你就会觉得它如同仙境，用一颗不知足的心去对待生活，你就会发现它如同地狱。我们应该学会调整自己的心态，用知足常乐的心去体验生活。

人生祸福都是各种机缘积聚孕育而成的，能够正确对待这些机缘，人生就会充满生机；不善于利用这些机缘，人生就会处处充满危机。

159. 趋炎为祸 守逸长安

原　文

趋炎附势之祸，甚惨亦甚速；栖恬守逸之味，最淡亦最长。

译　文

趋炎附势而招致的祸患，十分惨烈也极为迅速；恬静守逸而得来的趣味，最为平淡也最为长久。

经典解读

趋附有权有势的人，能够得到一些好处，但这种好处来得快，去得也快。很多人只见其利，想着得到权势时的富贵欢喜，却不知道这种富贵都是建立在危岩之上，摇摇欲坠的，它随时都会崩塌，让身处其上的人，坠入万丈深渊。

历史上，很多人为了升官发财而不择手段地趋附于当权者，他们的快乐是短暂的；一旦他们失去宠幸，或是当权者失势之后得到的祸患却是惨烈的。有智慧的人，不会将自己的命运系于危崖之上，他们宁可贫穷自守，恬淡度日，也不趋附那些随时可能引来祸患的富贵。

唐玄宗时候，尤为宠爱杨贵妃，杨家的兄弟姐妹都鸡犬升天，掌管大权，杨贵妃的堂兄杨国忠更是做了宰相，朝廷选任官吏都在他家里私下决定。当时很多读书人都趋附杨国忠，讨得他的欢心，从而走向仕途。

当时陕西有一个进士，名叫张彖，他很有才能，却一直没有机会做官。朋友们都劝他去投靠杨国忠，那样立刻就能升官发财。张彖笑着摇摇头对劝说他的朋友们说："你们都把杨国忠看得像泰山一样稳固，可是在我看来，他不过是一座冰山罢了。天下一旦有变，他就会立刻垮掉，就如冰山遇到太阳一样，到那时候你们就后悔莫及了，不如早点疏远他吧。"朋友们对他的话都不认可，有些人还笑他不懂变通。

不久以后，安禄山借口诛除奸臣杨国忠而起兵反叛，攻下了京城长安，杨国忠随同唐玄宗逃往四川，在马嵬驿，被哗变士兵杀死。杨贵妃也被缢死，杨家这座靠山轰然倒塌了，那些曾经阿附杨国忠的人，此时大多受到牵连，他们均被贬斥、除官、甚至入狱，而张象则没有受到任何牵连，并因为有先见之明而得到世人称誉。

淡泊的生活，清闲的日子，这种趣味才是既快乐又悠久的，何必要为了一点短暂的富贵，而趋炎附势，让自己身陷囹圄呢？

160. 忧死虑病 消幻长道

原　文

色欲火炽，而一念及病时，便兴似寒灰；名利饴甘，而一想到死地，便味如咀蜡。故人常忧死虑病，亦可消幻业而长道心。

译　文

色欲像烈火一样炽盛，而一旦想到病痛之时，兴致便像死灰一样消失了；名利如饴浆一样甘甜，但一想到死地，所有兴味就变得如同嚼蜡一样了。所以人们要经常忧虑死亡和疾病，这样也可以消除幻惑业障而增长道义之心。

经典解读

人往往在生病的时候，才会后悔平时不爱惜身体，在面临刑戮之时，才后悔以前所做的不义之事太多。而在做这些事的时候，他们并不是不害怕生病，不害怕死亡，而是利令智昏，欲盛忘害，根本没有想到那些危害。如果能够真正看到纵欲导致的病患，贪图名利导致的败亡，很多人大概就能像《聊斋志异·画皮》中的书生在窗外窥见夺命厉鬼一样，后悔不已了。

君子养德，当出于本心，但对于一般俗人而言，能够以利害之心对其进行告诫、警示，让其知道一时纵欲，会带来长久病痛，一时贪名，会带来刑戮死亡，使其陡然起畏惧、惊恐之心，从而不敢放纵，不敢为恶，也不啻为使其戒欲、改邪归正之良方。

161. 争窄退宽 浓短淡长

原　文

争先的径路窄，退后一步自宽平一步；浓艳的滋味短，清淡一分自悠长一分。

译　文

　　争强好胜的道路狭窄，退让一步自然宽阔平坦一些；浓重艳丽的滋味短浅，清醇淡雅一分自然悠然长久一些。

经典解读

　　一条小路，两人对面而行，互不相让，堵一天，路也不会变宽半分，人还是过不去，若一个人能够后退半分，让他人先过，只需耽误一两分钟，自己也就能迅速地通过了，可大部分人却为了一两分钟的争夺，而耗费了双方几个小时的时间，这是知利还是不知利呢？

　　人们常说"忍一时风平浪静，退一步海阔天空"，总是争强，就会觉得生活中处处是风浪，总是争先，就会觉得道路上处处狭窄坎坷。仔细想想，生活真的那么不顺，道路真的那么难走吗？未必，真正让我们受阻，让我们停滞的恰恰是我们自己冲动、焦躁的心。

　　浓重艳丽虽然夺目惊心，但它们只能在人心中存在短短的时间，灯红酒绿，纸醉金迷，过去就被淡忘了。唯独那些清醇淡雅，看似平常的味道、景色最能动人心魄，最能长久地存在人们心中。生活中，我们会经常不经意间闻到一点淡淡的味道，看到一段极为普通的场景，似乎曾与自己相逢过，不禁怦然心动，百感交集。或许是露珠下玫瑰花的清香，或许是午后温暖的阳光，或许是宁静的月光，轻轻的风声……有了这种感受时，人才会真正明白，自己的心选择的是什么，自己真正需要的是什么。既是如此，又何必去浓重艳丽中寻求满足，何必让喧哗热闹污浊了自己的心灵？

162. 隐林无荣辱　道路泯炎凉

原　文

　　隐逸林中无荣辱，道义路上泯炎凉。

译　文

　　避世隐居的山林之中没有荣耀耻辱；道德仁义的道路上没有炎凉世态。

经典解读

　　一个真正立志隐居山林、与世隔绝的人，必然对于红尘世俗之中的一切是非荣辱都早已忘怀，无动于心，所以他们不会为了得到名声、利益而感到荣耀，不会为了受到打击、指责而感到屈辱。"人我两忘，恩怨皆空"方为出世，不能忘荣辱、灭名利之心者，不是真正的隐士。

　　一个讲求道义、存心济世救民的人，不会因为贫贱富贵、穷达殊异而重视某人、轻视某人，他们对世俗中的人情世故看得很淡，对生活于其中的芸芸众生无厚此薄彼之分，无轻重贵贱之别。历史上那些清正廉明的官员，比如最受人称道的"包青天"，就是因为能够将众生平等看待，不因人贫贱而不为其伸张正义，不因人发达而趋炎附势，所以才受到世人爱戴。

163. 进处思退 居安思危

原　文

> 进步处便思退步，庶免触藩①之祸；着手时先图放手，才脱骑虎之危。

注　释

　　①触藩：《易经·大壮》："羊触藩，不能退，不能遂。"比喻进退两难。

译　文

　　事业进步之时，就应该有抽身隐退的打算，才能免去进退两难的祸患；开始做事的时候，就要思索放弃的手段，才能免去骑虎难下的危险。

经典解读

　　山羊性情好斗，尤其是大公羊，若是遇到了挡在路上的篱笆，它们有时会猛撞过去，导致犄角插在篱笆之内，进不得，退不得，牧人们常常利用它们的这个习性抓住它们。做人若是逞强好胜，知进不知退，看到利益就拼命向前，看到阻碍就怒气冲冲地撞上去，岂不和愚蠢的山羊一个样了？

　　在进步的时候，就思量好退却，在行事的时候，就先想好放弃之法，这样人才能长保平安，功才不会满而倾覆。春秋时，范蠡在帮助越王灭吴时，就计划好了退身之法，越国军队攻入吴的时候，范蠡的家人就在他的安排下，出了越国，范蠡也从容而去，终于得以善始善终；相反，大夫文种开始没有想走，后来受到勾践的猜疑，想到了离开，可他的家人已经被越王牢牢控制住了，自己想走也走不了了，最终遭受刑戮，令后人叹息。

164. 贪心多怨 知足常乐

原　文

贪得者分金恨不得玉，封公怨不授侯，权豪自甘乞丐；知足者藜羹旨于膏粱，布袍暖于狐貉，编民不让王公。

译　文

贪求得到的人，分得金银怨恨没有得到玉石，敕封公爵怨恨没有敕封侯爵，权贵富豪甘心沦落为乞丐；知道满足的人，藜菜羹食之味强于肥肉细粮，棉布长袍的温暖胜过狐袄貉裘，编籍为平民毫不逊让于达官贵人。

经典解读

心中充满贪欲的人永远不会得到满足，就像《渔夫和金鱼》的故事中那个老太婆一样，有了木盆又要房子，有了房子又想做贵族，做了贵族又想做女王……人一旦被欲望迷失了理智，即使拥有了一切，他的心也是空虚、痛苦的。富贵荣华虽然在手，也不能给他带来任何的快乐，他们没有心思去享受他所拥有的，他的心里只有那些未得到的东西，欲望就像一张巨大的网一样，将他拖向无边的痛苦深渊。这样的人即使富甲天下，在精神上也像一个到处乞讨的乞丐一样贫穷。

相反，那些内心知足的人，不会为各种物质欲望所奴役，他们懂得知足常乐的道理，即使住蔽庐、穿素衣，过着一箪食、一豆羹的生活，也能安然自在。他们轻视物质的享乐，在学问道德上孜孜不倦地追求，故能"志意修则骄富贵，道义重则轻王侯"。

165. 达者逃名 智者省事

原　文

矜名不如逃名趣，练事何如省事闲？

译　文

崇尚名声不如逃避名声更有趣味，熟谙世事不如减少事务使人安闲。

经典解读

身上背负着好的名声，往往会变成一种负担，真正的智者不会被名声所累，他们行善事，求学问，却隐藏自己的行踪，逃避美好的名声。其实，真正做过善事的人会发现有善行而不被人所知，也是一件饶有趣味的事。

即使对世事再熟谙，也要劳心费神地解决它们，哪如没有事情逍遥自得呢？"世上本无事，庸人自扰之"，很多事顺其自然就好，很多人为了显示自己的才能去操心、忙碌，这其实是给自己找麻烦，所以老子说："圣人居无为之事，行不言之教，万物作而弗始也，为而弗志也。"

166. 去留无系 静躁无干

原　文

孤云出岫，去留一无所系；朗镜悬空，静躁两不相干。

译　文

孤云出自山峦，是离去，还是停留，它似乎没有一点牵系；明月高悬天空，世间的安静或喧闹与它毫无关系。

经典解读

陶渊明的《归去来兮辞》中有："云无心而出岫，鸟倦飞而知还。"白云出自山峦没有一丝世俗之情，它不会为留下还是离开而烦恼、惆怅，不会为飘向何处而迷惑愁苦。嵇康的《兄秀才公穆入军赠诗》中有："闲夜肃清，朗月照轩。"明镜般的月亮高挂在空中，身处静夜之中，顿觉神思清爽，物我两忘，世间的纷呈、喧嚣一下子都消失了。

生活就应该像陶渊明一样淡泊名利，像嵇康一样逍遥洒脱。"世界那么大，我想去看看！"为何这短短的一句话就能红遍网络，让众人感慨不已呢？人们顾虑的太多，在意的太多，平常的生活反而成为了人性的桎梏，与其天天在世俗中混日子，倒不如真的做一朵天上的流云，毫无牵挂，说走就走！

167. 心无染著 即为仙境

原　文

山林是胜地，一营恋便成市朝；书画是雅事，一贪痴便成商贾。盖心无染著，俗境是仙都；心有系牵，乐境成悲地。

译 文

山川林泉是风景优美的地方，一旦萦感留恋就会转为市井朝廷；琴棋书画是高雅有趣的事情，一旦贪恋痴迷也会变为市侩商人。内心没有沾染执着，尘俗也是脱尘的险境；内心有所牵挂依恋，快乐的境地也会成为苦恼的深渊。

经典解读

佛说："物随心转，境由心造，烦恼皆心生。"心灵无染，到了哪里都是仙乡乐土，心灵被俗尘蒙蔽，到了哪里都是市井朝廷。所以，想要享受林泉之盛，想要体验琴书之雅，首先要让自己拥有一颗净如林泉、雅如诗书的心。东晋高僧支道林托人向竺法深买印山，准备到那里隐居，竺法深回答道："我从未听说过巢父、许由买山而隐居。"直道林听了以后，惭愧万分，故不再提买山之事。

很多人居住于山水胜地，却整日想着专营求利之事，他哪来心情去观览山水，听赏鸟音？清灵的泉水、悠扬的鸟叫，在他的耳中都是痛苦的呻吟，不得富贵的怨声叹气而已。很多人爱好字画，这本是好事，可一旦痴迷而入邪路，就会失去静心观赏的雅兴，反而将思绪都放在如何得到字画、怎么防备字画被偷盗之事上，那和购买字画，只关心钱财的商贾又有何区别？

168. 静躁稍分 昏明顿异

原　文

时当喧杂，则平日所记忆者皆漫然忘去；境在清宁，则夙昔所遗忘者又恍尔现前。可见静躁稍分，昏明顿异也。

译　文

每当周围喧闹嘈杂的时候，平时所记忆的事物，就都全然忘却消去；每当周围清闲宁静的时候，往日所遗忘的事物，又会忽然浮现眼前。可见宁静和浮躁稍微区分，昏暗和明朗顿时截然不同。

经典解读

水清鱼自现，心静思自明。当水受到搅扰之时，低下的泥沙就会动荡，浮起来，任何东西都看不清了，当水恢复宁静的时候，泥沙沉淀下去，水中事物就可以看得清清楚楚了。人心灵、头脑也如同池水一样，扰乱时，什么都分辨不清，什么也记忆不起来，宁静下来才可以明辨是非，想起悠悠往事。人们常常在梦里见到很久以前发生的，常常在不经意的时候忽然眼前浮现出自己都觉得早被遗忘了的场景，就是因为在这些时候人的心灵是最安静的，那些长久湮没的记忆，才能向水潭中的月影一样，随着波动的静止而出现。所以，人要注意调整自己的心态，时常让自己的心灵和大脑归于宁静。

169. 卧雪眠云 吟风弄月

原　文

芦花被下卧雪眠云，保全得一窝夜气；竹叶杯中吟风弄月，躲离了万丈红尘。

译　文

盖着芦花被仿佛卧在洁白的雪堆、云朵之中睡眠，保存了夜间的清爽气息；举着竹叶沏成的香茶赋诗弄月，远离了喧嚣繁华的人间俗尘。

经典解读

芦花被是指芦苇花絮做成的被子，竹叶杯指用竹叶沏成的淡茶，它们都显示了一种清贫朴素的生活情调，远离富贵红尘，在这种简朴却高雅的生活中，时刻都是一种享受，都能得到意想不到的人生乐趣。

元代诗人贯云石在南游之时路过梁山泊，看到一个渔翁盖着芦花做的被子，悠闲地在船头休憩，他十分喜爱，便求老翁将被子售与他。渔翁也是个有趣之人，说不要钱财，要诗人用诗来交换被子。于是，贯云石略加思索，做了一首《芦花被》诗，诗云：

"采得芦花不浣尘，绿莎聊复藉为茵。

西风刮梦秋无际，夜月生香雪满身。

毛骨已随天地老，声名不让古今贫。

青绫莫为鸳鸯妒，欸乃声中别有春。"

从此以后，他干脆取了"芦花道人"的别号，并声称："清风荷叶杯，明月芦花被，乾坤静中心似水。"宣布了自己和名利场的决绝。以后，他的诗曲更有情调，也更为人们所喜欢。

世上之美，人间之雅，多从淡雅朴素中得来。卧雪眠云、吟风弄月，这种充满着雅趣的田园生活最能陶冶情操，冶炼心性。人若想远离庸俗，莫过于回归此境。

170. 出世涉世　了心尽心

原　文

出世之道，即在涉世中，不必绝人以逃世；了心①之功，即在尽心内，不必绝欲以灰心。

注　释

①了心：了解内心，懂得内心。

译　文

超脱世俗的方法，就在涉入世俗当中，没必要离群索居而逃避世事；了解内心的功夫，就在竭尽心思之内，没有必要断绝欲望而使内心灰冷。

经典解读

"小隐隐于野，大隐隐于市"，所谓出世，并不是要求人们断绝一切人间感情，离群索居，独处山林，与麋鹿熊罴为伍，而是让人们断绝世俗的欲望，达到内心的清净安宁。能够如此，即使身处于市井之中，也如泥沼中一朵洁白不染的莲花，不能做到这些，即使出于名山大川之中，亦如顽固不化的朽木。

了解内心，是真正明白如何建设自己的心灵，应该减少哪些妄念，哪些欲望，应该持有什么心境，追求什么慈悲，而不是什么念想都没有，将自己的心变得像一堆没有任何感情的死灰一样。

171. 闲处放身　静中安心

原　文

此身常放在闲处，荣辱得失，谁能差遣我？此心常安在静中，是非利害，谁能瞒昧我？

译　文

这身体常放置在安闲之处，荣辱得失，谁能左右我呢？这心灵常安置在宁静之中，是非利害，谁能欺瞒我呢？

经典解读

人被荣辱得失而差遣、左右，被是非利害而蒙蔽欺瞒，岂不都是因为自己内心不清净、不安宁，总是挂念着得失是非？人如果不在乎这些，得之不喜，失之不惊，宠之不傲，贬之不卑，也就是"定乎内外之分，辩乎荣辱之境"，那谁还能驱使他，谁还能蒙蔽他？

一个人有所图谋就容易被他人利用驱使，一个人心中存在欲望就容易受到欺骗蒙蔽。故古人云："壁立千仞，无欲则刚"。

172. 无欲远祸 心平无危

原　文

> 我不希荣，何忧乎利禄之香饵；我不兢进，何畏乎仕宦之危机。

译　文

我不希慕荣华，何必担心利禄的诱惑；我不竞争进取，何必畏惧仕宦中的危机。

经典解读

《韩非子》中有这样一则寓言：楚国南部的丽水中盛产金砂，很多人偷偷地去淘采，楚王于是下令在江边树牌明示曰："禁止采砂，违者处死！"但即使实行严酷的法令，官府将捉到的偷采金砂者当场杀死、分尸也不能制止这种现象。一天一个人又被抓住了，在被处死之前，一个智者问他："如果把天下给你，可是要将你杀死，你肯吗？"那人答道："天下最蠢的人也不会答应。"智者又问："金砂和天下相比简直不足一提，那你为何冒着被分尸的酷刑来盗采呢？"那人愣了一下，叹息着回答道："以前眼前只看到金砂，却没有想到酷刑啊！"

那些贪慕荣华富贵的人，何尝不是像那些偷采金砂的人一样，只看到了荣华的好处，却没有看到其背后的残酷之祸。人都害怕遭遇危机，害怕身受刑戮，成天战战兢兢，为了避祸祈福而求神拜佛，却不知道，危机、灾祸的由来并不是毫无缘故的，它们就隐藏在那些人们平时苦苦追求的利禄、权势之中。如果能放下对财富的追求，放下对权势的欲望，灾祸又从何而来，又何必为了平安、避祸而去担惊受怕？

173. 多藏厚亡 高步疾颠

原　文

> 多藏厚亡，故知富不如贫之无虑；高步疾颠，故知贵不如贱之常安。

译 文

财富聚敛越多,损失就会越大,因此知道富贵不如贫穷匮乏那样无所忧虑;身份地位越高越容易急速颠覆,因此知道高贵不如卑贱那样安宁。

经典解读

一天,大诗人白居易去拜访鸟巢道林禅师。他看到禅师正端坐在高高的树枝上,就说道:"禅师树上太危险了!"禅师回答道:"太守,你的处境才危险!"

白居易不以为然地说:"我是当朝重官,有什么危险的?"禅师道:"薪火相交,纵性不停,怎么说不危险呢?"

鸟巢道林禅师的意思是说官场浮沉,钩心斗角,那危险要远远比坐在树上大得多。坐在高处掉下来不过摔伤腿脚,世人无不知道其中危害,无不告诉自己的孩子不要爬树、攀高。身处极富之位、手握极重之权,一旦跌倒就会像石崇那样丢掉脑袋,像霍光那样家族夷灭,可世人却对权力、富贵求之若渴,无不期望自己的孩子能够家财万贯、权倾天下。在小的危害前能够警醒,在大的祸患前却迷失,这就是被欲望冲昏了头脑啊!

174. 不复有我 烦恼何来

原 文

世人只缘认得"我"字太真,故多种种嗜好、种种烦恼。前人云:"不复知有'我',安知物为贵?"又云:"知身不是'我',烦恼更何侵?"真破的之言也。

译 文

世人就是将一个"我"字看得太重了,所以才会生出种种嗜好、种种烦恼。古人说:"不知道自我的存在,怎么会知道外物的可贵?"又说:"知道身躯不是我的,烦恼又如何侵害我?"这真是点破的旨的良言啊。

经典解读

《道德经》中说:"吾所以有大患者,为吾有身,及吾无身,吾有何患?"人执着于一个"我"的概念,于是想将任何好处都占为"我"有,想将任何享受、嗜好都加在"我"的身上,所以一生不得悠闲,一生陷入患得患失之中。其实,百年人生在无穷的时间中不过电光云影,"我"能够占有什么呢?万里长城今犹在,它还属于秦始皇吗?巍巍紫禁城穆然肃立,那些曾高坐金殿之中的皇帝们又在哪儿呢？为了"我"而争来争去，到头来终是一场镜花水月。

《吕氏春秋》中记载，楚国人丢了一把弓，别人劝他去找找，他说："楚国人丢失了，楚国人捡到了，还去找什么？"孔子听到以后，说道："要是把'楚国'去掉就好了。"老子听了以后，说："要是能把'人'也去掉就更好了。"孔子没有国家的私念，所以心怀天下；老子没有人的私念，所以心怀天地万物。将"我"放下，就会发现天地之间无可求之物，于是也就没有那么多嗜好、欲望了；将"我"抛开，就会发现天地之间无可弃之事，于是也就没有那么多烦恼、忧患了；将"我"忘掉，就会发现天地之间再没有什么值得留恋的东西，便可以超脱世俗、逍遥自在了。

175. 人情世态 不宜太真

原　文

人情世态，倏忽万端，不宜认得太真。尧夫曰："昔日所云'我'，今朝却是'伊'；不知今日'我'，又属后来谁？"人常作是观，便可解却胸罥①矣。

注　释

①罥（juàn）：缠挂，牵萦。

译　文

人情冷暖，世态炎凉，倏忽而变头绪万端，不应该过于认真。尧夫说："以前所说的'我'，如今却成了'他'；不知道今天的'我'，又属于后来的谁？"人们常常持着这种观点，就可以解除心中的纠结了。

经典解读

庄子的妻子去世了，惠子去吊唁，却看到庄子箕踞而坐，鼓盆高歌。惠子很不理解，说："与人为夫妻，人家为你养育儿子，如今年老死去，你不哀哭也就罢了，还鼓盆高歌，不是太过分了吗？"

庄子说："不然。我的妻子最初是没有生命的；不仅没有生命，而且也没有形体；不仅没有形体，而且也没有气息。在若有若无、恍恍忽忽之间，那最原始的东西经过变化而产生气息，又经过变化而产生形体，又经过变化而产生生命。如今又变化为死，即没有生命。这种变化，就像春夏秋冬四季那样运行不止。现在她静静地安息在天地之间，而我却还要哭哭啼啼，这不是太不通达了吗？所以我止住了哭泣。"

人处于生死循环之中，时时变化，又长久不变。既然时时变化，又何必为了眼前的得失而悲喜？既然长久不变，又何必去追逐那些短暂的欲望？人情世态，用一颗尘俗的心去看，就会感到世事难料，悲喜兴亡之念涌上心头，处处说不清，处处放不下；但若用超脱的眼光去看，就会发现利害得失、生死兴衰都是一时幻象，与其沉浸其中，被悲伤、欢乐、忧愁、惊喜等各种感情所役使，不如斩断尘情羁绊，多几分逍遥自在。

176. 乐中生忧 不如平淡

原　文

有一乐境界，就有一不乐的相对待；有一好光景，就有一不好的相乘除。只是寻常家饭、素位风光，才是个安乐窝巢。

译　文

有一个快乐的境界，就会有一个不快乐的同它相对；有一种好的光景，就会有一种不好的和它相抵消。只有素日的家常便饭，安于本分的生活光景，才是人生安逸、快乐的安身地方。

经典解读

美国有一个贫穷的少年，虽然家庭环境极差，他却十分热爱生活，靠着为别人做些杂活而养活生病的母亲、弟弟和妹妹。一家报纸报道了少年的事迹，当被问及有什么愿望时，少年说："我期望过一段富豪们的生活。"这篇报道感动了一位富翁，于是富翁将少年带到自己的家中生活了一个月，并告诉他："只要你努力，就会拥有现在我拥有的一切。"几年过去了，富翁忽然又想到了那个少年，于是去寻找他，令人震惊的是那个少年在离开他家不久就因为抢劫入狱了。

富翁来到监狱，问："孩子，你怎么走到了这一步，是贫穷的生活让你如此的吗？"少年冷笑了一生，没好气地对富翁说："这都是你害的！"富翁惊愕不解。少年继续说："当初我在贫贱之中活得好好的，就是因为你给了我了解富贵生活的机会，之后我再也不能回归于贫贱了，为了能吃上在你那里吃的东西，穿你给我穿的衣服，我不得不去盗窃、抢劫，直到被警察抓住。"

富翁本来想让少年拥有更多的前进动力，却没想到少年得到的是更多的欲望。乐境、苦境都是相对比才能显现出来的，贫穷至极的人能吃饱三餐，就会感到无比的快乐，可一旦他享受过山珍海味，就会觉得普通的生活痛苦异常。

对于大多数人来说，看到的富贵越多，欲望就会越大，心中的痛苦也就越强烈，为了追求无尽的欲望，从而堕入无边的苦海之中。所以说，与其去享受荣华富贵而招致祸患，倒不如好好地安守平淡的生活。

177. 成败自然 不必强求

原　文

> 知成之必败，则求成之心不必太坚；知生之必死，则保生之道不必过劳。

译　文

做事有成功，就必然有失败，知道这个道理，则追求成功的心就不必过于坚持；生命有开始就有死亡，知道这个道理，则对于贪生保身的行为就不要过于操劳。

经典解读

苏东坡在《念奴娇·赤壁怀古》中写道："大江东去，浪淘尽，千古风流人物……江山如画，一时多少豪杰。"自古以来，功成名就，煊赫一时的英雄人物多矣，然而，如今他们又在哪里？再大的成功也不过如过眼云烟一般，终究要消失飘散在茫茫天空之中。伍子胥、文种的功绩可谓大矣，其身不免于刑戮；卫青、霍去病的功绩可谓大矣，其后人难保性命。即使像刘邦、朱元璋那样得到天下，又能享受多少自在的时光呢？

功绩总会消失，生命终究要走向死亡，人若能想到此处，就不会再执着于追求成功了，就不会再为了保生而过于操劳了。

178. 猛兽易伏 人心难降

原　文

> 眼看西晋之荆榛，犹矜白刃；身属北邙之狐兔，尚惜黄金。语云："猛兽易伏，人心难降；溪壑易填，人心难满。"信哉！

译　文

眼见强大的西晋转瞬灭亡，繁华的宫殿都淹没在荆榛丛中，有人还炫耀武力；身体终究要埋在北方山间，与狐狸野兔为伍，有些人还贪爱黄金。俗语说："猛兽容易降伏，人心却难以降伏；沟壑容易填满，人心却难以填满。"说得对啊！

经典解读

晋朝大臣索靖来到洛阳城中接受拜封，他悲哀地看到满朝文武骄奢淫逸，都沉浸在笙歌艳舞之中，而各个诸侯王拥兵自重，对王位跃跃欲试，于是指着洛阳皇宫门外的铜塑骆驼感慨道："大概以后会在荆棘中看到你吧！"十年以后，西晋果然爆发了八王之乱，烽烟四起，天下生灵涂炭，昔日笙歌艳舞的宫殿被荒废，长满榛荆。

天下盛衰常变，统治者实行仁德，善待百姓，远离奢靡享乐，政权才能长治久安；统治者骄奢淫逸，以强大的武力自恃，发动战争强力掠夺，用残酷的手段压制百姓，即使势力再盛，也不过是朽了根基的高楼大厦，随时可能崩倒坍塌。秦王用武力统一天下，收敛天下兵器，铸造为金人矗立于咸阳，建长城万里，妄图子孙万世为帝，可惜不到三代就国破族灭。可见，不知修德行仁而凭恃强力者，必因强力而败亡。

人生易逝，生前再奢侈、再高贵，死后不过与狐兔相伴，枯眠山间数尺之地。若能想到此种结果，何必贪图生前黄金，何必劳心费神地追求自己不能享受完、不能带走的钱财宝物。沟壑容易填满，世俗之人的欲望却如无底深渊，一生为了填不满的深渊而劳形苦心，这何尝不是自己为自己设下的牢笼？

179. 心性平和 处处生趣

原　文

> 心地上无风涛，随在皆青山绿树；性天中有化育，触处都鱼跃鸢飞。

译　文

心田里没有风浪波涛，随处都是青山绿树；天性中懂得仁德化育，到处见到鱼跃鸢飞。

经典解读

苏武被匈奴扣留，誓死不降，匈奴于是将他流亡到北海之边，妄图用严酷的自然环境消磨他的意志，使其臣服。苏武啮雪吞毡，每日手持汉节向南而拜。一日，匈奴让一个降将来劝说苏武，降将对苏武说："您有大才，投降匈奴必得重用，何必如此为难自己呢？此处到处是茫茫白雪，寒风刺骨，吃不饱、穿不暖，这又是何苦呢？"苏武回答："我身为汉臣，坚守节气，不辱使命，心中坦荡，白雪千里犹如晶莹之心，寒风吹草犹如赞许、鼓励之声，牛羊大雁都似前来告慰我的使者。像你们投降了匈奴，看到白雪便心生畏惧，听到风声便如同受到责骂，闻得牛羊吼叫都像在嘲讽自己，哪如我逍遥自在！"降将心中羞愧，黯然辞去。

一个人若是心中坦荡，没有因为起伏的欲望而丧失自己的节操，那么他即使身居荒凉大漠、严酷冰原，也会觉得到处都是怡人的景色。一个人如果心中愧疚，名节丧失，那么即使身处如画美景之内，也不能生出丝毫的乐趣。

心中有化育众生之情，才能体会得到万物生灵的快乐。庄子逍遥自在，心无所系，故能梦而化蝶，观鱼而知"乐哉鱼也"；而心中充满杀机的屠夫，看到了水中之鱼大概只能想到剖腹剥鳞时的血腥和餐桌之上的饕餮之态吧！

180. 盛衰何常 强弱安在

原　文

狐眠败砌，兔走荒台，尽是当年歌舞之地；露冷黄花，烟迷衰草，悉属旧时争战之场。盛衰何常？强弱安在？念此令人心灰。

译　文

狐狸睡眠的破败台阶，兔子奔走的荒芜墙台，尽是当年莺歌燕舞的胜地；冷露缀满黄花、烟雾迷离衰草的地方，都属于古时征伐激斗的战场。盛衰有何常数？强弱又都在何方？念及此处不禁令人心灰意冷。

经典解读

兴盛时车水马龙，人声鼎沸，没落后人散屋颓，尘掩香阶。昔日莺歌燕舞的胜地，如今成了狐穴兔路，昔日征伐激斗的战场，到如今长满荒草榛荆。艳压群芳的脂粉佳人，挥斥千军的英雄豪杰，如今安在哉？不过都是北邙山上的白骨，荒坟堆中的孤魂。人若能念得此处，何必去抢什么胜败强弱，何必去抢什么黄金美人！

唐代诗人刘禹锡，在南京城中看到昔日王谢士族故迹，吟诵出著名的《乌衣巷》："朱雀桥边野草花，乌衣巷口夕阳斜。旧时王谢堂前燕，飞入寻常百姓家。"孔尚任的《桃花扇》里吟唱道："眼见他，起朱楼，眼见他，宴宾客，眼见他，楼塌了。这青苔碧瓦堆，俺曾睡风流觉，将五十年兴亡看饱。乌衣巷，不姓王，莫愁湖，鬼夜哭，凤凰台，栖枭鸟，不信这舆图换稿……"《红楼梦》中《好了歌》注解道："陋室空堂，当年笏满床；衰草枯杨，曾为歌舞场。蛛丝几结满雕梁,绿纱今又在蓬窗上,说什么胭正浓粉正香,如何两鬓又成霜?昨日黄土陇中埋白骨,今宵红绡帐底卧鸳鸯。金满箱,银满箱,转眼乞丐人皆谤,正叹他人命不长,那知自己归来丧。"每读这些,英雄豪杰无不意气顿丧,才子壮士无不心如冷灰。繁华富贵,权利威势,都不过是一场春梦,一时执迷,人若能摆脱这些欲望的束缚,修养本性,逍遥一生岂不快哉?

181. 宠辱不惊 去留无意

原　文

宠辱不惊,闲看庭前花开花落;去留无意,漫随天外云卷云舒。

译　文

宠幸羞辱都毫不动心,悠闲地观看庭前花朵开了又落;离去停留都毫不在意,散漫地随着天上的云朵舒展卷合。

经典解读

老子说:"宠辱若惊,贵大患若身。何谓宠辱若惊?宠为上,辱为下,得之若惊,失之若惊,是谓宠辱若惊。何谓贵大患若身?吾所以有大患者,为吾有身,及吾无身,吾有何患?"人之忧患、惊惧都是来源于心中的欲望,都是因为对得失的过分执着。如果能够淡泊名利、洒脱自在,不以得之而乐,不以失之而惧,那么人生一定不会被劳累、忧躁所充满,那样才可以用宁静平和的心境写出那洒脱飘逸的诗篇。

生活越来越好,社会越来越进步,可我们却渐渐忘记了生活本来应有的样子。如果问,生活是什么样的?大多数人的回答只有两个字:累、忙。我们为何这么累?这么忙?因为急躁、因为担忧。看到生活中太多的可欲之物,便担负起各种欲望,被所谓的梦想、目标所驱使;看到他人获得的财富、成功,自己却没有,就心情烦躁,每日殚精竭虑地争取、追逐;一旦有一天,得到了自己所拥有的一切,又开始害怕,怕他人嫉妒,怕自己失去,怕别人不认可自己……人生就这样在忧躁、劳累中度过了。

这些欲求的事很重要吗?往往在事后觉得它们轻如鸿毛;那些担忧的事很可怕吗?往往在事后觉得它们只不过是细如尘埃。何必为了这些鸿毛、尘埃而困心劳神?人生不妨闲适一些,勿为花开喜,勿为花落悲,告诉自己得之还会失,失之还能得;人生不妨散漫一些,成事不过喜,败事不过悲,告诉自己事成如浮云,事败如浮云。

182. 莫做飞蛾 莫为鸱鸮

原 文

　　晴空朗月，何天不可翱翔，而飞蛾独投夜烛；清泉绿竹，何物不可饮啄，而鸱鸮偏嗜腐鼠。噫！世之不为飞蛾鸱鸮者，几何人哉！

译 文

　　万里晴空、朗朗月夜，何时天空不可以自由翱翔，而飞蛾却偏偏投向暗夜里的烛火；清澈山泉、猗猗绿竹，何物不可以饮食饱腹，而鸱鸮却偏偏贪恋腐败的死鼠。哎，世上不做飞蛾、鸱鸮的人，能有几个呢？

经典解读

　　晴空朗月处处可以自由翱翔，而飞蛾独投烛火，并非其天性好死，而是禁不起烛光和暖气的诱惑啊！清泉绿竹物物可以饮啄，而鸱鸮偏嗜腐败的老鼠，难道其天生喜臭厌香？只怕是从来就不知道贪腐的丑恶可憎吧。

　　一个人被欲望所蒙蔽，就像投火的飞蛾，自取灭亡而不知；就像食腐的鸱鸮，居于羞耻而不觉。那些为了满足欲望而为非作恶、贪腐受贿的人，自以为享受了富贵而洋洋得意，却不知在贤人廉士的眼中，他们的行为就像口食腐鼠一样肮脏可笑；他们自以为身居人上而骄傲恣肆，却不知道正在通行在通往沉沦、死亡的不归路上。

　　欲望就是人为自己所编织的一个险境，一个羞辱的牢笼。处于欲望之中，人永远不能得到自由，如果不及时摆脱，必将遭受焚身之祸。

183. 冷对权势 冷看是非

原 文

　　权贵龙骧①英雄虎战②以冷眼视之，如蝇聚膻，如蚁竞血；是非蜂起，得失猬兴③以冷情当之，如冶化金，如汤消雪。

注 释

　　①龙骧：昂举腾跃，志气高扬的样子。
　　②战：精神抖擞，威猛非凡的样子。
　　③兴：像刺猬毛那样纷然而起。

译　文

英雄权贵志气高扬，以冷眼观之，不过如苍蝇聚集腥膻，蚂蚁竞逐血腥；是非得失纷纷而起，以冷静的心情面对，就如同冶炼熔化金属，如同沸汤消融雪花。

经典解读

战国时，魏王为了扩张土地，到处求访能够带兵打仗的贤才。一个叫戴晋人的人去拜见魏相惠子，声称自己知兵，于是惠子将戴晋人引荐给魏王。戴晋人见到魏王之后说："有叫蜗牛的小动物，大王知道吗？"魏王说："知道。"戴晋人说："有个国家在蜗牛的左角，名字叫触氏，有个国家在蜗牛的右角，名字叫蛮氏，正相互为争夺土地而打仗，倒下的尸体数也数不清，追赶打败的一方花去整整十五天方才撤兵而回。"魏王说："咦，那都是虚妄的言论吧？"戴晋人问："您认为四方与上下有尽头吗？"魏王说"没有止境。"戴晋人说："知道使自己的思想在无穷的境域里遨游，却又返身于人迹所至的狭小的生活范围，这狭小的生活范围处在无穷的境域里恐怕就像是若存若失一样吧？"魏王说："是的。"戴晋人又说："在这人迹所至的狭小范围内有一个魏国，在魏国中有一个大梁城，在大梁城里有你魏王。大王与那蛮氏相比，有区别吗？"魏王回答说："没有。"戴晋人辞别而去，魏王心中不畅，怅然若有所失。

古今中外有各种英雄豪杰，强者带兵百万，四处征杀，征服的人民数不胜数，可放在历史长河之内，再大的功绩不过昙花一现，放在整个世界上，再大的帝国也不过偏处一隅。而整个地球在宇宙之中，又不过是沧海一粟。帝王将相、英雄豪杰，和蜗角之上的小人，乃至地上爬行的蚂蚁、空中聚集的苍蝇又有什么区别呢？

面对兴亡得失，应有宠辱不惊、去留无意之念，用冷静的心情，消除、融化各种欲望。人生苦短，岁月蹉跎，智者达士当超脱于物外，莫被世俗所累。

184. 真空不空　在世出世

原　文

真空①不空，执相②非真，破相③亦非真，问世尊④如何发付⑤？在世出世，徇欲是苦，绝欲亦是苦，听吾侪善自修持。

注　释

①真空：佛教语，超出一切色相意识界限的境界。

②执相：执着于形相。
③破相：看破一切虚妄的外相。
④世尊：佛。
⑤发付：发表意见。

译 文

真空不是空无，执着形象并非真理，破除形象也非真理，问佛陀如何解释这个问题？在世就是出世，追随物欲是苦，断绝物欲同样是苦，只有凭借我辈善自修行了。

经典解读

真空并不是空无，故老子说："有无相生"，佛说："色即是空，空即是色"。超脱了一切物象，觉得心里什么都没有了，看似是空，其实不空。心中了却欲望，那么淡泊就填于其中；心中了却罪恶，那么善良就填于其中；心中了却杀机，那么慈悲就填充于其中。佛追求万事皆空，也并非毫无感情，若是真的无色无相，又何必割肉而饲虎，又何必苦身以化人？

凡夫俗子执着于虚妄的外相，自非真如；但那些自称勘破虚妄外相的人，让自己坠入枯寂、空虚之中就是真理吗？何时当执着，何时当超脱，空实之间分于何处，古今谁又能说得清，只有精诚念佛，好好思悟了。

入世与出世又有什么区别？身处尘世而内心淡泊，如何得不到超脱？身居林泉内心躁动，如何能摆脱尘俗？追寻欲望，心中岂不空虚痛苦？断绝欲望，又何不尝受清苦？有人说："万事皆虚幻，愿与赤松游。"有人说："学道深山虚老人，留名万代不关身。"什么才是真实的人生，人生当如何度过，每个人都有不同的答案，也许只能凭自己慢慢修行，暗自体悟了。

185. 好名亦贪 焦思亦苦

原 文

烈士让千乘，贪夫争一文，人品星渊也，而好名不殊好利；天子营家国，乞人号饔飧，位分天壤也，而焦思何异焦声。

译 文

重视节操的人拱手让出千乘大国，贪图财货的人为了一文钱的利益争斗不惜，他们的人品有天壤之别，然而贪好名声和贪好货利却没有什么区别；天子治理国家，乞丐号求食物，他们的地位存在天壤之别，然而焦苦思虑和焦苦声音却没有什么差异。

经典解读

有人贪图财货想得到金钱，有人贪图虚名想得到赞誉，看似取舍不同，情操各异，但都没有逃得过一个"贪"字，谁又能说自己高尚、他人卑微呢？天子经营国家而劳神苦心，乞人为了食物而劳神苦心，虽然地位天壤之别，但都是为了一个"得"字，都处一个"焦"境，谁又能说自己比他人快乐呢？《庄子·骈拇》中说："小人则以身殉利，士则以身殉名，大夫则以身殉家，圣人则以身殉天下。"小人、士、大夫、君子，看起来地位不同，人生价值各异，但仔细想想，他们为了自己所追求的东西丧失生命，损害本性，却又是相同的。

富贵人有富贵人的欲求和痛苦，贫穷人有贫穷人的欲求和痛苦，人若是不能看穿"贪"和"欲"，那么就永远走不出"苦"和"焦"，无论地位多高、名声多好，他都是不自由、不快乐的。很多人认为努力工作，奋力拼搏，获得更好的名声地位，获得更多的财富，就能让自己更快乐，这都是错误的。只有放空内心，消减欲求，人才能超脱于世俗之外，获得真正的自在逍遥。

186. 澄性济身心 迷心乱精魄

原　文

性天澄彻，即饥餐渴饮，无非康济身心；心地沉迷，纵演偈淡禅，总是播弄精魄。

译　文

本性澄澈明净，即使饿了吃饭、渴了喝水，无不是养护身心的；内心迷乱沉沦，纵使谈论禅理偈语，也都是扰乱自己精神和灵魂的。

经典解读

养性修身，不在于表面工作而在于内心。内心澄澈明净，即使不着意养护，身心也会不断受益；相反，如果内心迷乱，即使天天谈佛论道，也不会有任何增益。一群旅行者曾在山间碰到一位老者，老人看上去精神矍铄、仙风道骨，人们都认为他是一个隐居在此的高人，于是向他探讨悟道养生之法。没想到老人什么都不知道，甚至连字都不认识。大家都很奇怪，后来聊了一会天，才知道：原来老人从小就生活在山间，心里从来没有世俗中的那些纷争、奢求的念头,每日饮清泉之水,吃山间粗粮,最大的乐趣就是照顾山间的树木、鸟兽,将近八十岁,心中澄洁如幼孩,所以才能如此。

古人云:"养怡之福,可得永年。"所谓"养怡之福",不过就是淡泊修身,洁净内心,远离各种欲望,保持天性澄澈罢了。不能如此,即使天天和高僧谈论佛理,天天寻仙访道,也会精神迷乱而无所得。南朝的梁武帝萧衍,平时最爱吃斋念佛,大兴寺庙,但他做这些都是贪慕虚名,礼佛之后,继续耽溺于声色犬马、权力利益之中,所以不但没有修得正果,还荒废了国政,最后他因为昏庸糊涂而被下臣侯景围困,被活活饿死。

187. 心境恬淡 清芬自出

原　文

> 人心有真境,非丝非竹而自恬愉,不烟不茗而自清芬。须念净境空,虑忘形释,才得以游衍其中。

译　文

人只要在内心维持一种真原的境界,即使没有丝竹音乐也会感到舒适愉快,无需焚香烹茶也会感到清香自来。只有使意念洁净心境空灵,忘却忧虑,释放形骸,才能优游逍遥于那种真境之中。

经典解读

丝竹悦耳,烟茗清芬,它们都能让人感到愉快,但人愉悦的本源还是在于自己的内心。如果能够做到内心的澄澈清净,即使没有悦耳的丝竹,没有芳香的烟茗,人也会获得恬愉快乐。庄子躺在草地之上便能梦到自己变成蝴蝶,翩然而飞;路过石桥之上,就恍如化为游鱼,在青萍之间逍遥自在。这便是内心清净,摆脱了形骸的束缚而得到快乐。

人本来就是自由自在、充满快乐的,刚出生的小孩眼睛明澈,笑声纯真,他们充满了各种美好的幻想,头脑里没有各种条条框框的束缚,他们无需丝竹烟茗却能得到比大人们更真实的快乐。而成年人,少了那份纯真,也就失去了那种快乐的能力。别说独处了,就是笙歌艳舞之中,灯红酒绿之间,驰骋畋猎之时,也时常被焦迫、空虚、烦躁所包围,就是因为他的心不净了,不能游弋于真境之中。

有人向一位有名望的高僧请法,他说:"请问上座,怎么样才能得到快乐?"这位高僧对他说:"解脱。""如何才能解脱呢?""现在谁把你绑住了?"这个人忽然就开悟了:"噢!原来没有人绑住我呀!是我自己绑着自己啊。"人失去快乐,就是心中杂念太多,将真性紧紧困扰、束缚,只要能少些世俗的欲望,自己不捆自己,人自然就得到升华了。

188. 万事为常 何须取舍

原 文

> 天地中万物,人伦中万情,世界中万事,以俗眼观,纷纷各异;以道眼①观,种种是常,何须分别,何须取舍!

注 释

①道眼:佛教语。指能洞察一切,辨别真妄的眼力。

译 文

天地间的一切物体,人与人之间的一切情感,世界之中的一切事情,用世俗眼光去观看,纷繁复杂各不相同;用洞察真妄的眼光去观察,一切都是恒常不变的,何必分辨区别?何必择取弃舍?

经典解读

寺里要进行一场诵经比赛,一个小和尚为了准备比赛十分用心,可还是没有得到第一名,为此闷闷不乐。禅师见状,走到他的面前,问:"为何昨日高兴,而今天忧郁?"小和尚回答:"昨日觉得自己能赢得比赛,故高兴;今日比赛输了,所以难过。"禅师问:"今日可比昨日少了些什么?"小和尚陷入思索。禅师接着问道:"赢了你是谁,输了你又是谁?"小和尚道:"赢了也是我,输了也是我。""既然都是你,何故有悲喜?"

在世俗之人看来,宠辱、成败、得失各不相同,今昔、内外、彼此各有差异。但在得道者眼里,宠中有辱,辱中有宠,得中有失,失中有得,彼亦此也,此亦彼也,今亦昔也,昔亦今也,变中有不变,不变中有变。以"自我"为中心,所见万物时时处处皆是不同,以天地为标尺,世间万物皆为一体,相依相存。

《道德经》说:"夫物芸芸,各复归其根。归根曰静,静曰复命。复命曰常,知常曰明。"纷纭万物都由道而生,一切色相都是虚幻,能够看破这种虚幻,返其本真,观看那众物背后永恒不变的规律,便是道,便是佛。生在世俗之间,人要有这种看破万物的道眼,坚守纯真的本性,不要因为追逐根本就在纷繁万象中让自己迷失、劳苦。

189. 了心出真境 未了是俗家

原　文

> 缠脱只在自心，心了则屠肆糟糠，居然净土。不然，纵一琴一鹤，一花一竹，嗜好虽清，魔障终在。语云："能休尘境为真境，未了僧家是俗家。"

译　文

纠缠解脱都在于自己内心，心中了悟即使身处于屠肆被糟糠环绕，也是一方洁净土地。不然，纵有琴鹤相伴，花竹为乐，嗜好清闲优雅，却难以消除魔障。故俗语说："内心能够绝俗，尘世境界便成为真正仙境；内心不能了却，寺庙道观也如世俗人家。"

经典解读

石崇住在金谷园中，日日与文人雅士清谈高论，岂不风雅？然而其贪图享乐，与各种权贵勾结、争强，最终落个身死财去的下场；何晏、王衍，都是清流名士，然而他们爱慕虚名，游于富贵权力之间，最终都不得其死。相反，颜渊居于陋巷之中，日日披褐食糙，却是真正的贤士君子，受到后人敬仰；陶渊明与山野之人相处，耕种于田间，却能逍遥自得，寄兴物外。文殊菩萨在酒肆和妓院中宏扬大乘佛法教化众生，他本人却没有丝毫破戒和不净邪念；反而，那些高雅光洁的场所，却时时有罪恶之人、污秽之行隐藏在其中。所以说，雅俗之分，不在于居所和所行之事，而在于个人内心的修为与觉悟。

190. 以我役物 处处逍遥

原　文

> 以我转物者，得固不喜，失亦不忧，天地尽属逍遥；以物役我者，逆固生憎，顺亦生爱，一毫便生缠缚。

译　文

以我转动事物的人，得到了不欢喜，失去了不忧愁，天地之间到处都可逍遥自在；以物奴役我的人，出于逆境时心生憎怨，处于顺境时心生喜爱，一根毛发便会将其紧紧缠缚。

经典解读

慧能大师出身低微，因为不识字，只能在寺中做一些烧饭、砍柴的粗活，但无论做什么，他都尽心尽力，没有一丝松懈。一次，弘忍大师看到他在烈日之下担水，面上没有一点劳怨之色，就问他："每日做这些粗活苦不苦？"慧能放下担子，合十答道："弟子以心役物，而不以物役心，所以不觉得苦。"

能够掌控自己内心，去操纵外物的人，知道外物是用来养护自己内心的，所以不会因为得到或失去外物而或忧或喜，使自己身心在忧喜中受到损害。而那些沉浸于物欲的人，则遇到逆境就产生憎恨之情，遇到顺境就产生欣喜之情，因为外物而使自己心神摇荡，受到损伤。故而，《吕氏春秋·本生》中说："物也者，所以养性也，非所以性养也。今世之人，惑者多以性养物，则不知轻重也。"世人对于外物，执着于一个"贪"字，到最后反而不知道为何要得，为何怕失了。为了贪欲而使身心受到损害，求其末而舍其本，这真是糊涂啊！

191. 思于无时 欲念自冷

原　文

试思未生之前有何象貌，又思既死之后有何景色，则万念灰冷，一性寂然，自可超物外而游象先。

译　文

试着思量未出生之前有什么相貌，再去思量死去之后有什么光景，这样万般欲念就全部冷却了，心性也回归于寂静，自然可以超脱物外，而遨游于万象之外了。

经典解读

传说顺治皇帝出家之前，曾在西山寺院中题下这样一首诗："生我之前谁是我，生我之后我是谁？长大成人方知我，合眼朦胧又是谁？"人生之前是什么样子？没有形体、没有欲望、没有任何外物为其所有。人死之后又是什么样子？意识消失、形体腐烂、其所拥有的一切都化为乌有。人生本来就要空空而来，空空而去，其间的一切欲望、获取，都如镜花水月般转瞬即逝，如果常能想到这些，人就不会再被"得失"、"荣辱"、"欲望"所纠缠萦系了，那么至尊的皇帝之位对他来说也不值得留恋了，又怎么会去追逐那些世俗之人难以摆脱的功名富贵、权力地位呢？

192. 妍丑何存 雌雄何在

原　文

优人傅粉调朱，效妍丑于毫端。俄而歌残场罢，妍丑何存？弈者争先竞后，较雌雄于着子。俄而局尽子收，雌雄安在？

经典解读

优伶艺人擦脂粉抹口红，在笔毫末端尽显自己的美丽丑陋。俄而歌舞尽，欢饮罢，美丽和丑陋又在哪里？下棋者争先竞后，在棋盘之上争论雌雄，俄而棋局尽，棋子收，胜负又在哪里？

经典解读

戏台之上的优伶，有的打扮得美貌漂亮，有的打扮得丑恶鄙俗，人人都爱美恶丑，可是戏剧结束之后，方才的丑和美都不复存在了，我们方才的欢喜、厌恶，又算得上什么？下棋之时，双方相互竞逐，谁都希望胜利，害怕失败。可是等到棋局结束，棋子收起以后，胜又算得了什么，败又算得了什么？

人生如戏，人生如棋，人生中充满了各种奢求、厌恶，充满了各种争斗、胜负，可是无论美丑胜败，这一切终将归于虚无，那么此前的一切爱恨争夺都失去了意义。人生短暂，何必为了那些转瞬即逝的东西而费尽心机、不择手段呢？正是"学道深山空自老，留名千载不干身。酒筵歌席莫辞频。"与其奢求外物、争强好胜，不如静下心来好好欣赏人生路上的美景，放空欲望好好享受美好的生活。

193. 绝尘澄静体 混迹养圆机

原　文

把握未定，宜绝迹尘嚣，使此心不见可欲而不乱，以澄吾静体；操持既坚，又当混迹风尘，使此心见可欲而亦不乱，以养吾圆机。

译　文

在还不能有效掌控自己的意志时，应远离尘俗喧嚣，使自己不见可欲之物，从而避免迷乱心性，以此来澄净我们的心灵本体。操行秉持已经坚定，就要让自己混迹于风尘之中加以磨砺，使自己看到各种诱惑也不会迷乱，从而培养我们的圆通变机。

经典解读

人的意志可以通过修养而不断加强，当意志还不坚强的时候，最好远离花花世界，不要去见那些使自己心神迷乱的各种诱惑，这样才能保持澄净清明的本性。故老子说："不见可欲，使民心不乱。"人们教育小孩子时，也会尽量防止他们接触不好的环境，以免沾染上恶习。

当修养达到了一定程度，当能够很好地控制自己的意志时，就要将自己置身于花花世界中，用各种欲望来磨砺自己，借以培养自己的圆通变机。维摩诘是佛教有名的居士，他很富有，生活在城市之中，有妻子儿女，有弟子、仆人服侍他，可他的佛学修养很高，连很多菩萨都向他请教佛法。一个菩萨问维摩诘："你拖家带眷，身处安乐，怎会自在呢？"维摩诘回答："我母为智慧，我父度众生，我妻是从修行中得到的法喜。女儿代表慈悲心，儿子代表善心。我有家，但以佛性为屋舍。我的弟子就是一切众生，我的朋友是各种不同的修行法门，就连在我周围献艺的美女，也是四种摄化众生的方便。"菩萨听后感慨道："世人将家人、享乐当成修道的障碍，而维摩诘却从中修得真法。可见只要有坚定的意志，这些世俗的诱惑不仅不会有害，还都是修道求佛的法门啊！"

194. 人我一空 动静两忘

原文

喜寂厌喧者，往往避人以求静。不知意在无人，便成我相；心着于静，便是动根。如何到得人我一空、动静两忘的境界？

译文

喜欢寂静讨厌喧嚣的人，往往避开人群以便求取宁静，却不知道远离他人，就是为了自我。内心执着于寂静就是动乱根源，怎么算得他人与我同样看待，运动、静止两者一起忘记的境界？

经典解读

禅师带着小徒弟下山，路过河边时恰好涨水了，小桥被淹没，一个女子在河边徘徊，想要蹚水过去又不敢。禅师二话没说，背起女子过了河，小徒弟跟在后面，一路上若有所思的样子。禅师问："你在想什么？"徒弟说："师父您刚才背着那个女的过河，这样做对吗？"禅师回答道："我过了河就把她放下了，你却在心里背了一路。"

心无杂念，无论身处于何处，做了什么，于修行都毫无损碍；心中有杂念，即使刻意去追求所谓的"正确"，其实还是错的。人们求静、求空，都是为了消除心中的杂念。若是心中没有杂念，何必去刻意追求空和静呢？时时将空、静放在心上，不仅不是有修为的象征，反而更加显示出了自己心中的不空、不净。

195. 苦乐祸福 一念之间

原　文

人生祸区福境，皆念想造成。故释氏云："利欲炽然，即是火坑。贪爱沉溺，便为苦海。一念清净，烈焰成池。一念惊觉，航登彼岸。"念头稍异，境界顿殊。可不慎哉！

译　文

人一生中的幸福境遇和灾祸区域，都是由念头想法造成，所以释迦牟尼佛说："私利欲望强烈就是火坑，贪婪爱恋沉溺就是苦海，一个念头清洁纯净炽烈火焰变成水池，一个念头警醒觉悟航船即刻登临彼岸。"念头想法稍有差异，人生境界顿时悬殊，所思、所想怎么能不慎重呢！

经典解读

人的幸福与不幸都是由自己的心决定的。心中充满利欲之念，贪爱沉溺于外欲，就会发现生活像火坑一样，时时煎熬着自己，无论处于什么环境，都犹如置身地狱之中。如果心中能够充满清净的念头，能够在欲望丛中猛然回首，那么便是在苦海之中忽然得到了一叶扁舟，身边的地狱烈火也就顿时化为一泓清潭了。所以说，祸福只在一念之间，在身外追求幸福，莫如修得心中安宁；在身外避免祸患，不如求得心中清净。

196. 学道须努索 得道任天机

原　文

绳锯木断，水滴石穿，学道者须加力索；水到渠成，瓜熟蒂落，得道者一任天机。

译　文

绳索可以锯断木头，水珠可以滴穿石头，学习道艺的人必须加倍努力求索；水到之后水渠自然形成，瓜果成熟之后瓜蒂自然掉落，得道之人要凭借天赋悟性。

经典解读

学道者既要有"绳锯木断，水滴石穿"的韧性，努力在修道之路上探索、前行，又要凭借"水到渠成、瓜熟蒂落"的灵性，对道法不可强求，要在禅机中领悟而出。

马祖禅师在跟随怀让禅师修行的时候，整天盘腿静坐，冥思苦想，希望自己能迅速修成正果。一次，怀让禅师路过禅房，看见马祖神情专注地坐在蒲团之上，便问："你在干什么？"马祖回答："我在修行，我想成佛。"

晚上，马祖去吃饭的时候，看到怀让禅师正在大石头上专心致志地磨着什么，他好奇地走过去，问："师父，你在干什么？"怀让禅师说："我在磨一块镜子。""镜子？可是你手中明明拿的就是一块砖头吗？"怀让禅师说："是一块砖头啊，可我想磨成镜子。"马祖笑道："砖本身是没有光的，就算你磨得再平，它也不会变成一面镜子的，师父还是不要在这儿浪费时间了吧！"

这时，怀让禅师扔掉手中的砖头，对马祖说："砖本身没有光，磨不成镜子，那一个人枯坐就能成佛了吗？"马祖这才明白，师父是在训导自己，惭愧地说："弟子愚笨，请师父指点，如何才能修成佛呢？"怀让禅师回答："有一个人在赶车，可是那个车子就是不走，于是他就拿起鞭子拼命地打车，马儿在那里低着头吃草，车子还是不动，你说是应该打车，还是应该打马儿呢？"马祖终于醒悟了：若想真正的成佛，需要去磨亮自己的心，而不是刻苦坐禅便能得到的。

后来，马祖禅师灵活修道，提出了"触境皆如"、"随处任真"、"任心为修"等理念，终于成了一代佛学宗师。

197. 就身了身　还世于世

原　文

就一身了一身者，方能以万物付万物；还天下于天下者，方能出世间于世间。

译　文

能够就自己的整个身躯来了解自我的人，才能使万物遵循"道"而各得其

所；能够将整个天下交给天下共有的人，才能身处世间却超越世间凡人。

经典解读

什么叫作"就一身了一身"呢？首先，知道身体的可贵。我之所以能够认识世间的一切，之所以能够享受到世间的一切，就是因为我拥有身体啊，所以我不会为了外欲而损伤自己的躯体；其次，认识身体的虚幻。无论你多么爱惜自己的身体，给它什么样的保养、享乐，它终将随着生命的结束而化为土灰，所以不要为了身体上的享乐而损害自己的心灵，不要为了追求保养身体而浪费大好时光；再次，应能超脱于身躯，摆脱自我之"念"，不要总想着什么东西都想占有，都想把握在自己的手中。了解这些道理，才能懂得世间万物，包括自己的身体都是"出于机，入于机"，都是由"道"所支配的，才可根据自然法则使万物按照本性去发展而各尽其用。

"还天下于天下"就是说不要自以为是，强行干扰世间万物的发展。万物发展皆有其道，顺从自然物能得其宜，人也能落得个清静逍遥，若是固执地想用自己的方式去改变外物，事物会因为你的干扰而受到破坏，你自己也必然难逃脱尘世间的忙忙碌碌。

198. 卷舒自由 行止在我

原　文

人生原是傀儡①，只要把柄在手，一线不乱，卷舒自由，行止在我，一毫不受他人捉掇，便超此场中矣。

注　释

①傀儡：演木偶戏所用的木偶。

译　文

人生原本就是一场木偶戏，只要将木偶的线掌握在自己手中，一根线也不让纷乱，卷缩舒展自由自在，行进停止在于自我，丝毫不受他人提携掇弄，就超脱出这人生的游戏场了。

经典解读

什么是控制人生傀儡的把柄呢？大概就是自己的内心吧。只要内心坦荡，无论外界如何误解，也不会有一丝动摇；只要内心宁静，无论外界如何干扰，也不会有一丝动荡。这也就是《庄子·逍遥游》中说的："举世誉之而不加劝，举世非之而不加沮,定乎内外之分,辩乎荣辱之境。"

199. 一点慈悲 生生之机

原　文

"为鼠常留饭,怜蛾不点灯",古人此点念头,是吾一点生生之机,列此即所谓土木形骸而已。

译　文

"为了老鼠经常留些剩饭,可怜飞蛾不要点着灯火",古代人的这种慈悲心肠,是我们人类一点顾念万物生生繁衍不息的契机,没有这点意念,就是所谓的泥土树木一样没有灵魂的躯壳罢了。

经典解读

一天,菩萨闲来无事,就向地狱中望去,看到无数生前作恶的人在地狱之火中饱受煎熬。这时,一个强盗看见了慈悲的菩萨,就祈求他拯救自己。菩萨看透他生前的一切,知道他虽然做尽坏事,但还有点良心———次他走路的时候,正要踩到一只小蜘蛛,忽然心存善念,移开脚步,放了蜘蛛。

菩萨准备利用这个蜘蛛的法力救他逃出火海,于是从天上垂下一根蛛丝到强盗的手中,强盗紧紧地抓住了蛛丝,用尽所有力气向上爬。可是,身边的其他人看到这样的机会都涌了过来,都抓住了那根蜘蛛丝也向上爬。无论强盗怎么骂、怎么踢,他们就是不肯松开双手。人越来越多,强盗担心蛛丝太细,早晚会断掉,从而使自己永远无法逃脱地狱,就用刀将身下的蛛丝砍断了。当他的刀刚刚划过蛛丝时,蛛丝就消失不见了,强盗也同其他人一样堕回地狱之中。

人有一点点慈悲的念想,便能得到逃脱地狱获得生机;人有一点点邪恶的念头,便会坠下地狱,丧失生机。故《了凡四训》中说:"一切福田,不离方寸。"业乃心造,善恶心生,多存慈悲之念,此心方为福泽之田,才能收获福泽之果。

200. 不落世情 便是出世

原　文

世态有炎凉,而我无嗔喜;世味有浓淡,而我无欣厌。一毫不落世情窠臼,便是一在世出世法也。

译　文

世俗的情态有炎热凉薄，而我没有嗔恨喜悦；入世的滋味有浓烈淡薄，而我没有欣喜厌恶。一丝一毫不落入世态人情的窠臼，就是一种活在人世又超脱人世的方法。

经典解读

南阳慧忠禅师苦修四十余年终于求得正果，没有任何烦恼与欲念，见到了清明世界。

有人问他："如何才能成佛？"

南阳慧忠禅师微笑着回答："放下、忘掉。"

"怎样才能物我两忘？"

"超越一切，无欲无求！"

"佛是什么？"

禅师扬眉大笑："佛就是你的一举一动、一言一行、一想一念！"

人生于世俗之中，能够放下欲望、忘记得失，一举一动皆不落世情窠臼，如此便是出世，便是成佛！